westermann

Wolf Machon

Formeln, Tabellen und Schaltzeichen für Elektroberufe

mit umgestellten Formeln, englischen Fachbegriffen und IT-Grundlagenwissen

11. Auflage

Bestellnummer 23132

Druck und Bindung: Westermann Druck GmbH,
Georg-Westermann-Allee 66, 38104 Braunschweig

ISBN 978-3-427-23132-5

Zusatzmaterialien zu Formeln, Tabellen und Schaltzeichen für Elektroberufe

Für Lehrerinnen und Lehrer:

BiBox westermann inkl. E-Book

BiBox Einzellizenz für Lehrer/-innen (Dauerlizenz)
BiBox Klassenlizenz Premium für Lehrer/-innen und bis zu 35 Schüler/-innen (1 Schuljahr)
BiBox Kollegiumslizenz für Lehrer/-innen (Dauerlizenz)
BiBox Kollegiumslizenz für Lehrer/-innen (1 Schuljahr)

Für Schülerinnen und Schüler:

BiBox westermann inkl. E-Book

BiBox Einzellizenz für Schüler/-innen (1 Schuljahr)
BiBox Klassensatz PrintPlus (1 Schuljahr)

Viele **Pluspunkte** sprechen für den Einsatz dieses Buches im Unterricht:

+ Die **Formeln**, **Tabellen** und **Schaltzeichen** bieten Ihnen eine Arbeitshilfe im Lernfeldunterricht.
+ Durch die umgestellten Formeln gibt das Buch Sicherheit bei der Anfertigung Ihrer Hausaufgaben und bei der Bearbeitung der Lernsituationen.
+ Der Umgang mit den umgestellten Formeln verbessert Ihre Fähigkeiten, Gleichungen umzustellen.
+ Es eignet sich für die Vorbereitung von Klassenarbeiten und Teil 1 und Teil 2 der gestreckten Prüfung in den Elektroberufen.
+ Das umfangreiche Verzeichnis der deutsch-englischen und englisch-deutschen Fachbegriffe erleichtert den Umgang mit englischsprachigen Texten.

+++ Viele weitere Pluspunkte werden Sie für Ihre praktische Arbeit finden, wenn Sie dieses Nachschlagewerk immer bei sich haben.

Ein Hinweis: Die unter „Einheiten“ genannten Einheiten stellen **beispielhaft** die gebräuchlichen Grundeinheiten vor – genauso gültig sind natürlich Vielfache und Teile der Einheiten sowie beispielsweise nicht in Deutschland gebräuchliche Einheiten.

Teil I: Formeln mit Umstellungen nach allen Variablen

Allgemeines Rechnen

Rechnen mit Formeln

Rechengesetze

Prozentrechnung

Komplexe Zahlen

Beziehungen zwischen Einheiten

Inhaltsverzeichnis

Drehstrom

Leistung im Drehstromkreis

Transformator

Filter

Lichttechnik

Schutz vor den Gefahren des elektrischen Stromes

Elektronik – Gleichrichterschaltungen

Formeln mit Umstellungen nach allen Variablen

Grundrechenarten

Addition (Zusammenzählen)			**Multiplikation (Malnehmen)**		
$c = a + b$	c	Summe	$c = a \cdot b$	c	Produkt
	a	Summand		a	Faktor
	b	Summand		b	Faktor
	$+$	plus (Rechenzeichen)		$\cdot$	mal (Rechenzeichen)
Subtraktion (Abziehen)			**Division (Teilen)**		
$c = a - b$	c	Differenz	$c = a : b$	c	Quotient
	a	Minuend		a	Dividend
	b	Subtrahend		b	Divisor
	$-$	minus (Rechenzeichen)		$:$	geteilt durch (Rechenzeichen)

Brucharten	
Echte Brüche z.B. $\frac{1}{4}$ Der Nenner ist größer als der Zähler.	**Scheinbrüche** z.B. $\frac{4}{1}$ ganze Zahlen mit dem Nenner 1
Unechte Brüche z.B. $\frac{5}{4}$ Der Zähler ist größer als der Nenner.	**Gleichnamige Brüche** z.B. $\frac{1}{6}; \frac{3}{6}; \frac{4}{6}$ haben **gleiche** Nenner
Gemischte Zahlen z.B. $1\frac{1}{4}$ bestehen aus ganzen Zahlen und Brüchen $\left(1\frac{1}{4} = \frac{1 \cdot 4 + 1}{4} = \frac{4}{4} + \frac{1}{4} = \frac{5}{4}\right)$	**Ungleichnamige Brüche** z.B. $\frac{1}{4}; \frac{1}{3}; \frac{1}{6}$ haben **ungleiche** Nenner

Bruchrechnen

Gewöhnlicher Bruch

z.B. $\frac{1}{4}$ oder 1 : 4

1 Der Zähler: Er zählt die Teilstücke.

4 Der Nenner: Er benennt die Aufteilung des Ganzen und gibt dem Bruch den Namen.

— Der Bruchstrich: Er trennt Zähler und Nenner und bedeutet „geteilt durch“; auch durch das Teilungszeichen : zu ersetzen.

Addition von Brüchen

$$\frac{3}{8}+\frac{5}{8}+\frac{7}{8}=\frac{15}{8}=1\frac{7}{8}$$

Nur Brüche mit gleichen Nennern addieren.

$$\frac{1}{2}+\frac{3}{4}+\frac{5}{6}=\frac{6}{12}+\frac{9}{12}+\frac{10}{12}=\frac{25}{12}=2\frac{1}{12}$$

Ungleiche Nenner erst gleichnamig machen.

Subtraktion von Brüchen

$$\frac{8}{9}-\frac{3}{9}=\frac{5}{9}$$

Nur Brüche mit gleichen Nennern subtrahieren.

$$\frac{7}{8}-\frac{1}{6}-\frac{4}{12}=\frac{21}{24}-\frac{4}{24}-\frac{8}{24}=\frac{9}{24}=\frac{3}{8}$$

Ungleiche Nenner erst gleichnamig machen.

Multiplikation von Brüchen

$$\frac{3}{7}\cdot\frac{2}{3}=\frac{3\cdot 2}{7\cdot 3}=\frac{6}{21}=\frac{2}{7}$$

Bruch mal Bruch:
Nimm Zähler mal Zähler, Nenner mal Nenner.

$$6\cdot\frac{3}{7}=\frac{6\cdot 3}{7}=\frac{18}{7}=2\frac{4}{7}$$

Zahl mal Bruch:
Nimm Zahl mit Zähler mal.

Bruchrechnen

Division von Brüchen

$$\frac{4}{8} : 2 = \frac{4}{8 \cdot 2} = \frac{4}{16} = \frac{1}{4}$$

Bruch durch Zahl:
Nimm Nenner mal Zahl.

$$6 : \frac{3}{4} = \frac{6 \cdot 4}{3} = \frac{24}{3} = 8$$

Zahl durch Bruch:
Nimm Zahl mal Kehrwert des Bruches.

$$\frac{2}{5} : \frac{3}{6} = \frac{2 \cdot 6}{5 \cdot 3} = \frac{12}{15} = \frac{4}{5}$$

Bruch durch Bruch:
Nimm Bruch mal Kehrwert des 2. Bruches.

Kürzen und Erweitern von Brüchen

Kürzen

$$\frac{12}{8} = \frac{12 : 4}{8 : 4} = \frac{3}{2} = 1\,\frac{1}{2}$$

Zähler und Nenner durch **gleiche** Zahl dividieren.

Erweitern

$$\frac{3}{2} = \frac{3 \cdot 4}{2 \cdot 4} = \frac{12}{8} = 1\,\frac{4}{8} = 1\,\frac{1}{2}$$

Zähler und Nenner mit **gleicher** Zahl multiplizieren.

Umstellen von Formeln

Hinweise zum Umstellen von Formeln
(Sie sind weniger mathematisch, sondern mehr umgangssprachlich formuliert):

1. Wenn ein Summand mit positivem Vorzeichen auf die andere Gleichungsseite gebracht wird, erhält er auf der anderen Gleichungsseite ein negatives Vorzeichen (siehe **Beispiel 1** auf der folgenden Seite).
2. Wenn ein Summand mit negativem Vorzeichen auf die andere Gleichungsseite gebracht wird, erhält er auf der anderen Gleichungsseite ein positives Vorzeichen (siehe **Beispiel 2** auf der folgenden Seite).
3. Wenn der Nennerterm auf die andere Gleichungsseite gebracht wird, so wird er auf der anderen Gleichungsseite zum Multiplikator der anderen Gleichungsseite (siehe **Beispiel 3** auf der folgenden Seite).
4. Wenn ein Zählerterm z.B. von der linken Gleichungsseite auf die andere Gleichungsseite gebracht wird, so wird er auf der anderen Gleichungsseite zum Divisor der anderen Gleichungsseite (siehe **Beispiel 4** auf der folgenden Seite).
   Vergessen Sie nicht den Zähler mit dem Wert 1 auf der linken Gleichungsseite! Bilden Sie anschließend auf beiden Seiten den Kehrwert.
5. Eine Summe oder Differenz in Klammern wird mit einer Zahl multipliziert, indem jeder Summand mit der Zahl multipliziert wird (siehe **Beispiel 5** auf der folgenden Seite).
6. Zwei Klammern mit Summen oder Differenzen werden miteinander multipliziert, indem jeder Summand der einen Klammer mit jedem Summanden der anderen Klammer multipliziert wird (siehe **Beispiel 6** auf der folgenden Seite).
7. Ein +(Plus)-Zeichen vor einer Klammer mit Summen oder Differenzen kann bei Auflösen der Klammer wegfallen (siehe **Beispiel 7** auf der folgenden Seite).
8. Ein –(Minus)-Zeichen vor einer Klammer mit Summen oder Differenzen ändert beim Auflösen der Klammer die Vorzeichen der Zahlen in der Klammer (siehe **Beispiel 8** auf der folgenden Seite).

Vorzeichenregeln, Umstellen von Formeln

Vorzeichenregeln

$(+a) \cdot (+a) = a^2$ Das Produkt zweier Faktoren mit positiven Vorzeichen ist positiv.

$(-a) \cdot (-a) = a^2$ Das Produkt zweier Faktoren mit negativen Vorzeichen ist positiv.

$(+a) \cdot (-a) = -a^2$ Das Produkt zweier Faktoren mit unterschiedlichen Vorzeichen ist negativ.

$(-a) \cdot (+a) = -a^2$ Das Produkt zweier Faktoren mit unterschiedlichen Vorzeichen ist negativ.

Beispiele zum Umstellen von Formeln

Beispiel 1: $F_1 + F_2 = F$
$F_1 = F - F_2$

Beispiel 2: $F - F_2 = F_1$
$F = F_1 + F_2$

Beispiel 3: $\frac{I_1}{I_2} = \frac{R_2}{R_1}$ $\quad I_1 = \frac{R_2 \cdot I_2}{R_1}$

Beispiel 4: $\frac{I_1}{I_2} = \frac{R_2}{R_1}$ $\quad \frac{1}{I_2} = \frac{R_2}{R_1 \cdot I_1}$
$I_2 = \frac{R_1 \cdot I_1}{R_2}$

Beispiel 5: $3 \cdot (a + b) = 3 \cdot a + 3 \cdot b = 3a + 3b$
$4 \cdot (a - b) = 4 \cdot a - 4 \cdot b = 4a - 4b$

Beispiel 6: $(a + b) \cdot (a + b) = a \cdot a + a \cdot b + b \cdot a + b \cdot b$
$= a^2 + 2\,ab + b^2$
$(a - b) \cdot (a - b) = a \cdot a - a \cdot b - b \cdot a + b \cdot b$
$= a^2 - 2\,ab + b^2$

Beispiel 7: $a + (b + c) = a + b + c$

Beispiel 8: $a - (b + c) = a - b - c$

Einheitsgleichungen

Grundsatz: Die Zahlenwerte werden mit den zugehörigen Einheiten in die Gleichungen eingesetzt.

Beispiel 1:
(Hebelarmberechnung)

$F_1 = 200\ \text{N}$

$F_2 = 80\ \text{N}$

$l_1 = 0{,}5\ \text{m}$

$l_2 = ?$

$$l_2 = \frac{F_1 \cdot l_1}{F_2}$$

$$l_2 = \frac{200\ \text{N} \cdot 0{,}5\ \text{m}}{80\ \text{N}}$$

$$l_2 = \frac{200 \cdot 0{,}5}{80} \quad \frac{\text{N} \cdot \text{m}}{\text{N}}$$

$$l_2 = 1{,}25 \frac{\text{N} \cdot \text{m}}{\text{N}}$$

$$l_2 = 1{,}25\ \text{m}$$

Beispiel 2:
(Gewichtsberechnung)

$\varrho = 8\ \text{kg/dm}^3$

$l = 12\ \text{dm}$

$S = 0{,}5\ \text{dm}^2$

$G = ?$

$$G = \varrho \cdot l \cdot S$$

$$G = 8 \frac{\text{kg}}{\text{dm}^3} \cdot 12\ \text{dm} \cdot 0{,}5\ \text{dm}^2$$

$$G = 8 \cdot 12 \cdot 0{,}5 \frac{\text{kg} \cdot \text{dm} \cdot \text{dm}^2}{\text{dm}^3}$$

$$G = 48 \frac{\text{kg} \cdot \text{dm} \cdot \text{dm} \cdot \text{dm}}{\text{dm} \cdot \text{dm} \cdot \text{dm}}$$

$$G = 48\ \text{kg}$$

Kommutativgesetz: $a + b = b + a \qquad a \cdot b = b \cdot a$

Assoziativgesetz: $a + (b + c) = (a + b) + c$

$a \cdot (b \cdot c) = (a \cdot b) \cdot c$

Distributivgesetz: $a \cdot (b + c) = a \cdot b + a \cdot c$

Binomische Formeln (Potenzieren von Summen):

$$(a + b)^2 = a^2 + 2\,ab + b^2$$
$$(a - b)^2 = a^2 - 2\,ab + b^2$$
$$(a - b) \cdot (a + b) = a^2 - b^2$$

Potenzen:

$$a^m \cdot a^n = a^{m+n} \qquad (a^m)^n = a^{mn} = (a^n)^m$$
$$a^m : a^n = a^{m-n}$$
$$a^n \cdot b^n = (a \cdot b)^n$$
$$a^n : b^n = \left(\frac{a}{b}\right)^n$$

Wurzeln:

$$\sqrt[n]{a} \cdot \sqrt[n]{b} = \sqrt[n]{ab} \qquad \sqrt[n]{a}^m = \sqrt[n]{a^m}$$
$$\sqrt[n]{a} : \sqrt[n]{b} = \sqrt[n]{\frac{a}{b}} \qquad \sqrt[m]{\sqrt[n]{a}} = \sqrt[mn]{a}$$

Umwandlung von Potenzen in Wurzeln und umgekehrt:

$$a^{-n} = \frac{1}{a^n} \qquad a^{\frac{1}{n}} = \sqrt[n]{a} \qquad \sqrt[n]{a} = a^{\frac{1}{n}}$$

$$a^{\frac{m}{n}} = \sqrt[n]{a^m} \qquad a^{\frac{m}{n}} = \frac{1}{\sqrt[n]{a^m}}$$

Quadratische Gleichungen:

$$x^2 + px + q = 0 \qquad x_{1/2} = \frac{p}{2} \pm \sqrt{\left(\frac{p}{2}\right)^2 - q}$$

Prozentrechnung (Ermittlung des Prozentwertes)

90 %	von	1 000 kg	=	900 kg
Prozentsatz		*Grundwert*		*Prozentwert*

$$\text{Prozentwert} = \frac{\text{Grundwert} \cdot \text{Prozentsatz}}{100\,\%} \qquad \text{z.B. } \frac{1000\text{ kg} \cdot 90\,\%}{100\,\%} = 900\text{ kg}$$

Das kleinste gemeinsame Vielfache (kgV, Hauptnenner)

Beispiel:

$$\begin{aligned} 8 &= 2 \cdot 2 \cdot 2 \\ 12 &= 2 \cdot 2 \cdot 3 \\ 18 &= 2 \cdot 3 \cdot 3 \\ \text{kgV. } & 2 \cdot 2 \cdot 2 \cdot 3 \cdot 3 = 72 \end{aligned}$$

Die Zahlen werden in ihre Primfaktoren zerlegt. Danach sucht man die größte Anzahl jeder einzelnen Primzahl heraus und multipliziert diese miteinander.

Der größte gemeinsame Teiler (ggT)

Beispiel:

$$\begin{aligned} 30 &= 2 \cdot 3 \cdot 5 \\ 70 &= 2 \cdot 5 \cdot 7 \\ 90 &= 2 \cdot 3 \cdot 3 \cdot 5 \\ \text{ggT. } & 2 \cdot 5 = 10 \end{aligned}$$

Die Zahlen werden in ihre Primfaktoren zerlegt, dann werden die gemeinsam vorkommenden Primfaktoren miteinander multipliziert.

Benennung/Abbildung	Formel/Formelumstellung	Formelzeichen	Einheiten
Zinsrechnung	$Z = \frac{K \cdot p \cdot t}{100\,\% \cdot 360\text{ d}}$ $K = \frac{Z \cdot 100\,\% \cdot 360\text{ d}}{p \cdot t}$ $p = \frac{Z \cdot 100\,\% \cdot 360\text{ d}}{K \cdot t}$ $t = \frac{Z \cdot 100\,\% \cdot 360\text{ d}}{K \cdot p}$	Z Zinsen K Kapital p Zinsfuß t Zeit	EURO EURO % d (Tag)
Prozentrechnung mit der Währung EURO	$Z = \frac{K \cdot p}{100\,\%}$ $K = \frac{Z \cdot 100\,\%}{p}$ $p = \frac{Z \cdot 100\,\%}{K}$	Z Prozentwert K Grundwert P Prozentsatz	EURO EURO %

Benennung/Abbildung	Formel/Formelumstellung	Formelzeichen	Einheiten
Quadrat 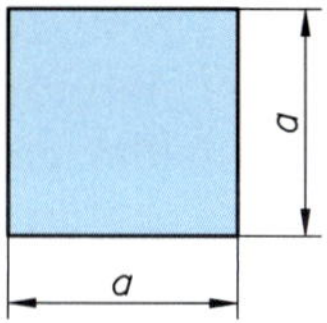 	$A = a \cdot a = a^2$ $\quad a = \sqrt{A}$	A Fläche a Seite a Seite	mm^2, cm^2, m^2 mm, cm, m mm, cm, m
Rechteck 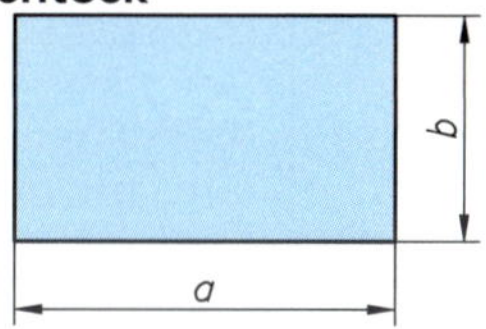 	$A = a \cdot b$ $a = \frac{A}{b}$ $\quad b = \frac{A}{a}$	A Fläche a Länge b Breite	mm^2, cm^2, m^2 mm, cm, m mm, cm, m
Dreieck 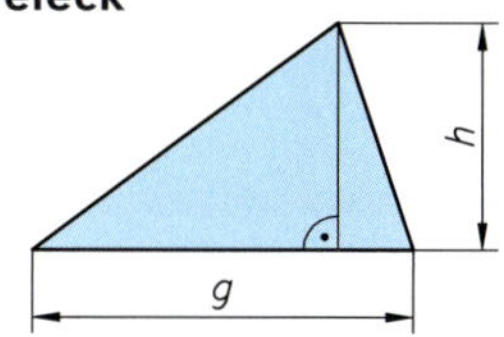 	$A = \frac{g \cdot h}{2}$ $g = \frac{A \cdot 2}{h}$ $\quad h = \frac{A \cdot 2}{g}$	A Fläche g Grundlinie h Höhe	mm^2, cm^2, m^2 mm, cm, m mm, cm, m

Benennung/Abbildung	Formel/Formelumstellung	Formelzeichen	Einheiten
Rhombus, Raute, Parallelogramm 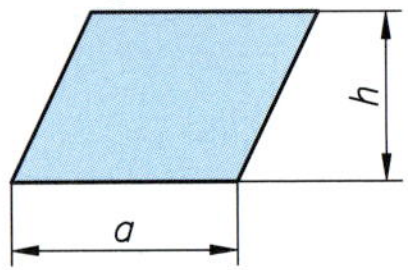 	$A = a \cdot h$ $a = \frac{A}{h}$ $h = \frac{A}{a}$	A Fläche a Seite h Höhe	mm^2, cm^2, m^2 mm, cm, m mm, cm, m
Trapez 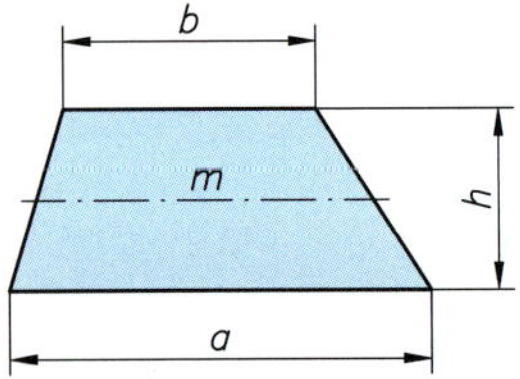 	$A = \frac{(a+b) \cdot h}{2}$ $a = \frac{A \cdot 2}{h} - b$ $b - \frac{A \cdot 2}{h} - a$ $h = \frac{A \cdot 2}{a+b}$ $A = m \cdot h$ $m = \frac{A}{h}$ $h = \frac{A}{m}$	A Fläche a untere Seite b obere Seite h Höhe m Mittellinie	mm^2, cm^2, m^2 mm, cm, m mm, cm, m mm, cm, m mm, cm, m

Benennung/Abbildung	Formel/Formelumstellung	Formelzeichen	Einheiten
Kreis 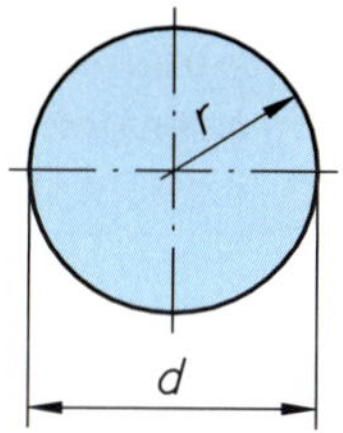 	$A = \frac{d^2 \cdot \pi}{4}$ $\quad d = \sqrt{\frac{A \cdot 4}{\pi}}$ $\pi = 3{,}14...$ $\quad \frac{\pi}{4} = 0{,}785$ $\quad \frac{d^2}{4} = r^2$ $A = d^2 \cdot 0{,}785$ $\quad d = \sqrt{\frac{A}{0{,}785}}$ $A = r^2 \cdot \pi$ $\quad r = \sqrt{\frac{A}{\pi}}$ $\quad d = r \cdot 2$	A Fläche d Durchmesser r Halbmesser, Radius	mm^2, cm^2, m^2 mm, cm, m mm, cm, m
Kreisring 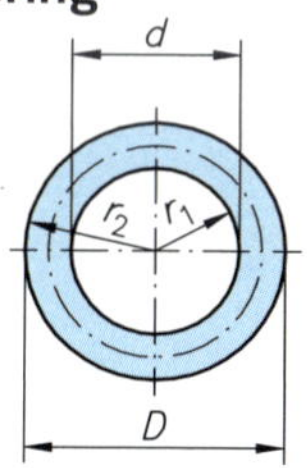 	$A_D = \frac{D^2 \cdot \pi}{4}$ $\quad D = \sqrt{\frac{A_D \cdot 4}{\pi}}$ $A_d = \frac{d^2 \cdot \pi}{4}$ $\quad d = \sqrt{\frac{A_d \cdot 4}{\pi}}$ $A = A_D - A_d$ $\quad \pi = 3{,}14...$ $A_D = A + A_d$ $\quad A_d = A_D - A$	A_D gesamte Fläche D äußerer Durchmesser A_d innere Fläche d innerer Durchmesser A äußere Fläche	mm^2, cm^2, m^2 mm, cm, m mm^2, cm^2, m^2 mm, cm, m mm^2, cm^2, m^2

Benennung/Abbildung	Formel/Formelumstellung	Formelzeichen	Einheiten
Pyramide 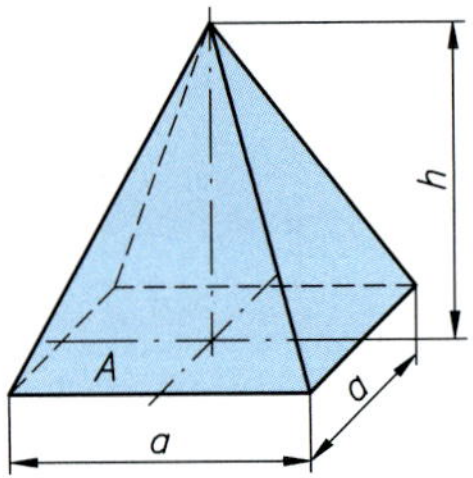 	$V = \frac{A \cdot h}{3}$ $A = \frac{V \cdot 3}{h}$ $h = \frac{V \cdot 3}{A}$ $V = \frac{a^2 \cdot h}{3}$ $a = \sqrt{\frac{V \cdot 3}{h}}$ $h = \frac{V \cdot 3}{a^2}$	V Rauminhalt A Grundfläche h Höhe a Grundseite	mm^3, cm^3, m^3 mm^2, cm^2, m^2 mm, cm, m mm, cm, m

Benennung/Abbildung	Formel/Formelumstellung	Formelzeichen	Einheiten
Zylinder 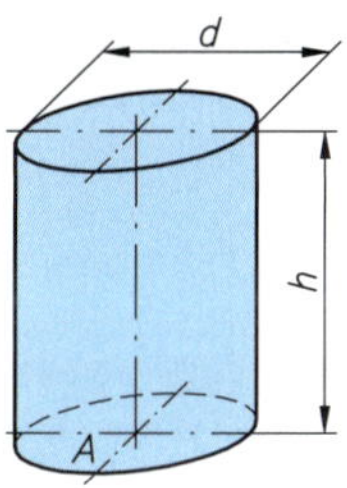 	$V = \frac{d^2 \cdot \pi \cdot h}{4}$ $\quad d = \sqrt{\frac{V \cdot 4}{\pi \cdot h}}$ $h = \frac{V \cdot 4}{d^2 \cdot \pi}$ $\pi = 3{,}14\ldots \quad \frac{\pi}{4} = 0{,}785 \quad \frac{d^2}{4} = r^2$ $V = d^2 \cdot 0{,}785 \cdot h$ $d = \sqrt{\frac{V}{0{,}785 \cdot h}} \quad h = \frac{V}{d^2 \cdot 0{,}785}$ $V = r^2 \cdot \pi \cdot h \quad h = \frac{V}{r^2 \cdot \pi}$ $r = \sqrt{\frac{V}{\pi \cdot h}} \quad d = r \cdot 2$ $V = A \cdot h \quad A = \frac{V}{h} \quad h = \frac{V}{A}$	V Rauminhalt A Grundfläche h Höhe d Durchmesser r Halbmesser, Radius	mm^3, cm^3, m^3 mm^2, cm^2, m^2 mm, cm, m mm, cm, m mm, cm, m

Benennung/Abbildung	Formel/Formelumstellung	Formelzeichen	Einheiten
Kugel 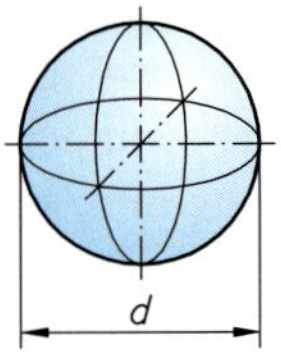 	$V = \frac{d^3 \cdot \pi}{6}$ $d = \sqrt[3]{\frac{V \cdot 6}{\pi}}$ $\pi = 3{,}14...$ $O = d^2 \cdot \pi$ $d = \sqrt{\frac{O}{\pi}}$	V Rauminhalt O Oberfläche d Durchmesser	mm^3, cm^3, m^3 mm^2, cm^2, m^2 mm, cm, m
Prisma 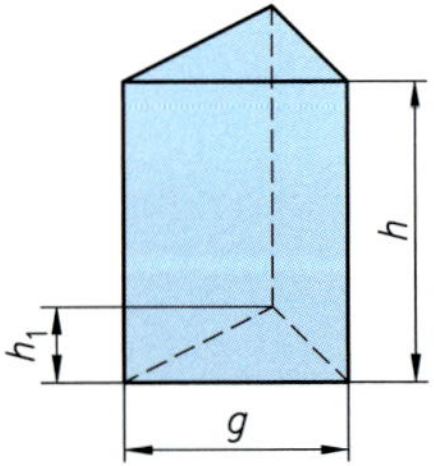 	$V = \frac{g \cdot h_1 \cdot h}{2}$ $g = \frac{V \cdot 2}{h_1 \cdot h}$ $h_1 = \frac{V \cdot 2}{g \cdot h}$ $h = \frac{V \cdot 2}{g \cdot h_1}$ $V = A \cdot h$ $A = \frac{V}{h}$ $h = \frac{V}{A}$	V Rauminhalt A Grundfläche h Höhe g Grundseite h_1 Höhe des Dreiecks	mm^3, cm^3, m^3 mm^2, cm^2, m^2 mm, cm, m mm, cm, m mm, cm, m

Benennung/Abbildung	Formel/Formelumstellung	Formelzeichen	Einheiten
Würfel 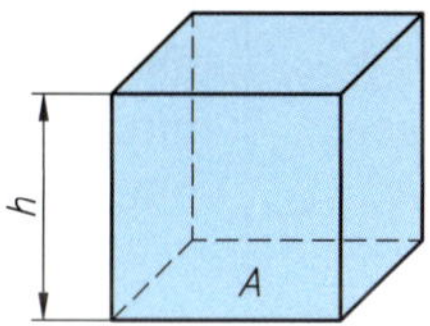	$V = A \cdot h$ $A = \frac{V}{h}$ $h = \frac{V}{A}$ $O = A \cdot 6$ $A = \frac{O}{6}$	V Rauminhalt O Oberfläche A Grundfläche h Höhe	mm^3, cm^3, m^3 mm^2, cm^2, m^2 mm^2, cm^2, m^2 mm, cm, m
Kegel 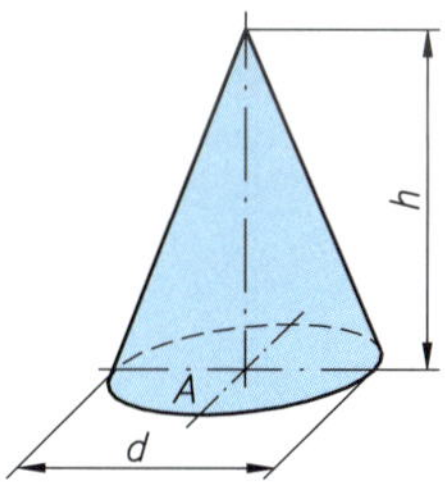	$V = \frac{d^2 \cdot \pi \cdot h}{4} \cdot 3$ $d = \sqrt{\frac{V \cdot 4 \cdot 3}{\pi \cdot h}}$ $h = \frac{V \cdot 4 \cdot 3}{d^2 \cdot \pi}$ $\pi = 3{,}14...$ $\frac{\pi}{4} = 0{,}785$ $\frac{d^2}{4} = r^2$ $V = \frac{d^2 \cdot 0{,}785 \cdot h}{3}$	V Rauminhalt A Grundfläche h Höhe d Durchmesser r Halbmesser, Radius	mm^3, cm^3, m^3 mm^2, cm^2, m^2 mm, cm, m mm, cm, m mm, cm, m

Benennung/Abbildung	Formel/Formelumstellung	Formelzeichen	Einheiten
Kegel 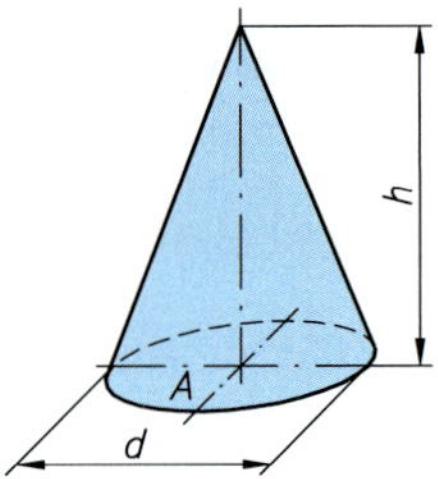 	$d = \sqrt{\frac{V \cdot 3}{0{,}785 \cdot h}}$ $h = \frac{V \cdot 3}{d^2 \cdot 0{,}785}$ $V = \frac{r^2 \cdot \pi \cdot h}{3}$ $r = \sqrt{\frac{V \cdot 3}{\pi \cdot h}}$ $h = \frac{V \cdot 3}{r^2 \cdot \pi}$ $d = r \cdot 2$ $V = \frac{A \cdot h}{3}$ $A = \frac{V \cdot 3}{h}$ $h = \frac{V \cdot 3}{A}$	V Rauminhalt A Grundfläche h Höhe d Durchmesser r Halbmesser, Radius	mm³, cm³, m³ mm², cm², m² mm, cm, m mm, cm, m mm, cm, m

Benennung/Abbildung	Formel/Formelumstellung	Formelzeichen	Einheiten
Kräfte, die in gleicher Richtung wirken 	$F = F_1 + F_2$ $F_1 = F - F_2$ $F_2 = F - F_1$	F Gesamtkraft F_1 Kraft 1 F_2 Kraft 2	N (Newton) N N
Kräfte, die in entgegengesetzter Richtung wirken 	$F = F_1 - F_2$ $F_1 = F + F_2$ $F_2 = F_1 - F$	F Gesamtkraft F_1 Kraft 1 F_2 Kraft 2	N N N
Kräfte, die unter einem rechten Winkel wirken 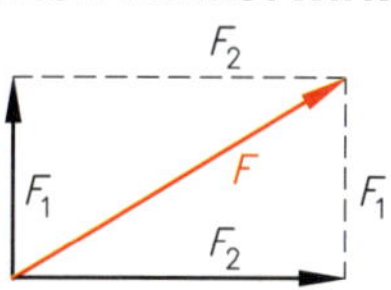	$F^2 = F_1^2 + F_2^2$ $F = \sqrt{F_1^2 + F_2^2}$ $F_1^2 = F^2 - F_2^2$ $F_1 = \sqrt{F^2 - F_2^2}$ $F_2^2 = F^2 - F_1^2$ $F_2 = \sqrt{F^2 - F_1^2}$	F Gesamtkraft F_1 Kraft 1 F_2 Kraft 2	N N N

Benennung/Abbildung	Formel/Formelumstellung	Formelzeichen	Einheiten
Hebel 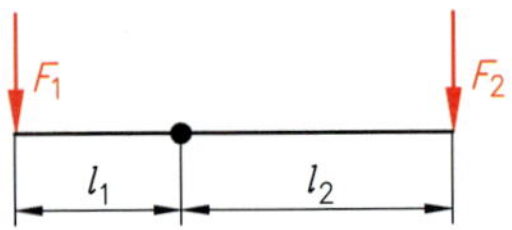	$F_1 \cdot l_1 = F_2 \cdot l_2$ $F_1 = \frac{F_2 \cdot l_2}{l_1}$ $l_1 = \frac{F_2 \cdot l_2}{F_1}$ $F_2 = \frac{F_1 \cdot l_1}{l_2}$ $l_2 = \frac{F_1 \cdot l_1}{F_2}$	F_1 Kraft 1 l_1 Hebel 1 F_2 Kraft 2 l_2 Hebel 2	N m N m
Gleitende Reibung 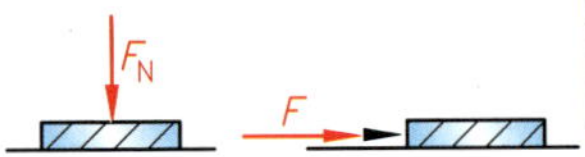	$F = \mu \cdot F_N$ $\mu = \frac{F}{F_N}$ $F_N = \frac{F}{\mu}$	F Kraft zur Überwindung der Reibung μ Reibungszahl F_N Normalkraft (senkrecht zur Fläche wirkende Kraft)	N N
Drehmoment 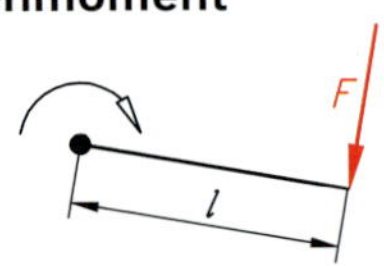	$M = F \cdot l$ $F = \frac{M}{l}$ $l = \frac{M}{F}$	M Drehmoment F Kraft l Länge des Hebels	Nm (Newtonmeter) N m

Benennung/Abbildung	Formel/Formelumstellung	Formelzeichen	Einheiten
Umfangs-geschwindigkeit 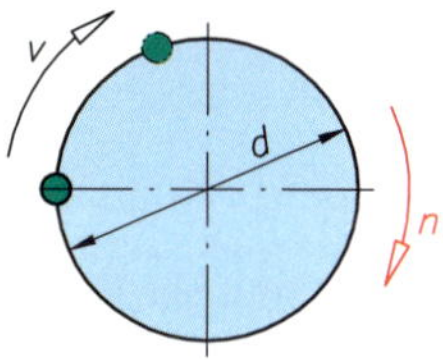 	$v = d \cdot \pi \cdot n$ $d = \frac{v}{\pi \cdot n}$ $n = \frac{v}{d \cdot \pi}$	v Umfangs-geschwindigkeit d Durchmesser eines Rotationskörpers n Drehfrequenz	$\frac{m}{s}$ m $\frac{1}{s}$
Winkelgeschwindigkeit 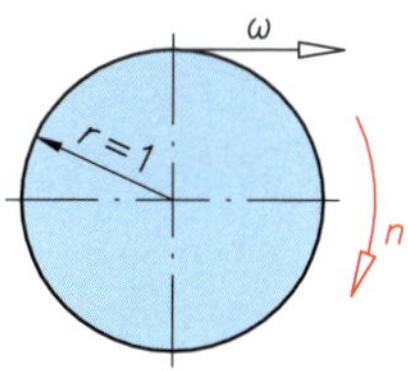 	$\omega = 2 \cdot \pi \cdot n$ $n = \frac{\omega}{2 \cdot \pi}$	ω Winkel-geschwindigkeit (Einheitsbogen) n Umdrehungszahl π 3,14...	$\frac{1}{s}$ $\frac{1}{s}$

Benennung/Abbildung	Formel/Formelumstellung	Formelzeichen	Einheiten
Freier Fall 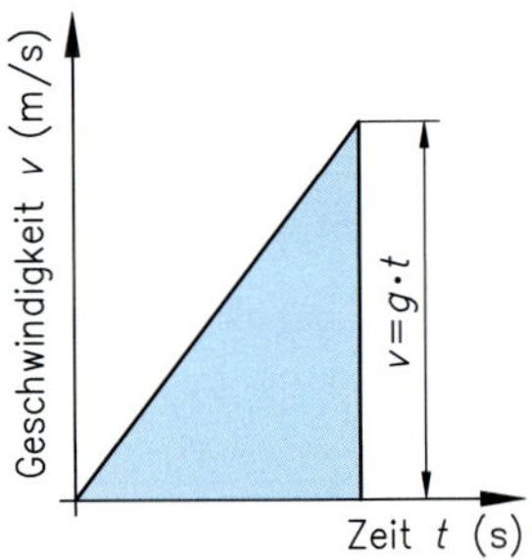	$h = \frac{v \cdot t}{2}$	h Höhe	m
	$v = \frac{h \cdot 2}{t}$ $\quad$ $t = \frac{h \cdot 2}{v}$	v Geschwindigkeit	$\frac{\text{m}}{\text{s}}$
	$h = \frac{g \cdot t^2}{2}$	t Zeit	s
	$g = \frac{h \cdot 2}{t^2}$ $\quad$ $t = \sqrt{\frac{h \cdot 2}{g}}$	g Erdbeschleunigung	$\frac{\text{m}}{\text{s}^2}$
	$h = \frac{v^2}{2 \cdot g}$		
	$v = \sqrt{h \cdot 2 \cdot g}$ $\quad$ $g = \frac{v^2}{2 \cdot h}$		

Benennung/Abbildung	Formel/Formelumstellung	Formelzeichen	Einheiten
Kreisförmige Bewegung 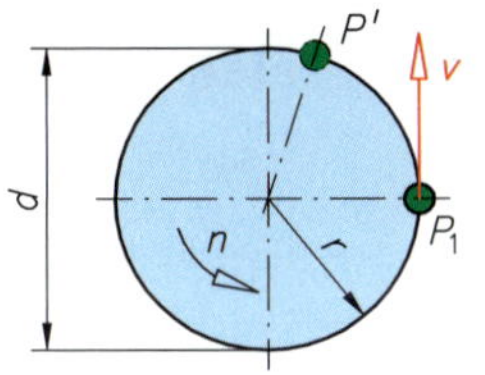	$v = d \cdot \pi \cdot n$ $d = \frac{v}{\pi \cdot n}$ $n = \frac{v}{d \cdot \pi}$	v Umfangsgeschwindigkeit d Scheibendurchmesser n Drehzahl π 3,14...	$\frac{m}{s}$ m $\frac{1}{s}$
Geradlinige Bewegung 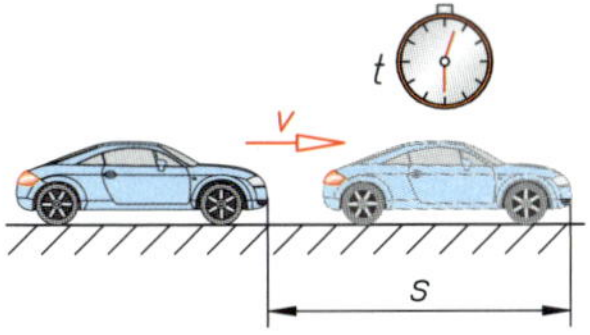	$v = \frac{s}{t}$ $s = v \cdot t$ $t = \frac{s}{v}$	v Geschwindigkeit s Weg t Zeit	$\frac{m}{s}$ m s

Benennung/Abbildung	Formel/Formelumstellung	Formelzeichen	Einheiten
Gleichmäßige Beschleunigung	$a = \frac{v}{t}$	a Beschleunigung	$\frac{m}{s^2}$
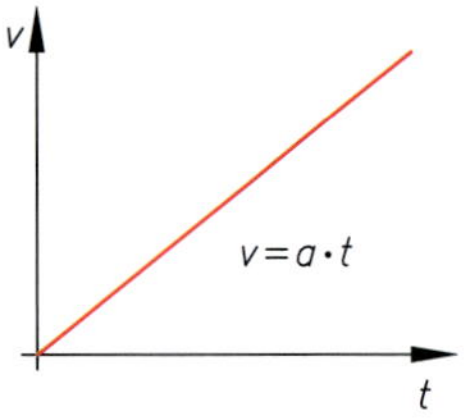	$v = a \cdot t$ $\quad$ $t = \frac{v}{a}$	v Geschwindigkeit	$\frac{m}{s}$
	$s = \frac{a \cdot t^2}{2}$	t Zeit	s
	$a = \frac{s \cdot 2}{t^2}$ $\quad$ $t = \sqrt{\frac{s \cdot 2}{a}}$	s Weg	m
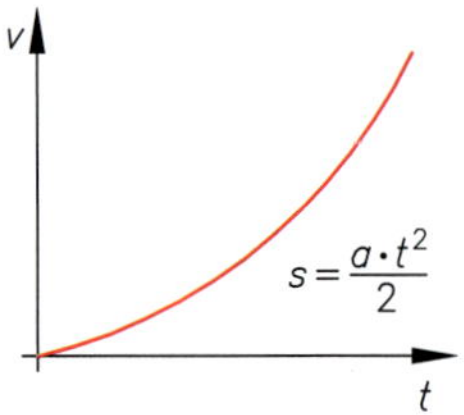	$v = \sqrt{2 \cdot a \cdot s}$		
	$a = \frac{v^2}{2 \cdot s}$ $\quad$ $s = \frac{v^2}{2 \cdot a}$		

Radiant (Bogenmaß)	Grad (Altgrad)	Gon (Neugrad)
Die Winkeleinheit Radiant (rad) ergibt sich für die Größe eines Zentriwinkels in einem beliebigen Kreis aus dem Verhältnis der Kreisbogenlänge zum Kreisradius. Für einen Vollwinkel gilt: 1 Vollwinkel = 2π rad.	Das Grad (°) ist der 360ste Teil eines Vollwinkels: 1° = 1/360 Vollwinkel = π/180 rad. Das Grad wird unterteilt in Minute (′) und Sekunde (″): 1° = 60′ = 3600″.	Das Gon ist der 400ste Teil eines Vollwinkels: 1 gon = 1/400 Vollwinkel = π/200 rad. Das Gon wird geteilt durch Vorsätze: 1 cgon = 1/100 gon = 0,01 gon; 1 mgon = 1/1000 gon = 0,001 gon.

44 Winkelfunktionen (trigonometrische Funktionen)

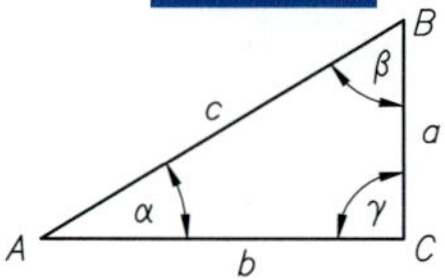

Dreieck ABC heißt rechtwinkliges Dreieck ($\gamma = 90°$). Die längste Seite c ist die **Hypotenuse**, die Seiten a und b, die Schenkel des rechten Winkels, sind die **Katheten**. Für den spitzen Winkel α ist b die Ankathete und a die Gegenkathete; für den spitzen Winkel β ist a die Ankathete und b die Gegenkathete.

Winkelfunktion	Winkel α		Winkel β	
Sinus: $\frac{\textit{Gegenkathete}}{\textit{Hypotenuse}}$	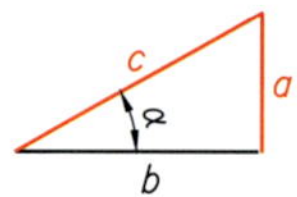	$\sin\alpha = \frac{a}{c}$	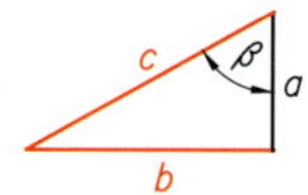	$\sin\beta = \frac{b}{c}$
Kosinus: $\frac{\textit{Ankathete}}{\textit{Hypotenuse}}$	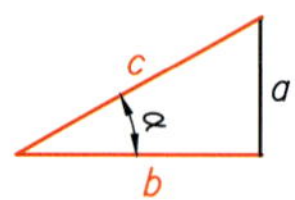	$\cos\alpha = \frac{b}{c}$	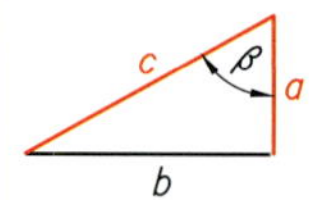	$\cos\beta = \frac{a}{c}$
Tangens: $\frac{\textit{Gegenkathete}}{\textit{Ankathete}}$	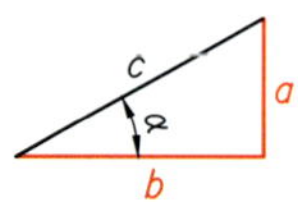	$\tan\alpha = \frac{a}{b}$	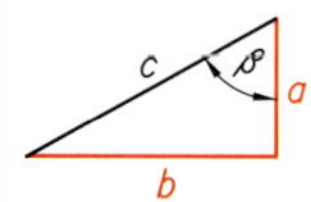	$\tan\beta = \frac{b}{a}$
Kotangens: $\frac{\textit{Ankathete}}{\textit{Gegenkathete}}$	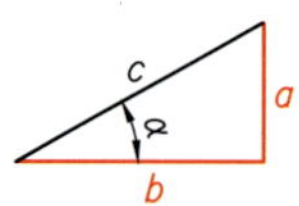	$\cot\alpha = \frac{b}{a}$	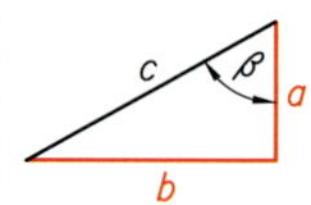	$\cot\beta = \frac{a}{b}$

Trigonometrische Funktionswerte wichtiger Winkelgrößen								
	0°	30°	45°	60°	90°	180°	270°	360°
sin	0	1/2	$\sqrt{2}/2$	$\sqrt{3}/2$	1	0	–1	0
cos	1	$\sqrt{3}/2$	$\sqrt{2}/2$	1/2	0	–1	0	1
tan	0	$\sqrt{3}/3$	1	$\sqrt{3}$	$\pm\infty$	0	$\pm\infty$	0
cot	$\pm\infty$	$\sqrt{3}$	1	$\sqrt{3}/3$	0	$\pm\infty$	0	$\pm\infty$

Beziehung der Winkelfunktionen in den Quadranten				
	$90° \pm \alpha$	$180° \pm \alpha$	$270° \pm \alpha$	$360° \pm \alpha$
sin	$\cos\alpha$	$\mp\sin\alpha$	$-\cos\alpha$	$\pm\sin\alpha$
cos	$\mp\sin\alpha$	$-\cos\alpha$	$\pm\sin\alpha$	$\cos\alpha$
tan	$\mp\cot\alpha$	$\pm\tan\alpha$	$\mp\cot\alpha$	$\pm\tan\alpha$
cot	$\mp\tan\alpha$	$\pm\cot\alpha$	$\mp\tan\alpha$	$\pm\cot\alpha$

Komplexe Zahlen

Quadratwurzeln, aus negativen Zahlen gezogen, ergeben imaginäre Zahlen. $\sqrt{-1}$ heißt **imaginäre Einheit i**[1]; sie ist definiert durch die Gleichung $\mathrm{i}^2 = -1$. Damit ist z. B.: $\sqrt{-|b|} = \mathrm{i}\sqrt{|b|}$.
Komplexe Zahlen setzen sich aus einer reellen Zahl und einer imaginären Zahl zusammen.

Zeichen	Bedeutung	Zusammenhang
z	Betrag von $\underline{z}$	$z = \sqrt{a^2 + b^2}$
a	Realteil von $\underline{z}$	$a = \mathrm{Re}\ \underline{z} = z \cdot \cos\varphi$
b	Imaginärteil von $\underline{z}$	$b = \mathrm{Im}\ \underline{z} = z \cdot \sin\varphi$
φ	Argument von $\underline{z}$ (Nullphasenwinkel)	$\varphi = \arctan \frac{b}{a}$
$\underline{z}^*$ oder $\underline{z}$	konjugiert komplexe Zahl zu $\underline{z}$ $\mathrm{Im}\,\underline{z}^* = -\mathrm{Im}\,\underline{z}$	$\underline{z} = a + \mathrm{i}b = z \cdot \mathrm{e}^{\mathrm{i}\varphi}$ $\underline{z}^* = a - \mathrm{i}b = z \cdot \mathrm{e}^{-\mathrm{i}\varphi}$

1) In der Elektrotechnik schreibt man j, um Verwechslungen mit der Stromstärke *i* zu vermeiden.

Formen komplexer Zahlen	
Komponentenform	$\underline{z} = a + \mathrm{i}b$
trigonometrische Form	$\underline{z} = z \cdot (\cos\varphi + \mathrm{i} \cdot \sin\varphi)$
Exponentialform	$\underline{z} = z \cdot \mathrm{e}^{\mathrm{i}\varphi} = z \exp(\mathrm{i}^{\varphi}) = z\angle\varphi$

1) In der Elektrotechnik schreibt man j, um Verwechslungen mit der Stromstärke *i* zu vermeiden.

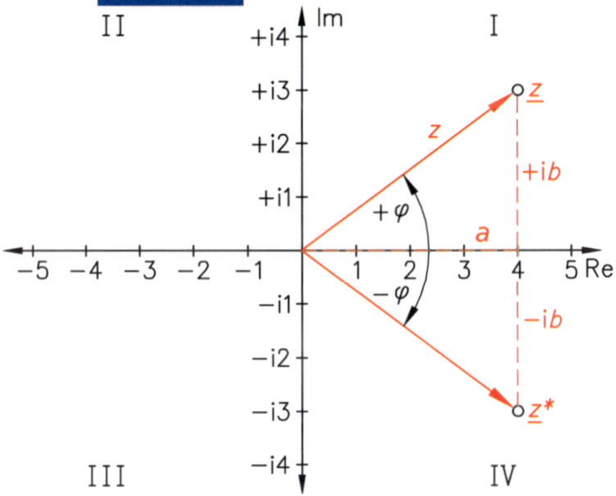

Komplexe Zahlen lassen sich durch Punkte in einer Zahlenebene wiedergeben. Die Zahl $\underline{z} = a + ib = 4 + i3 = 5\,\underline{/0{,}6435}$ wird durch den Punkt mit der Abszisse $a = 4$ und der Ordinate $ib = i3$ beziehungsweise durch den Zeiger mit dem Betrag $z = 5$ und dem Winkel $\varphi = 0{,}6435$ (entspricht 36,87°), dargestellt (siehe Abb.). Die konjugiert komplexe Zahl $\underline{z}^* = a - ib = 4 - i3 = 5\,\underline{/-0{,}6435}$ entspricht dem Punkt (4, –i3) bzw. z = 5 und $\varphi = -0{,}6435$.

Vorzeichen der Komponenten				
Quadrant	I	II	III	IV
Re $\underline{z}$ Im $\underline{z}$	positiv positiv	negativ positiv	negativ negativ	positiv negativ

Rechenverfahren mit komplexen Zahlen		
Addition komplexer Zahlen	Sowohl die Realteile als auch die Imaginärteile werden getrennt addiert.	$\underline{z} = \underline{z}_1 + \underline{z}_2 = (a + ib) + (c + id)$ $\underline{z} = (a + c) + i(b + d)$
	Die Summe aus einer komplexen und einer konjugiert komplexen Zahl ist reell.	$\underline{z} = \underline{z}_1 + \underline{z}_1^* = (a + ib) + (a - ib)$ $\underline{z} = 2a$
Subtraktion komplexer Zahlen	Sowohl die Realteile als auch die Imaginärteile werden getrennt subtrahiert.	$\underline{z} = \underline{z}_1 - \underline{z}_2 = (a + ib) - (c + id)$ $\underline{z} = (a - c) + i(b - d)$
	Die Differenz aus einer komplexen und einer konjugiert komplexen Zahl ist rein imaginär.	$\underline{z} = \underline{z}_1 - \underline{z}_1^* = (a + ib) - (a - ib)$ $\underline{z} = i2b$
Multiplikation komplexer Zahlen	Die Multiplikation komplexer Zahlen besteht aus der Multiplikation mit ihren Gliedern.	$\underline{z} = \underline{z}_1 \cdot \underline{z}_2 = (a + ib) \cdot (c + id)$ $\underline{z} = (ac - bd) + i(bc + ad)$
	Die Beträge werden multipliziert und die Argumente werden addiert.	$\underline{z} = \underline{z}_1 \cdot \underline{z}_2 = z_1 \cdot e^{i\varphi 1} \cdot z_2 \cdot e^{i\varphi 2}$ $\underline{z} = z_1 \cdot z_2 \cdot e^{i(\varphi 1 + \varphi 2)}$
	Das Produkt aus einer komplexen und einer konjugiert komplexen Zahl ist reell.	$\underline{z} = \underline{z}_1 \cdot \underline{z}_1^* = (a + ib) \cdot (a - ib)$ $\underline{z} = a^2 + b^2$

Rechenverfahren mit komplexen Zahlen		
Division komplexer Zahlen	Durch Erweitern mit der konjugiert komplexen Zahl wird der Divisor reell, dann wird wie üblich dividiert.	$\underline{z} = \frac{\underline{z}_1}{\underline{z}_2} = \frac{(a+ib)}{(c+id)} = \frac{(a+ib)(c-id)}{(c+id)(c-id)}$ $\underline{z} = \frac{ac+bd}{c^2+d^2} + i\frac{bc-ad}{c^2+d^2}$
	Die Beträge werden dividiert und die Argumente werden subtrahiert.	$\underline{z} = \frac{\underline{z}_1}{\underline{z}_2} = \frac{z_1 \cdot e^{i\varphi_1}}{z_2 \cdot e^{i\varphi_2}} = \frac{z_1}{z_2} \cdot e^{i(\varphi_1 - \varphi_2)}$
Potenzieren komplexer Zahlen	Der Betrag wird in die *n*-te Potenz erhoben und das Argument wird mit *n* multipliziert.	$\underline{z}^n = (z \cdot e^{i\varphi})^n = z^n \cdot e^{in\varphi}$ $\underline{z}^n = z^n \angle n\varphi$
Radizieren komplexer Zahlen (Wurzelziehen)	Aus dem Betrag wird die Wurzel gezogen und das Argument wird durch den Wurzelexponenten dividiert.	$\sqrt[n]{\underline{z}} = \sqrt[n]{z \cdot e^{i\varphi}} = \sqrt[n]{z} \cdot e^{i\frac{\varphi}{n}} = \sqrt[n]{z} \angle \frac{\varphi}{n}$
Logarithmieren komplexer Zahlen	Betrag und Argument logarithmieren; Summe ist komplexe Zahl (Komponentenform).	$\ln \underline{z} = \ln (z \cdot e^{i\varphi}) = \ln (z) + \ln (e^{i\varphi})$ $\ln \underline{z} = \ln (z) + i^{\varphi}$

Beziehungen zwischen Einheiten

Größe	Formelzeichen	Einheitenname	Einheitenzeichen	Beziehungen
Länge	l	Mikrometer	µm	1 µm = 0,001 mm
		Millimeter	mm	1 mm = 0,1 cm = 0,01 dm = 0,001 m = 0,000001 km
		Zentimeter	cm	1 cm = 10 mm = 10 000 µm
		Dezimeter	dm	1 dm = 10 cm = 100 mm = 100 000 µm
		Meter	m	1 m = 10 dm = 100 cm = 1 000 mm = 1 000 000 µm
		Kilometer	km	1 km = 1 000 m = 100 000 cm = 1 000 000 mm
Fläche oder Querschnitt	A	Quadratzentimeter	cm^2	1 cm^2 = 100 mm^2
		Quadratdezimeter	dm^2	1 dm^2 = 100 cm^2 = 10 000 mm^2
	S	Quadratmeter	m^2	1 m^2 = 100 dm^2 = 10 000 cm^2 = 1 000 000 mm^2
		Ar	a	1 a = 100 m^2
		Hektar	ha	1 ha = 100 a = 10 000 m^2
		Quadratkilometer	km^2	1 km^2 = 100 ha = 10 000 a = 1 000 000 m^2
Volumen	V	Kubikzentimeter	cm^3	1 cm^3 = 1 000 mm^3 ≙ 1 ml = 0,001 l
		Kubikdezimeter	dm^3	1 dm^3 = 1 000 cm^3 = 1 000 000 mm^3
		Kubikmeter	m3	1 m^3 = 1 000 dm^3 = 1 000 000 cm^3
		Milliliter	ml	1 ml = 0,001 l ≙ 1 cm^3
		Liter	l	1 l = 1 000 ml ≙ 1 dm^3
		Hektoliter	hl	1 hl = 100 l ≙ 100 dm^3

Größe	Formelzeichen	Einheitenname	Einheitenzeichen	Beziehungen
Ebener Winkel	$\alpha, \beta,$ γ, ϑ	Winkel-Sekunde Winkel-Minute Grad Radiant	″ ′ ° rad	$1'' = \frac{1}{60}$ $1' = 60''$ $1° = 60' = 3\,600'' = \frac{\pi}{180}\,\text{rad}$ $1\,\text{rad} \mathrel{\hat{=}} 57{,}2957°$ $1\,\text{rad} \mathrel{\hat{=}} \frac{180°}{\pi}$
Zeit	t	Sekunde Minute Stunde Tag Jahr	s min h d a	$1\,\text{s} = \frac{1}{60}\,\text{min}$ $1\,\text{min} = 60\,\text{s}$ $1\,\text{h} = 60\,\text{min} = 3\,600\,\text{s}$ $1\,\text{d} = 24\,\text{h}$ $1\,\text{a} \approx 360\,\text{d}$
Drehzahl	n	Eins durch Sekunde Eins durch Minute	$\frac{1}{\text{s}}$ $\frac{1}{\text{min}}$	$\frac{1}{\text{s}} = \text{s}^{-1} = 60\,\frac{1}{\text{min}} = 60\,\text{min}^{-1}$ $\frac{1}{\text{min}} = \text{min}^{-1} = \frac{1}{60\,\text{s}} = \frac{1}{60}\,\text{s}^{-1}$

Beziehungen zwischen Einheiten

Größe	Formelzeichen	Einheitenname	Einheitenzeichen	Beziehungen
Geschwindigkeit	v	Meter durch Sekunde Meter durch Minute Kilometer durch Stunde	$\frac{m}{s}$ $\frac{m}{min}$ $\frac{km}{h}$	$1\,\frac{m}{s} = 60\,\frac{m}{min} = 3600\,\frac{m}{h} = 3{,}6\,\frac{km}{h}$ $1\,\frac{m}{min} = 60\,\frac{m}{h} = \frac{60}{3600}\,\frac{m}{s} = \frac{1}{60}\,\frac{m}{s}$ $1\,\frac{km}{h} = \frac{1\,000\,m}{h} = \frac{1\,000}{3600}\,\frac{m}{s} = \frac{1}{3{,}6}\,\frac{m}{s}$
Winkelgeschwindigkeit	ω	Eins durch Sekunde Radiant durch Sekunde	$\frac{1}{s}$ $\frac{rad}{s}$	$\omega = 2 \cdot \pi \cdot n$, n in $\frac{1}{s}$
Beschleunigung	a, g	Meter durch Sekundenquadrat	$\frac{m}{s^2}$	$1\,\frac{m}{s^2} = 1\,\frac{N}{kg}$ $g = 9{,}81\,\frac{m}{s^2}$ (Formelzeichen g nur für Fallbeschleunigung verwenden)
Masse	m	Milligramm Gramm Kilogramm Tonne Megagramm	mg g kg t Mg	$1\,mg = \frac{1}{1\,000}\,g = 0{,}001\,g$ $1\,g = 1\,000\,mg$ $1\,kg = 1\,000\,g = 1\,000\,000\,mg$ $1\,t = 1\,000\,kg = 1\,000\,000\,g$ $1\,t = 1\,Mg$

Größe	Formelzeichen	Einheitenname	Einheitenzeichen	Beziehungen
Längenbezogene Masse	m'	Kilogramm durch Meter	$\frac{kg}{m}$	$1\ \frac{kg}{m} = 1\ \frac{g}{mm}$
Flächenbezogene Masse	m''	Kilogramm durch Meterquadrat	$\frac{kg}{m^2}$	$1\ \frac{kg}{m^2} = 0{,}1\ \frac{g}{cm^2}$
Dichte	ϱ	Gramm durch Kubikzentimeter	$\frac{g}{cm^3}$	$1\ \frac{g}{cm^3} = 1\ \frac{kg}{dm^3} = 1\ \frac{t}{m^3} \mathrel{\hat{=}} 1\ \frac{g}{ml}$
Kraft **Gewicht** **Gewichtskraft**	F G F_G	Newton	N	$1\ N = 1\ \frac{J}{m} = 1\ \frac{kg \cdot m}{s^2}$ $1\ daN = 10\ N$
Drehmoment	M	Newtonmeter	Nm	$1\ Nm = 1\ J = 1\ \frac{kg \cdot m^2}{s^2}$

Größe	Formelzeichen	Einheitenname	Einheitenzeichen	Beziehungen
Druck	p	Pascal Bar	Pa bar	$1\ \text{Pa} = \frac{1\ \text{N}}{\text{m}^2} = 0{,}01\ \text{mbar} = 1\ \frac{\text{kg}}{\text{m} \cdot \text{s}^2}$ $1\ \text{bar} = 10\ \frac{\text{N}}{\text{cm}^2} = 100\,000\ \frac{\text{N}}{\text{m}^2} = 10^5\ \text{Pa}$
Mechanische Spannung	σ, τ	Newton durch Millimeterquadrat	$\frac{\text{N}}{\text{mm}^2}$	$1 \frac{\text{N}}{\text{mm}^2} = 10\ \text{bar} = 1\ \text{MPa}$ $10\ \frac{\text{N}}{\text{mm}^2} = 1 \frac{\text{kN}}{\text{cm}^2}$
Arbeit **Energie** **Wärmemenge**	W E Q	Wattsekunde Newtonmeter Joule Kilowattstunde Kilojoule Megajoule	Ws Nm J kWh kJ MJ	$1\ \text{Ws} = 1\ \text{Nm} = 1\ \frac{\text{kg} \cdot \text{m}}{\text{s}^2} \cdot \text{m} = 1\ \text{J}$ $1\ \text{kWh} = 1\,000\ \text{Wh} = 1000 \cdot 3600\ \text{Ws} = 3{,}6 \cdot 10^6\ \text{Ws}$ $3{,}6 \cdot 10^6\ \text{Ws} = 3{,}6 \cdot 10^3\ \text{kJ} = 3\,600\ \text{kJ} = 3{,}6\ \text{MJ}$
Leistung	P	Watt Newtonmeter durch Sekunde	W $\frac{\text{Nm}}{\text{s}}$	$1\ \text{W} = 1\ \frac{\text{Nm}}{\text{s}} = 1\ \frac{\text{J}}{\text{s}} = 1\ \text{V} \cdot 1\ \text{A} = 1\ \frac{\text{kg} \cdot \text{m}^2}{\text{s}^3}$ 1 PS ≈ 0,735 kW 1 kW ≈ 1,36 PS (veraltete Einheit)

Größe	Formelzeichen	Einheitenname	Einheitenzeichen	Beziehungen
Elektrische Spannung	U	Mikrovolt Millivolt Volt Kilovolt Megavolt	µV mV V kV MV	1 µV = 0,001 mV 1 mV = 0,001 V = 0,000 001 kV = $1 \cdot 10^{-9}$ MV 1 V = 1 000 mV = 1000 000 µV $1\ \text{V} = 1\ \frac{\text{J}}{\text{C}} = 1\ \frac{\text{W}}{\text{A}} = 1\ \frac{\text{kg} \cdot \text{m}^2}{\text{A} \cdot \text{s}}$ 1 kV = 1 000 V = 1 000 000 mV = $1 \cdot 10^{9}$ µV 1 MV = 1 000 kV = 1 000 000 V = $1 \cdot 10^{9}$ mV = $1 \cdot 10^{12}$ µV
Elektrischer Strom	I	Mikroampere Milliampere Ampere Kiloampere Megaampere	µA mA A kA MA	1 µA = 0,001 mA 1 mA = 0,001 A = 0,000 001 kA = $1 \cdot 10^{-9}$ MA 1 A = 1 000 mA = 1 000 000 µA = $1 \frac{\text{W}}{\text{V}}$ = 1 A 1 kA = 1 000 A = 1 000 000 mA = $1 \cdot 10^{9}$ µA 1 MA = 1 000 kA = 1 000 000 A = $1 \cdot 10^{9}$ mA = $1 \cdot 10^{12}$ µA
Elektrischer Widerstand	R	Mikroohm Milliohm Ohm Kiloohm Megaohm	µΩ mΩ Ω kΩ MΩ	1 µΩ = 0,001 mΩ 1 mΩ = 0,001 Ω = 0,000 001 kΩ = $1 \cdot 10^{-9}$ MΩ 1 Ω = 1 000 mΩ = 1 000 000 µΩ $1\ \Omega = \frac{1}{\text{s}} = 1\ \frac{\text{V}}{\text{A}} = 1\ \frac{\text{kg} \cdot \text{m}^2}{\text{A}^2 \cdot \text{s}^3}$ 1 kΩ = 1 000 Ω = 1 000 000 mΩ = $1 \cdot 10^{9}$ µΩ 1 MΩ = 1 000 kΩ = 1 000 000 Ω = $1 \cdot 10^{9}$ mΩ = $1 \cdot 10^{12}$ µΩ

Größe	Formelzeichen	Einheitenname	Einheitenzeichen	Beziehungen
Elektrischer Leitwert	G	Mikrosiemens Millisiemens Siemens Kilosiemens Megasiemens	µS mS S kS MS	$1\ \mu S = 0{,}001\ mS$ $1\ mS = 0{,}001\ S = 0{,}000\,001\ kS = 1 \cdot 10^{-9}\ MS$ $1\ S = 1\,000\ mS = 1\,000\,000\ \mu S$ $1\ S = \frac{1}{\Omega} = 1\ \frac{A}{V} = 1\ \frac{A^2 \cdot s^3}{kg \cdot m^2}$ $1\ kS = 1\,000\ S = 1\,000\,000\ mS = 1 \cdot 10^9\ \mu S$ $1\ MS = 1\,000\ kS = 1\,000\,000\ S = 1 \cdot 10^9\ mS = 1 \cdot 10^{12}\ \mu S$
Spezifischer Widerstand	ϱ	Ohm mal Meter	$\Omega \cdot m$ $\frac{\Omega \cdot mm^2}{m}$	$\varrho = \frac{1}{\gamma}$ in $\frac{\Omega \cdot mm^2}{m}$ $1\ \frac{\Omega \cdot mm^2}{m} = 1 \cdot 10^{-6}\ \Omega\ m = 1\ \mu\Omega \cdot m = 1\ \frac{kg \cdot m^3}{A^2 \cdot s^3}$
Elektrische Leitfähigkeit	λ (früher κ)	Siemens durch Meter	$\frac{S}{m}$ $\frac{S \cdot m}{mm^2}$	$\gamma = \frac{1}{\varrho}$ in $\frac{m}{\Omega \cdot mm^2}$ $1\ \frac{m}{\Omega \cdot mm^2} = 1 \cdot 10^6\ \frac{S}{m} = 1\ \frac{A^2 \cdot s^3}{kg \cdot m^3}$
Elektrische Arbeit	W	Joule	J	$1\ J = 1\ W \cdot 1\ s = 1\ Ws = 1\ Nm = 1\ \frac{kg \cdot m^2}{s^2}$ $1\ kW \cdot h = 3{,}6 \cdot 10^6\ Ws = 3{,}6 \cdot 10^3\ kJ$

Größe	Formelzeichen	Einheitenname	Einheitenzeichen	Beziehungen
Elektrische Leistung	*P*	Watt	W	$1\ \mathrm{W} = 1\frac{\mathrm{J}}{\mathrm{s}} = 1\ \mathrm{V} \cdot \mathrm{A} = 1\ \frac{\mathrm{N} \cdot \mathrm{m}}{\mathrm{s}} = 1\ \frac{\mathrm{kg} \cdot \mathrm{m}^2}{\mathrm{s}^3}$
Elektrizitätsmenge Elektrische Ladung	*Q*	Coulomb	C	1 C = 1 As 1 Ah = 60 Amin = 3 600 As
Temperatur a) thermodynamisch b) Celsius	T, θ t, ϑ	Kelvin Grad Celsius	K °C	0 K = –273,15° C 0° C = 273,15 K t = T –273,15
Elektrische Kapazität	*C*	Pikofarad Nanofarad Mikrofarad Farad	pF nF µF F	1 pF = 0,001 nF 1 nF = 0,001 µF = $1 \cdot 10^{-9}$ F 1 µF = 1 000 nF = 1 000 000 pF 1 F = $1 \cdot 10^{6}$ µF = $1 \cdot 10^{9}$ nF = $1 \cdot 10^{12}$ pF $= 1\ \frac{\mathrm{C}}{\mathrm{V}} = 1\ \frac{\mathrm{A}^2 \cdot \mathrm{s}^4}{\mathrm{kg} \cdot \mathrm{m}^2}$

Größe	Formelzeichen	Einheitenname	Einheitenzeichen	Beziehungen
Elektrische Flussdichte (Verschiebungsdichte)	*D*	Coulomb durch Quadratmillimeter Coulomb durch Quadratzentimeter Coulomb durch Quadratmeter Megacoulomb durch Quadratmeter	$\frac{C}{mm^2}$ $\frac{C}{cm^2}$ $\frac{C}{m^2}$ $\frac{MC}{m^2}$	$1\,\frac{C}{m^2} = 1\,\frac{As}{m^2}$
Elektrische Feldstärke	*E*	Volt durch Zentimeter Volt durch Meter Kilovolt durch Meter	$\frac{V}{cm}$ $\frac{V}{m}$ $\frac{kV}{m}$	$1\,\frac{V}{m} = 1\,\frac{W}{A \cdot m} = 1\,\frac{kg \cdot m}{A \cdot s^3}$

Größe	Formelzeichen	Einheitenname	Einheitenzeichen	Beziehungen
Elektrische Durchflutung	θ	Ampere	A	1 A = 1 A · 1 Windung
Induktivität	L	Millihenry Henry	mH H	1 mH = 0,001 H 1 H = 1 000 mH $= 1\,\frac{V_s}{A} = 1\,\frac{kg \cdot m^2}{A^2 \cdot s^2}$
Magnetischer Fluss	Φ	Weber Voltsekunde	Wb Vs	1 Wb = 1 Vs $= 1\,\frac{kg \cdot m^2}{A \cdot s^2}$ 1 Vs = 1 Wb
Magnetische Flussdichte (magnetische Induktion)	B	Nanotesla Mikrotesla Millitesla Tesla	nT µT mT T	1 nT $= 1 \cdot 10^{-3}$ µT $= 1 \cdot 10^{-6}$ mT $= 1 \cdot 10^{-9}$ T 1 µT = 1 000 nT 1 mT = 1 000 µT = 1 000 000 nT 1 T = 1 000 mT $= 1 \cdot 10^{6}$ µT $= 1 \cdot 10^{9}$ nT $= 1\,\frac{Wb}{m^2} = 1\,\frac{kg}{A \cdot s^2}$

Größe	Formel-zeichen	Einheitenname	Einheiten-zeichen	Beziehungen
Magnetische Feldstärke	H	Ampere durch Millimeter	$\frac{A}{mm}$	$1\,\frac{A}{mm} = 10\,\frac{A}{cm}$
		Ampere durch Zentimeter	$\frac{A}{cm}$	$1\,\frac{A}{cm} = 0{,}1\,\frac{A}{mm}$
		Ampere durch Meter	$\frac{A}{m}$	$1\,\frac{A}{m} = 0{,}01\,\frac{A}{cm} = 0{,}001\,\frac{A}{mm}$
		Kiloampere durch Meter	$\frac{kA}{m}$	$1\,\frac{kA}{m} = 1\,000\,\frac{A}{m} = 10\,\frac{A}{cm} = 1\,\frac{A}{mm}$
Leuchtdichte	L	Candela durch Quadratzentimeter	$\frac{cd}{cm^2}$	$1\,\frac{cd}{cm^2} = 10\,000\,\frac{cd}{m^2}$
		Candela durch Quadratmeter	$\frac{cd}{m^2}$	$1\,\frac{cd}{m^2} = 0{,}0001\,\frac{cd}{cm^2}$

Größe	Formelzeichen	Einheitenname	Einheitenzeichen	Beziehungen
Lichtstrom	Φ	Millilumen Lumen Megalumen	mlm lm Mlm	1 mlm = 0,001 lm = $1 \cdot 10^{-9}$ Mlm 1 lm = 1 000 mlm = 1 cd · 1 sr 1 Mlm = $1 \cdot 10^{6}$ lm = $1 \cdot 10^{9}$ mlm
Beleuchtungsstärke	E	Lux	lx	$1\ \text{lx} = 1\ \frac{\text{lm}}{\text{m}^2}$

Vorzeichen und Richtungssinn von Spannung und Strom

Gleicher Bezugssinn

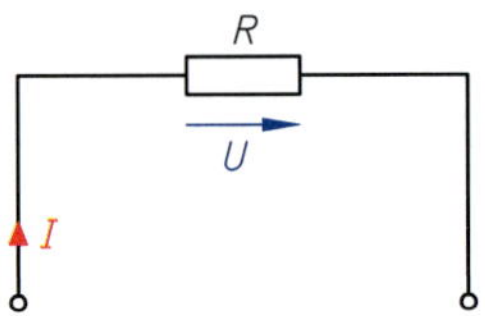

$$I = \frac{U}{R}$$

$U = I \cdot R$

$R = \frac{U}{I}$

Ungleicher Bezugssinn

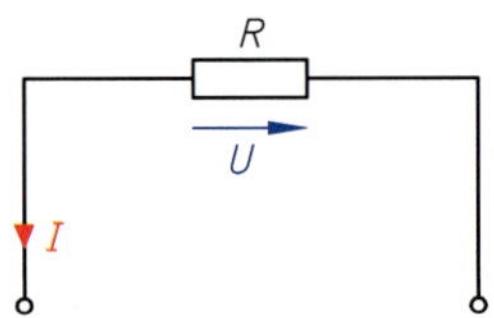

$$I = \frac{-U}{R}$$

$U = -I \cdot R$

$R = \frac{-U}{I}$

Verbraucher-Pfeilsystem

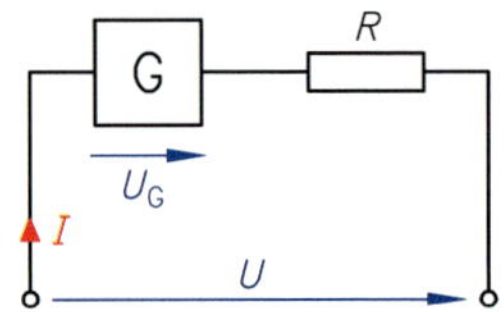

$$U = U_G + I \cdot R$$

$U_G = U - I \cdot R$

$I = \frac{U - U_G}{R}$

$R = \frac{U - U_G}{I}$

Erzeuger-Pfeilsystem

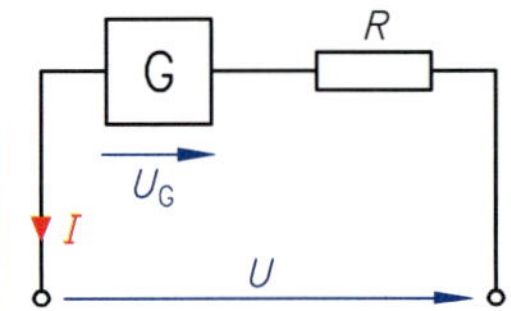

$$U = U_G - I \cdot R$$

$U_G = U + I \cdot R$

$I = \frac{U_G - U}{R}$

$R = \frac{U_G - U}{I}$

Benennung/Abbildung	Formel/Formelumstellung	Formelzeichen	Einheiten
Ohmsches Gesetz 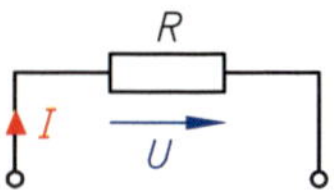	$I = \frac{U}{R}$ $U = I \cdot R$ $R = \frac{U}{I}$	I Stromstärke U Spannung R Widerstand	A V Ω
Stromdichte 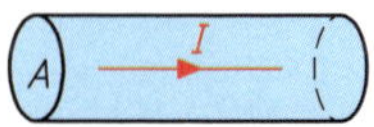	$J = \frac{I}{A}$ $I = J \cdot A$ $A = \frac{I}{J}$	J Stromdichte I Stromstärke	$\frac{\text{A}}{\text{mm}^2}$ A
Widerstand und Leitwert	$R = \frac{1}{G}$ $G = \frac{1}{R}$	R Widerstand G Leitwert	Ω S
Vorwiderstand 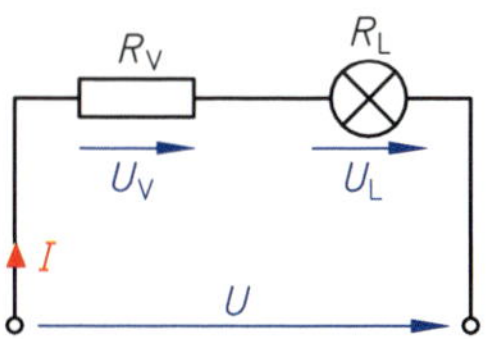	$R_V = \frac{U_V}{I}$ $U_V = R_V \cdot I$ $I = \frac{U_V}{R_V}$ $R_L = \frac{U_L}{I}$ $U_L = R_L \cdot I$ $I = \frac{U_L}{R_L}$	R_V Vorwiderstand U_V Spannung am Vorwiderstand I Stromstärke R_L Lampenwiderstand U_L Spannung am Lampenwiderstand	Ω V A Ω V

Erste kirchhoffsche Regel (Knotenregel)	Zweite kirchhoffsche Regel (Maschenregel)
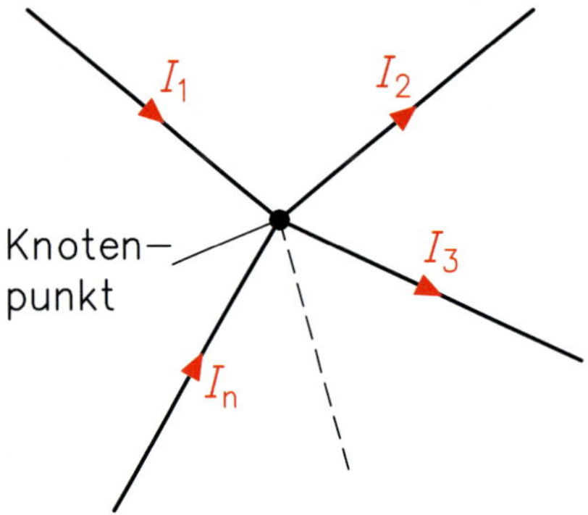	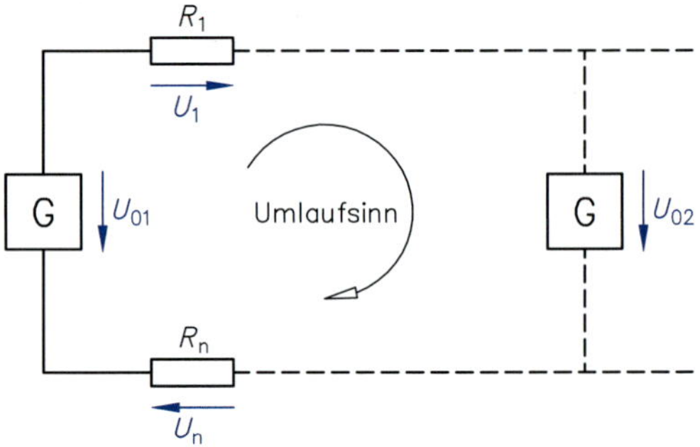
In jedem Knotenpunkt ist die Summe aller Ströme unter Berücksichtigung der Vorzeichen gleich null. $I_1 - I_2 - I_3 + \ldots + I_n = 0$ $\Sigma I = 0$	Die Summe aller Teilspannungen entlang eines geschlossenen Weges mit willkürlich gewähltem Umlaufsinn ist gleich null. Spannungen in Richtung des Umlaufsinnes werden addiert. Spannungen in entgegengesetzter Richtung werden subtrahiert. $-U_{01} + I \cdot R_1 + \ldots - U_{02} + \ldots + I \cdot R_n = 0$ $\Sigma U = 0$

Benennung/Abbildung	Formel/Formelumstellung	Formelzeichen	Einheiten
Spezifischer Widerstand und Leitfähigkeit	$\varrho = \frac{1}{\gamma}$ $\qquad \gamma = \frac{1}{\varrho}$	ϱ spezifischer Widerstand γ elektrische Leitfähigkeit	$\frac{\Omega \cdot mm^2}{m}$ $\frac{S \cdot m}{mm^2}$ $1\,S = \frac{1}{\Omega}$
Leiterquerschnitt 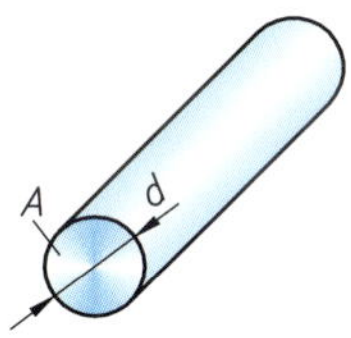	$A = \frac{d^2 \cdot \pi}{4}$ $\qquad d = \sqrt{\frac{A \cdot 4}{\pi}}$ $\frac{\pi}{4} = 0{,}785$ $A = d^2 \cdot 0{,}785$ $\qquad d = \sqrt{\frac{A}{0{,}785}}$ $\frac{d^2}{4} = r^2$ $A = r^2 \cdot \pi$ $\qquad r = \sqrt{\frac{A}{\pi}}$	A Leiterquerschnitt d Drahtdurchmesser r Kreisradius π 3,14…	mm^2 mm mm

Benennung/Abbildung	Formel/Formelumstellung	Formelzeichen	Einheiten
Leiterwiderstand, berechnet mit dem spezifischen Widerstand 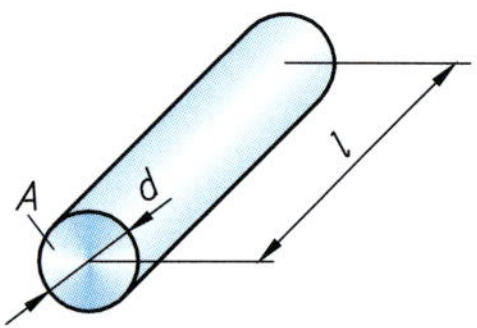	$R_L = \frac{\varrho \cdot l}{A}$ $\varrho = \frac{R_L \cdot A}{l}$ $l = \frac{R_L \cdot A}{\varrho}$ $A = \frac{\varrho \cdot l}{R_L}$ $\varrho = \frac{1}{\gamma}$ $\gamma = \frac{1}{\varrho}$	R_L Leiterwiderstand A Leiterquerschnitt l Leiterlänge ϱ spezifischer Widerstand	Ω mm^2 m $\frac{\Omega \cdot mm^2}{m}$ $1 \mu\Omega \cdot m = 1 \frac{\Omega \cdot mm^2}{m}$
Leiterwiderstand, berechnet mit der elektrischen Leitfähigkeit 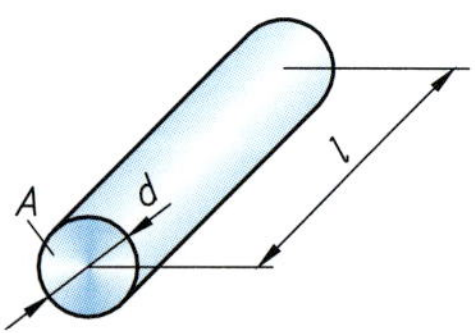	$R_L = \frac{l}{\gamma \cdot A}$ $l = R_L \cdot \gamma \cdot A$ $\gamma = \frac{l}{A \cdot R_L}$ $A = \frac{l}{\gamma \cdot R_L}$	γ elektrische Leitfähigkeit	$\frac{S \cdot m}{mm^2}$ $1 \frac{MS}{m} = 1 \frac{S \cdot m}{mm^2}$

<table>
<tr><th>Benennung/Abbildung</th><th>Formel/Formelumstellung</th><th>Formelzeichen</th><th>Einheiten</th></tr>
<tr><td rowspan="3">Reihenschaltung von zwei Widerständen
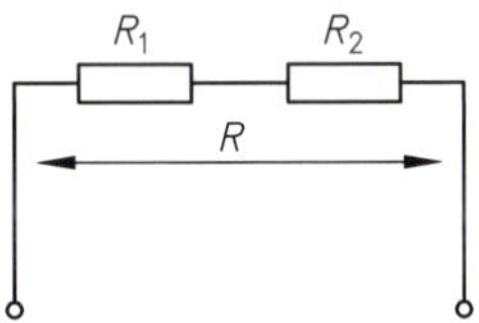
</td><td>$R = R_1 + R_2$
$R_1 = R - R_2$
$R_2 = R - R_1$</td><td>R Gesamtwiderstand
R_1 Widerstand 1
R_2 Widerstand 2</td><td>Ω
Ω
Ω</td></tr>
<tr><td>Für n gleiche Widerstände gilt:
$R = R_1 \cdot n$
$R_1 = \frac{R}{n}$
$n = \frac{R}{R_1}$</td><td>n Anzahl von gleichen Widerständen</td><td></td></tr>
<tr><td>$U = U_1 + U_2$
$U_1 = U - U_2$
$U_2 = U - U_1$</td><td>U Gesamtspannung
U_1 Teilspannung 1
U_2 Teilspannung 2</td><td>V
V
V</td></tr>
</table>

Benennung/Abbildung	Formel/Formelumstellung	Formelzeichen	Einheiten
Reihenschaltung von zwei Widerständen 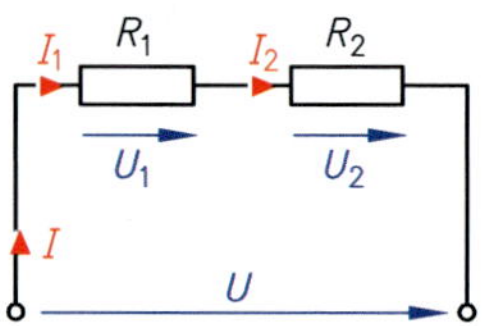	$\frac{U_1}{U_2} = \frac{R_1}{R_2}$ $U_1 = \frac{R_1 \cdot U_2}{R_2}$ $\quad U_2 = \frac{U_1 \cdot R_2}{R_1}$ $R_1 = \frac{U_1 \cdot R_2}{U_2}$ $\quad R_2 = \frac{R_1 \cdot U_2}{U_1}$ $U = U_1 \cdot n$ $\quad U_1 = \frac{U}{n}$ $n = \frac{U}{U_1}$	R Gesamtwiderstand R_1 Widerstand 1 R_2 Widerstand 2 U Gesamtspannung U_1 Teilspannung 1 U_2 Teilspannung 2 n Anzahl von **gleichen** Spannungen	Ω Ω Ω V V V
	$I = I_1 = I_2$	I Stromstärke	A

Benennung/Abbildung	Formel/Formelumstellung	Formelzeichen	Einheiten
Reihenschaltung von mehr als zwei Widerständen 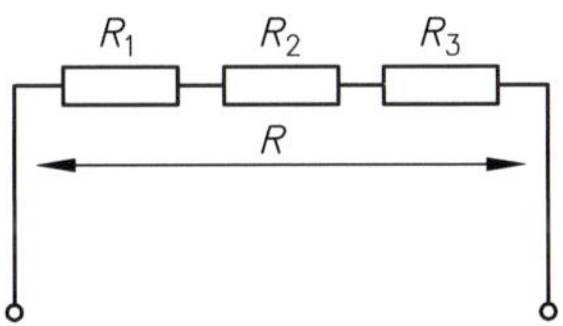	$R = R_1 + R_2 + R_3$ $R_1 = R - R_2 - R_3$ $R_2 = R - R_1 - R_3$ $R_3 = R - R_1 - R_2$	R Gesamtwiderstand R_1 Widerstand 1 R_2 Widerstand 2 R_3 Widerstand 3	Ω Ω Ω Ω
	Für *n* **gleiche** Widerstände gilt: $R = R_1 \cdot n$ $R_1 = \frac{R}{n}$ $n = \frac{R}{R_1}$	n Anzahl von **gleichen** Widerständen	
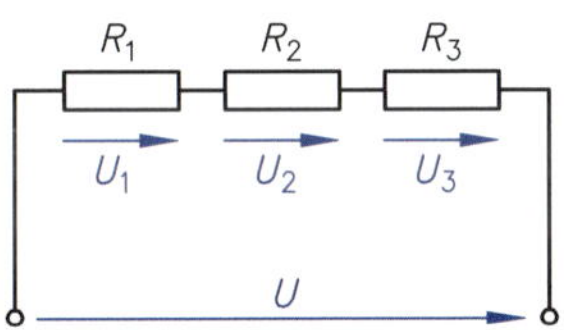	$U = U_1 + U_2 + U_3$ $U_1 = U - U_2 - U_3$ $U_2 = U - U_1 - U_3$ $U_3 = U - U_1 - U_2$	U Gesamtspannung U_1 Teilspannung 1 U_2 Teilspannung 2 U_3 Teilspannung 3	V V V V
	Für *n* **gleiche** Widerstände gilt: $U = U_1 \cdot n$ $U_1 = \frac{U}{n}$ $n = \frac{U}{U_1}$	n Anzahl von **gleichen** Spannungen	
	$I = I_1 = I_2 = I_3$	I Stromstärke	A

Reihenschaltung von Leitwerten

Benennung/Abbildung	Formel/Formelumstellung	Formelzeichen	Einheiten
Reihenschaltung von zwei Leitwerten	$G = \frac{G_1 \cdot G_2}{G_1 + G_2}$ $G_1 = \frac{G \cdot G_2}{G_2 - G}$ $G_2 = \frac{G \cdot G_1}{G_1 - G}$	G Gesamtleitwert G_1 Leitwert 1 G_2 Leitwert 2	S S S
Reihenschaltung von mehr als zwei Leitwerten	$\frac{1}{G} = \frac{1}{G_1} + \frac{1}{G_2} + \frac{1}{G_3}$ $\frac{1}{G_1} = \frac{1}{G} - \frac{1}{G_2} - \frac{1}{G_3}$ $\frac{1}{G_2} = \frac{1}{G} - \frac{1}{G_1} - \frac{1}{G_3}$ $\frac{1}{G_3} = \frac{1}{G} - \frac{1}{G_1} - \frac{1}{G_2}$	G Gesamtleitwert G_1 Leitwert 1 G_2 Leitwert 2 G_3 Leitwert 3	S S S S
	Für *n* **gleiche** Leitwerte gilt: $G = \frac{G_1}{n}$ $G_1 = G \cdot n$ $n = \frac{G_1}{G}$	n Anzahl von **gleichen** Leitwerten	

Benennung/Abbildung	Formel/Formelumstellung	Formelzeichen	Einheiten
Parallelschaltung von zwei Widerständen 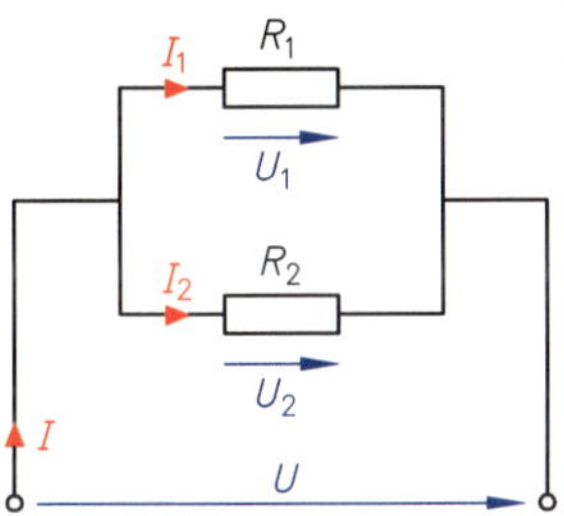 	$R = \frac{R_1 \cdot R_2}{R_1 + R_2}$ $R_1 = \frac{R \cdot R_2}{R_2 - R}$ $R_2 = \frac{R \cdot R_1}{R_1 - R}$ $\frac{I_1}{I_2} = \frac{R_2}{R_1}$ $I_1 = \frac{R_2 \cdot I_2}{R_1}$ $I_2 = \frac{I_1 \cdot R_1}{R_2}$ $R_2 = \frac{I_1 \cdot R_1}{I_2}$ $R_1 = \frac{R_2 \cdot I_2}{I_1}$	R Gesamtwiderstand R_1 Widerstand 1 R_2 Widerstand 2 I_1 Teilstrom 1 I_2 Teilstrom 2 I Gesamtstrom	Ω Ω Ω A A A
	Für n **gleiche** Widerstände gilt: $R = \frac{R_1}{n}$ $R_1 = R \cdot n$ $n = \frac{R_1}{R}$ $I = I_1 + I_2$ $I_1 = I - I_2$ $I_2 = I - I_1$ $U = U_1 = U_2$	n Anzahl von **gleichen** Widerständen U Gesamtspannung U_1 Teilspannung 1 U_2 Teilspannung 2	 V V V

Parallelschaltung von Widerständen

Benennung/Abbildung	Formel/Formelumstellung	Formelzeichen	Einheiten
Parallelschaltung von mehr als zwei Widerständen 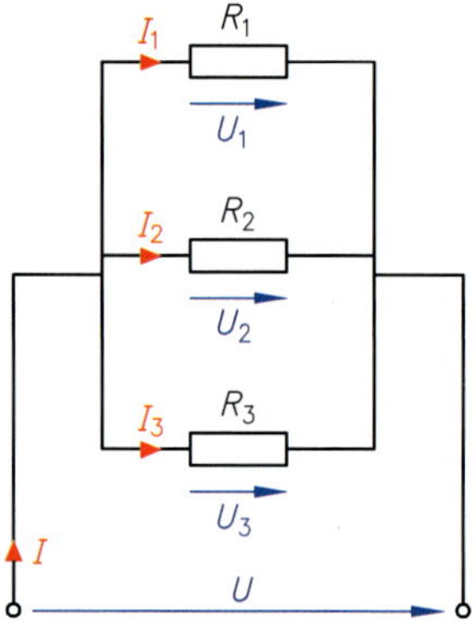 	$\frac{1}{R} = \frac{1}{R_1} + \frac{1}{R_2} + \frac{1}{R_3}$ $\frac{1}{R_1} = \frac{1}{R} - \frac{1}{R_2} - \frac{1}{R_3}$ $\frac{1}{R_2} = \frac{1}{R} - \frac{1}{R_1} - \frac{1}{R_3}$ $\frac{1}{R_3} = \frac{1}{R} - \frac{1}{R_1} - \frac{1}{R_2}$ $R = \frac{1}{G}$ $G = \frac{1}{R}$	R Gesamtwiderstand R_1 Widerstand 1 R_2 Widerstand 2 R_3 Widerstand 3 G Gesamtleitwert	Ω Ω Ω Ω S
	$R = \frac{R_1}{n}$ $R_1 = R \cdot n$ $n = \frac{R_1}{R}$	n Anzahl von **gleichen** Widerständen	

Benennung/Abbildung	Formel/Formelumstellung	Formelzeichen	Einheiten
Parallelschaltung von mehr als zwei Widerständen 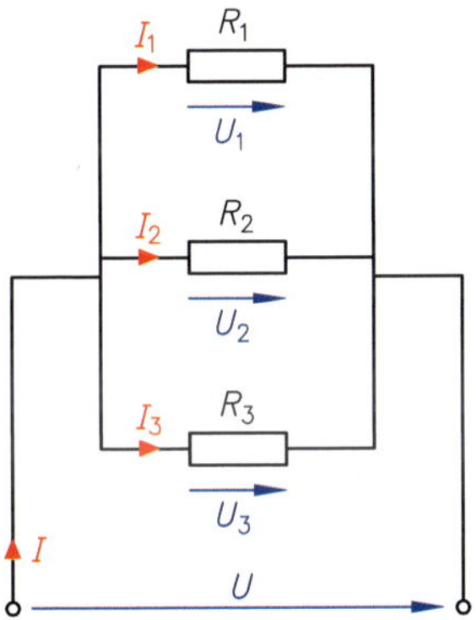	$I = I_1 + I_2 + I_3$ $I_1 = I - I_2 - I_3$ $I_2 = I - I_1 - I_3$ $I_3 = I - I_1 - I_2$ $U = U_1 = U_2 = U_3$	I_1 Teilstrom 1 I_2 Teilstrom 2 I_3 Teilstrom 3 I Gesamtstrom U_1 Teilspannung 1 U_2 Teilspannung 2 U_3 Teilspannung 3 U Gesamtspannung	A A A A V V V V

Benennung/Abbildung	Formel/Formelumstellung	Formelzeichen	Einheiten
Parallelschaltung von Leitwerten	$G = G_1 + G_2 + G_3$ $G_1 = G - G_2 - G_3$ $G_2 = G - G_1 - G_3$ $G_3 = G - G_1 - G_2$	G Gesamtleitwert G_1 Leitwert 1 G_2 Leitwert 2 G_3 Leitwert 3	S S S S
	Für *n* **gleiche** Leitwerte gilt: $G = G_1 \cdot n$ $G_1 = \frac{G}{n}$ $n = \frac{G}{G_1}$	n Anzahl von **gleichen** Leitwerten	

Benennung/Abbildung	Formel/Formelumstellung	Formelzeichen	Einheiten
Strommesser 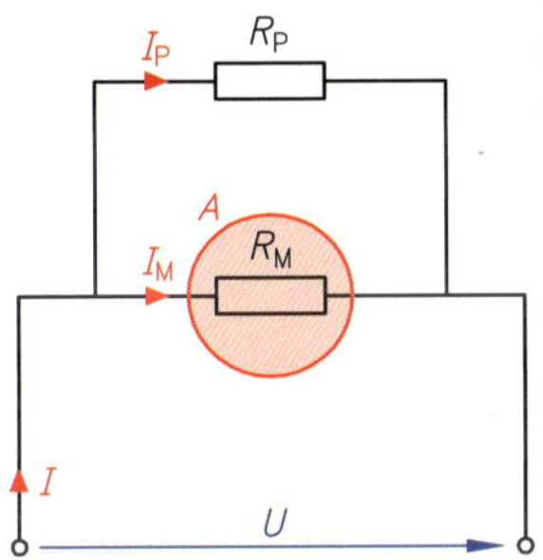	$\frac{I_M}{I_P} = \frac{R_P}{R_M}$ $I_M = \frac{R_P \cdot I_P}{R_M}$ $\quad$ $I_P = \frac{I_M \cdot R_M}{R_P}$ $R_P = \frac{I_M \cdot R_M}{I_P}$ $\quad$ $R_M = \frac{R_P \cdot I_P}{I_M}$ $R_P = \frac{R_M}{n-1}$ $\quad$ $R_M = R_P \cdot (n-1)$ $n = \frac{R_M}{R_P} + 1$ $I = I_M + I_P$ $I_M = I - I_P$ $I_P = I - I_M$	I_M Messwerkstrom I_P Strom durch Nebenwiderstand R_M Messwerkwiderstand R_P Nebenwiderstand n Messbereichserweiterung I gewünschter Messstrom	A A Ω Ω A

Benennung/Abbildung	Formel/Formelumstellung	Formelzeichen	Einheiten
Spannungsmesser 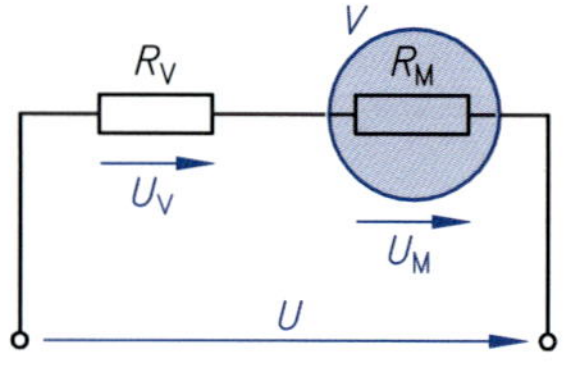	$\frac{U_M}{U_V} = \frac{R_M}{R_V}$ $U_M = \frac{R_M \cdot U_V}{R_V}$ $U_V = \frac{U_M \cdot R_V}{R_M}$ $R_V = \frac{R_M \cdot U_V}{U_M}$ $R_M = \frac{U_M \cdot R_V}{U_V}$ $R_V = R_M \cdot (n-1)$ $R_M = \frac{R_V}{n-1}$ $n = \frac{R_V}{R_M} + 1$ $U_M = U - U_V$ $U_V = U - U_M$ $U = U_M + U_V$	U_M Messwerkspannung U_V Spannung für Vorwiderstand R_M Messwerkwiderstand R_V Vorwiderstand n Messbereichserweiterung U gewünschte Messspannung	V V Ω Ω V

Benennung/Abbildung	Formel/Formelumstellung	Formelzeichen	Einheiten
Mechanische Arbeit 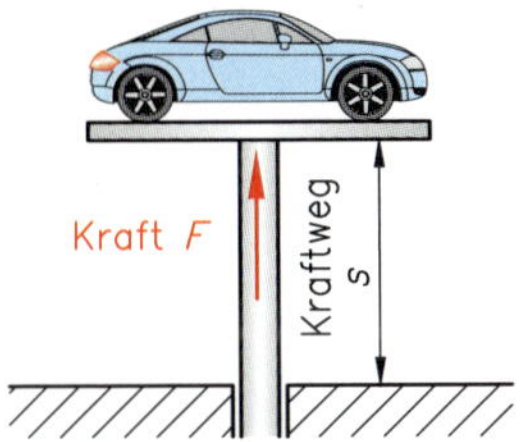	$W = F \cdot s$ $F = \frac{W}{s}$ $s = \frac{W}{F}$	W mechanische Arbeit F Kraft längs des Weges S Weg	Nm N m 1 Nm = 1 J 1 J = 1 Ws
Mechanische Leistung 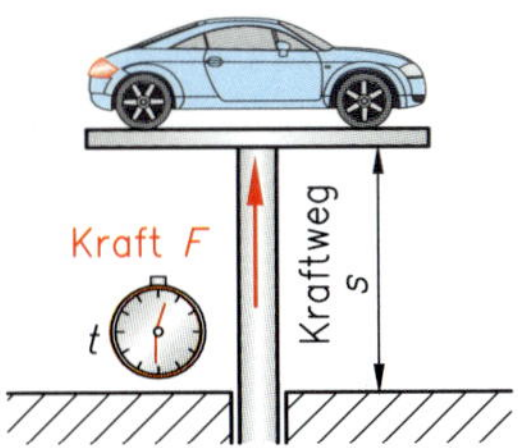	$P = \frac{W}{t}$ $P = \frac{F \cdot s}{t}$ $W = P \cdot t$ $F = \frac{P \cdot t}{s}$ $t = \frac{W}{P}$ $s = \frac{P \cdot t}{F}$ $t = \frac{F \cdot s}{P}$	P mechanische Leistung W mechanische Arbeit t Zeit F Kraft s Weg	W Nm s N m 1 W = Nm/s = J/s

Benennung/Abbildung	Formel/Formelumstellung	Formelzeichen	Einheiten
Elektrische Arbeit	$W = U \cdot I \cdot t$ $U = \frac{W}{I \cdot t}$	W elektrische Arbeit	Ws
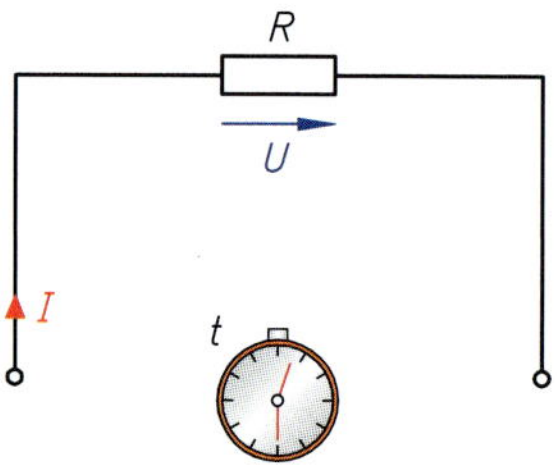	$I = \frac{W}{U \cdot t}$ $t = \frac{W}{U \cdot I}$	U Spannung	V
	$W = I^2 \cdot R \cdot t$ $I = \sqrt{\frac{W}{R \cdot t}}$	I Stromstärke	A
	$R = \frac{W}{I^2 \cdot t}$ $t = \frac{W}{I^2 \cdot R}$	t Zeit	s
	$W = \frac{U^2 \cdot t}{R}$ $U = \sqrt{\frac{W \cdot R}{t}}$	R Widerstand	Ω
	$R = \frac{U^2 \cdot t}{W}$ $t = \frac{W \cdot R}{U^2}$	P elektrische Leistung	W
	$W = P \cdot t$ $R = \frac{W}{t}$ $t = \frac{W}{P}$		1 J = 1 Ws 1 Ws = 1 Nm

Benennung/Abbildung	Formel/Formelumstellung	Formelzeichen	Einheiten
Elektrische Leistung 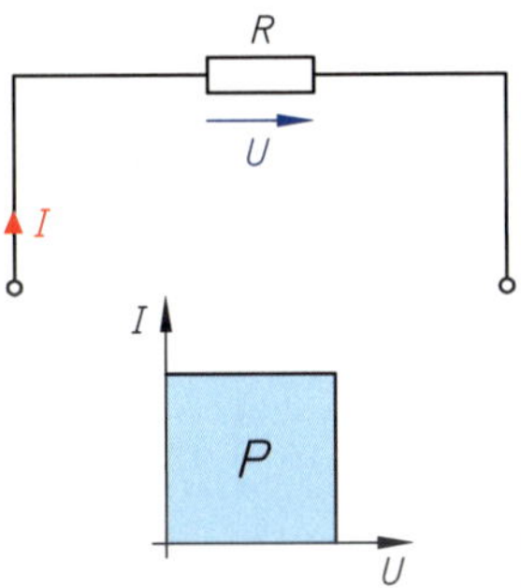 	$P = U \cdot I$ $\quad U = \frac{P}{I}$ $\quad I = \frac{P}{U}$ $P = I^2 \cdot R$ $\quad I = \sqrt{\frac{P}{R}}$ $\quad R = \frac{P}{I^2}$ $P = \frac{U^2}{R}$ $U = \sqrt{P \cdot R}$ $\quad R = \frac{U^2}{P}$ $P = \frac{W}{t}$ $\quad W = P \cdot t$ $\quad t = \frac{W}{P}$	P elektrische Leistung U Spannung I Stromstärke R Widerstand t Zeit W elektrische Arbeit	W V A Ω s Ws $1\,W = 1\frac{J}{s}$ $1\frac{J}{s} = 1\frac{Nm}{s}$
Leistungsmessung mit Zähler und Uhr	$P = \frac{n \cdot 60}{c_z}$ $n = \frac{P \cdot c_z}{60}$ $\quad c_z = \frac{n \cdot 60}{P}$	P Leistung n Zähler-umdrehungen c_z Zählerkonstante	kW $\frac{1}{min}$ $\frac{1}{kWh}$ 1 kWh = 3 600kj

Benennung/Abbildung	Formel/Formelumstellung	Formelzeichen	Einheiten
Wirkungsgrad für elektrische Leistung und Arbeit 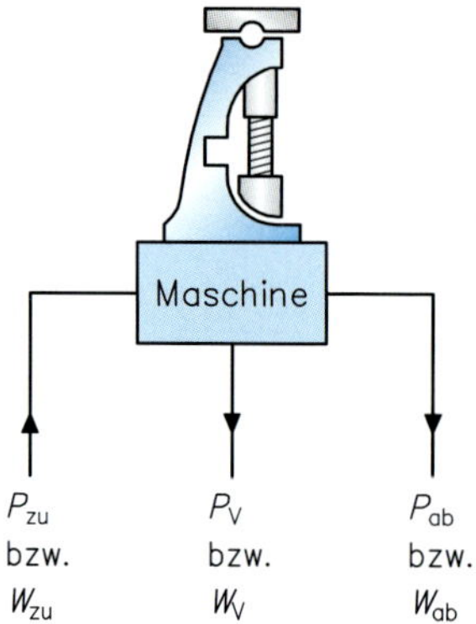	$\eta = \frac{P_{ab}}{P_{zu}}$ $P_{ab} = \eta \cdot P_{zu}$ $P_{zu} = \frac{P_{ab}}{\eta}$ $\eta = \frac{W_{ab}}{W_{zu}}$ $W_{ab} = \eta \cdot W_{zu}$ $W_{zu} = \frac{W_{ab}}{\eta}$ (Oft in Prozent (%) angegeben, z.B. η=0,60 ≙ 60 %) $P_V = P_{zu} - P_{ab}$ $P_{zu} = P_V + P_{ab}$ $P_{ab} = P_{zu} - P_V$ $W_V = W_{zu} - W_{ab}$ $W_{zu} = W_V + W_{ab}$ $W_{ab} = W_{zu} - W_V$	η Wirkungsgrad P_{ab} Leistungsabgabe P_{zu} Leistungszuführung W_{ab} Arbeitsabgabe W_{zu} Arbeitszuführung P_V Leistungsverlust W_V Arbeitsverlust (umgewandelt in unerwünschte Energieformen, z. B. Wärme)	 W W J J W J

Benennung/Abbildung	Formel/Formelumstellung	Formelzeichen	Einheiten
Gesamtwirkungsgrad	$\eta = \eta_1 \cdot \eta_2$ $\quad \eta_1 = \frac{\eta}{\eta_2}$ $\quad \eta_2 = \frac{\eta}{\eta_1}$ (Oft in Prozent (%) angegeben)	η Gesamtwirkungsgrad η_1 Teilwirkungsgrad 1 η_2 Teilwirkungsgrad 2	
Amperestunden-wirkungsgrad	$\eta = \frac{Q_2}{Q_1}$ $Q_1 = \frac{Q_2}{\eta}$ $\quad Q_2 = \eta \cdot Q_1$	η Wirkungsgrad Q_1 zugeführte Ladungsmenge Q_2 abgegebene Ladungsmenge	 Ah Ah
Entladekapazität	$K = I \cdot t$ $\quad I = \frac{K}{t}$ $\quad t = \frac{K}{I}$	K Entladekapazität I Entladestrom t Entladezeit	As A s
Fassungsvermögen (Sammler oder Akkumulator)	$K = I \cdot t$ $\quad I = \frac{K}{t}$ $\quad t = \frac{K}{I}$	K Kapazität (Fassungsvermögen) I Stromstärke t Zeit	As A s

Benennung/Abbildung	Formel/Formelumstellung	Formelzeichen	Einheiten
Reihenschaltung von gleichen Elementen 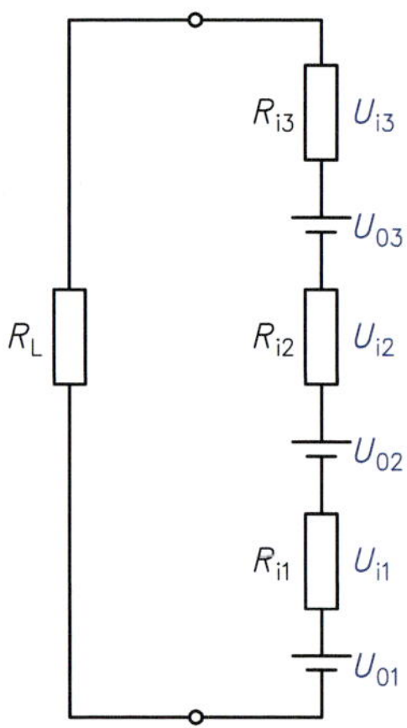 	$I = \frac{U_{01} \cdot n}{R_{i_1} \cdot n + R_L}$ $n = \frac{I \cdot R_L}{U_{01} - I \cdot R_{i_1}}$ $U_{01} = \frac{I \cdot R_{i_1} \cdot n + R_L}{n}$ $R_{i_1} = \frac{U_{01} \cdot n - 1 \cdot R_L}{I \cdot n}$ $R_L = \frac{U_{01} \cdot n - 1 \cdot R_{i_1} \cdot n}{I}$ $U_0 = U_{01} \cdot n$ $U_{01} = \frac{U_0}{n}$ $n = \frac{U_0}{U_{01}}$ $R_i = R_{i_1} \cdot n$ $R_{i_1} = \frac{R_i}{n}$ $n = \frac{R_i}{R_{i_1}}$ $R = R_i + R_L$ $R_i = R - R_L$ $R_L = R - R_i$ $I = \frac{U_0}{R}$ $U_0 = I \cdot R$ $R = \frac{U_0}{I}$	I Stromstärke U_{01} Urspannung eines Elementes R_{i_1} innerer Widerstand eines Elementes R_L Lastwiderstand n Anzahl der in Reihe geschalteten Elemente U_0 Urspannung der Batterie R_i innerer Widerstand der Batterie R Gesamtwiderstand Batterie: zwei oder mehr als zwei Elemente	A V Ω Ω V Ω Ω

Benennung/Abbildung	Formel/Formelumstellung	Formelzeichen	Einheiten
Parallelschaltung von gleichen Elementen 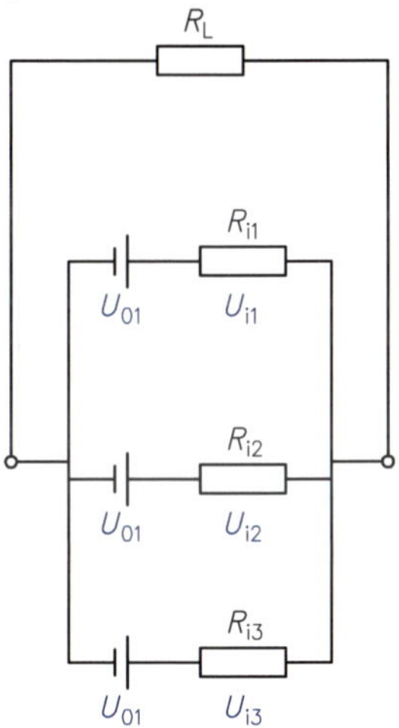	$I = \dfrac{U_{01}}{\dfrac{R_{i_1}}{n} + R_L}$ $U_{01} = I \cdot \left(\dfrac{R_{i_1}}{n} + R_L\right)$ $n = \dfrac{I \cdot R_{i_1}}{U_{01} - I \cdot R_L}$ $R_{i_1} = \dfrac{(U_{01} - I \cdot R_L) \cdot n}{I}$ $R_L = \dfrac{U_{01} - \dfrac{I \cdot R_{i1}}{n}}{I}$ $U_0 = U_{01}$ $U_{01} = U_0$	I Stromstärke U_{01} Urspannung eines Elementes R_{i_1} innerer Widerstand eines Elementes R_L Lastwiderstand n Anzahl der parallel geschalteten Elemente U_0 Urspannung der Batterie R_i innerer Widerstand der Batterie R Gesamtwiderstand Batterie: zwei oder mehr als zwei Elemente	A V Ω Ω V Ω Ω

Benennung/Abbildung	Formel/Formelumstellung	Formelzeichen	Einheiten
Parallelschaltung von gleichen Elementen 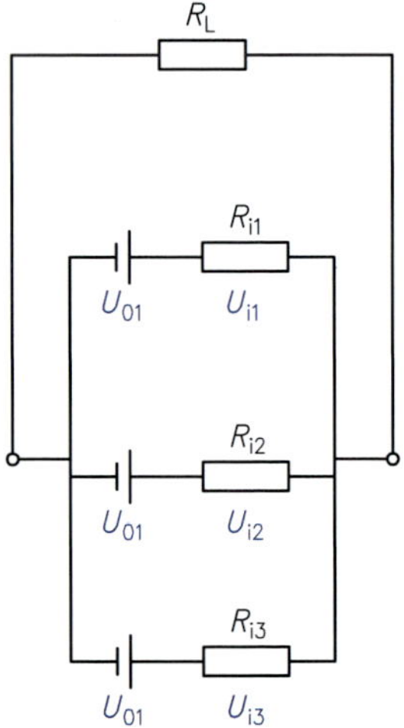	$R_i = \frac{R_{i_1}}{n}$ $R_{i_1} = R_i \cdot n$ $n = \frac{R_{i_1}}{R_i}$ $R = R_i + R_L$ $R_{i_1} = R - R_L$ $R_L = R - R_i$ $I = \frac{U_o}{R}$ $U_o = I \cdot R$ $R = \frac{U_o}{I}$	I Stromstärke U_{01} Urspannung eines Elementes R_{i_1} innerer Widerstand eines Elementes R_L Lastwiderstand n Anzahl der parallel geschalteten Elemente U_0 Urspannung der Batterie R_i innerer Widerstand der Batterie R Gesamtwiderstand Batterie: zwei oder mehr als zwei Elemente	A V Ω Ω V Ω Ω

Benennung/Abbildung	Formel/Formelumstellung	Formelzeichen	Einheiten
Reihen-, Parallelschaltung und gemischte Schaltung von gleichen Elementen 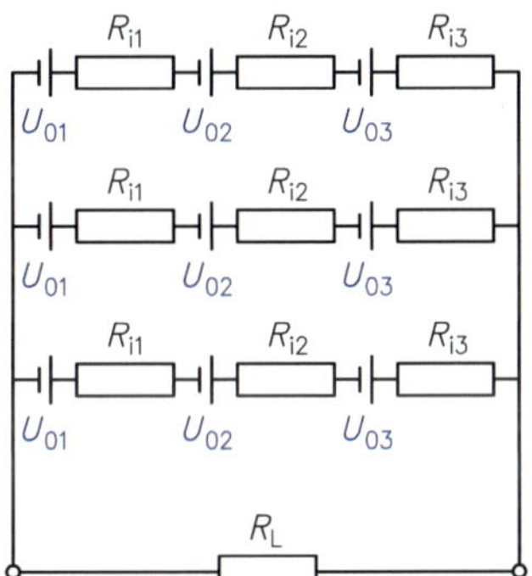 	$I = \frac{U_{01} \cdot n}{\frac{R_{i1} \cdot n}{m} + R_L}$ $U_{01} = \frac{\frac{I \cdot R_{i1} \cdot n}{m} + I \cdot R_L}{n}$ $R_{i_1} = \frac{U_{01} \cdot n \cdot m - I \cdot R_L \cdot m}{I \cdot n}$ $R_L = \frac{U_{01} \cdot n - \frac{I \cdot R_{i1} \cdot n}{m}}{I}$ $n = \frac{I \cdot R_L \cdot m}{U_{01} \cdot m - I \cdot R_{i1}}$ $m = \frac{I \cdot R_{i1} \cdot n}{U_{01} \cdot n - I \cdot R_L}$	I Stromstärke U_{01} Urspannung eines Elementes R_{i_1} innerer Widerstand eines Elementes R_L Lastwiderstand n Anzahl der in Reihe geschalteten Elemente einer Gruppe m Anzahl der parallel geschalteten Gruppen	A V Ω Ω

Benennung/Abbildung	Formel/Formelumstellung	Formelzeichen	Einheiten
Spannungsteiler (unbelastet, Leerlauf) 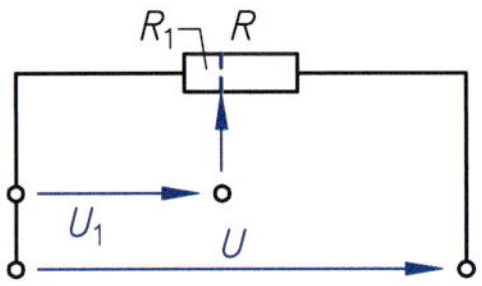 	$\frac{U}{U_1} = \frac{R}{R_1}$ $U = \frac{R \cdot U_1}{R_1}$ $U_1 = \frac{U \cdot R_1}{R}$ $R = \frac{U \cdot R_1}{U_1}$ $R_1 = \frac{R \cdot U_1}{U}$	U Gesamtspannung U_1 Teilspannung R Gesamtwiderstand R_1 Teilwiderstand	V V Ω Ω
Spannungsteiler (belastet) 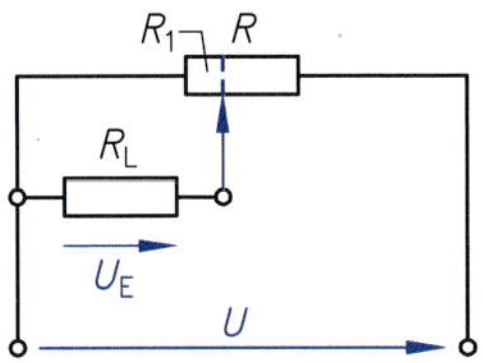 	$\frac{U}{U_E} = \frac{R}{R_E}$ $U = \frac{R \cdot U_E}{R_E}$ $U_E = \frac{U \cdot R_E}{R}$ $R = \frac{U \cdot R_E}{U_E}$ $R_E = \frac{R \cdot U_E}{U}$ $U_E = U_L = U_1$ $R_E = \frac{R_1 \cdot R_L}{R_1 + R_L}$ $R_1 = \frac{R_E \cdot R_L}{R_L - R_E}$ $R_L = \frac{R_E \cdot R_1}{R_1 - R_E}$	U Gesamtspannung U_E Teilspannung R Gesamtwiderstand R_E Ersatzwiderstand R_1 Teilwiderstand R_L Lastwiderstand	V V Ω Ω Ω Ω

Benennung/Abbildung	Formel/Formelumstellung	Formelzeichen	Einheiten
Brückenschaltung 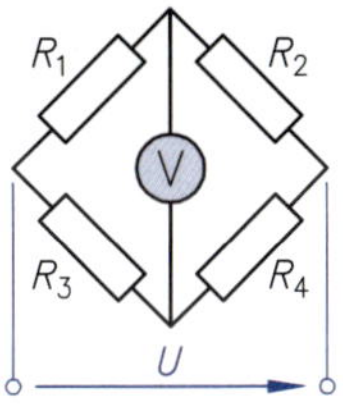	$\frac{R_1}{R_2} = \frac{R_3}{R_4}$ $R_1 = \frac{R_3 \cdot R_2}{R_4}$ $R_2 = \frac{R_1 \cdot R_4}{R_3}$ $R_3 = \frac{R_1 \cdot R_4}{R_2}$ $R_4 = \frac{R_3 \cdot R_2}{R_1}$	R_1 Widerstand 1 R_2 Widerstand 2 R_3 Widerstand 3 R_4 Widerstand 4	Ω Ω Ω Ω
Wheatstonesche Messbrücke (Schleifdrahtmessbrücke, Berechnung der Widerstände) 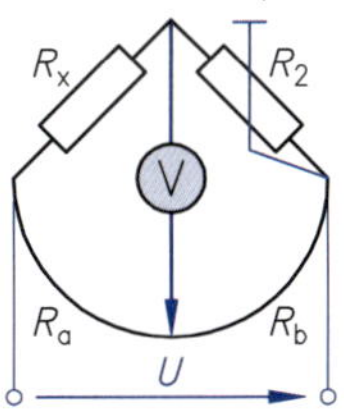	$\frac{R_x}{R_2} = \frac{R_a}{R_b}$ $R_x = \frac{R_a \cdot R_2}{R_b}$ $R_2 = \frac{R_x \cdot R_b}{R_a}$ $R_a = \frac{R_x \cdot R_b}{R_2}$ $R_b = \frac{R_a \cdot R_2}{R_x}$	R_x gesuchter Widerstand R_2 Vergleichswiderstand R_a Widerstand a R_b Widerstand b	Ω Ω Ω Ω

Benennung/Abbildung	Formel/Formelumstellung	Formelzeichen	Einheiten
Wheatstonesche Messbrücke (Schleifdrahtmessbrücke, Berechnung der Drahtlängen) 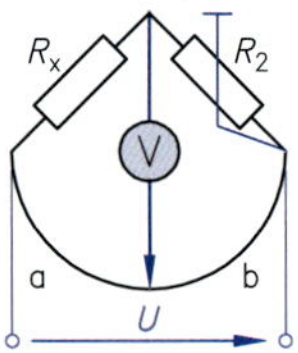	$\frac{R_x}{R_2} = \frac{a}{b}$ $R_x = \frac{a \cdot R_2}{b}$ $R_2 = \frac{R_x \cdot b}{a}$ $a = \frac{R_x \cdot b}{R_2}$ $b = \frac{a \cdot R_2}{R_x}$	R_x gesuchter Widerstand R_2 Vergleichswiderstand a Drahtlänge a b Drahtlänge b	Ω Ω m m

Benennung/Abbildung	Formel/Formelumstellung	Formelzeichen	Einheiten
Spannungsfall auf Leitungen (Gleichspannung) Einzelleiter	$U_v = \frac{I \cdot \varrho \cdot l}{A}$	U_v Spannungsfall	V
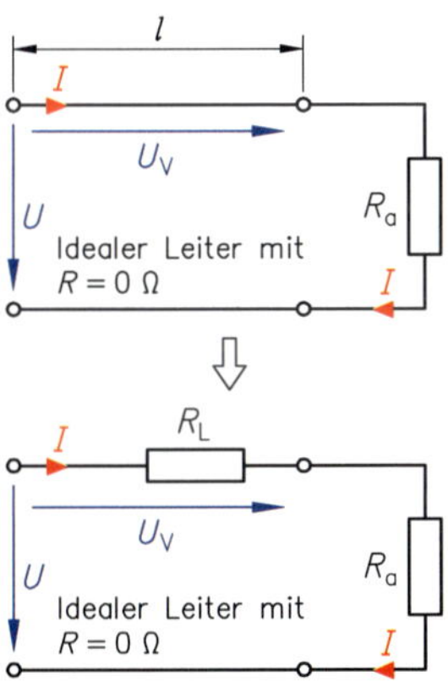	$I = \frac{U_v \cdot A}{\varrho \cdot l}$ $\quad \varrho = \frac{U_v \cdot A}{I \cdot l}$	I Stromstärke	A
	$l = \frac{U_v \cdot A}{1 \cdot \varrho}$ $\quad A = \frac{I \cdot \varrho \cdot l}{U_v}$	l Leiterlänge	m
		A Leiterquerschnitt	mm^2
		R_L Leiterwiderstand	Ω
		ϱ spezifischer Widerstand	$\frac{\Omega \cdot mm^2}{m}$
	$U_v = \frac{I \cdot l}{\gamma \cdot A}$		$1\ \mu\Omega \cdot m = 1 \frac{\Omega \cdot mm^2}{m}$
	$I = \frac{U_v \cdot \gamma \cdot A}{l}$ $\quad l = \frac{U_v \cdot \gamma \cdot A}{I}$	γ elektrische Leitfähigkeit	$\frac{S \cdot m}{mm^2}$
	$\gamma = \frac{I \cdot l}{A \cdot U_v}$ $\quad A = \frac{I \cdot l}{\gamma \cdot U_v}$		$1 \frac{MS}{m} = 1 \frac{S \cdot m}{mm^2}$
	$U_v = I \cdot R_L$	R_a Lastwiderstand	Ω
	$I = \frac{U_v}{R_L}$ $\quad R_L = \frac{U_v}{I}$		

Benennung/Abbildung	Formel/Formelumstellung	Formelzeichen	Einheiten
Spannungsfall auf Leitungen (Gleichspannung) Doppelleiter 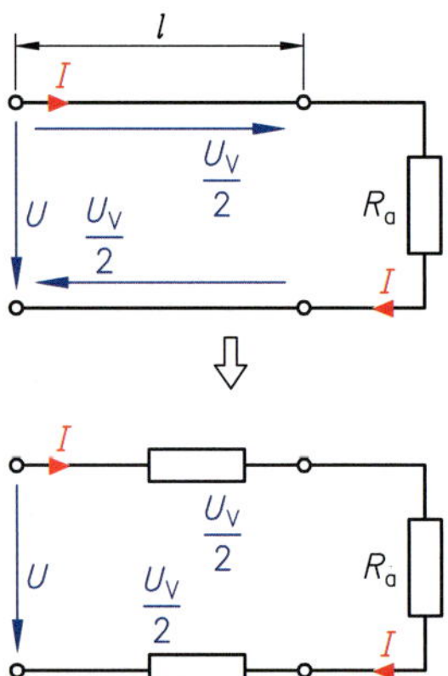 	$U_v = \frac{I \cdot \varrho \cdot 2 \cdot l}{A}$ $I = \frac{U_v \cdot A}{\varrho \cdot 2 \cdot l}$ $\varrho = \frac{U_v \cdot A}{I \cdot 2 \cdot l}$ $l = \frac{U_v \cdot A}{I \cdot \varrho \cdot 2}$ $A = \frac{I \cdot \varrho \cdot 2 \cdot l}{U_v}$	U_v Spannungsfall I Stromstärke l Leiterlänge A Leiterquerschnitt R_L Leiterwiderstand ϱ spezifischer Widerstand	V A m mm^2 Ω $\frac{\Omega \cdot mm^2}{m}$ $1\ \mu\Omega \cdot m = 1\ \frac{\Omega \cdot mm^2}{m}$
	$U_v = \frac{I \cdot 2 \cdot l}{\gamma \cdot A}$ $I = \frac{U_v \cdot \gamma \cdot A}{2 \cdot l}$ $I = \frac{U_v \cdot \gamma \cdot A}{I \cdot 2}$ $\gamma = \frac{I \cdot 2 \cdot l}{A \cdot U_v}$ $A = \frac{I \cdot 2 \cdot l}{\gamma \cdot U_v}$	γ elektrische Leitfähigkeit	$\frac{S \cdot m}{mm^2}$ $1\ \frac{MS}{m} = 1\ \frac{S \cdot m}{mm^2}$
		R_a Lastwiderstand	Ω

Benennung/Abbildung	Formel/Formelumstellung	Formelzeichen	Einheiten
Temperaturunterschied	$\Delta\delta = \delta_2 - \delta_1$ $\delta_2 = \Delta\delta + \delta_1$ $\quad \delta_1 = \delta_2 - \Delta\delta$	$\Delta\delta$ Temperatur-unterschied δ_2 Endtemperatur δ_1 Anfangs-temperatur	K °C °C 0 K = −273 °C 0 °C = 273 K
Kaltleiter $\alpha > 0$ (PTC) 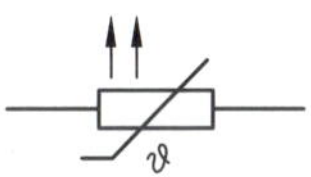 PTC ≙ positive temperature coefficient	$R_w = R_{20} \cdot (1 + \alpha \cdot \Delta\delta)$ $R_{20} = \frac{R_w}{1+\alpha \cdot \Delta\delta}$ $R_w = R_{20} + R_{20} \cdot \alpha \cdot \Delta\delta$ $\alpha = \frac{R_w - R_{20}}{R_{20} \cdot \Delta\delta}$ $\quad \Delta\delta = \frac{R_w - R_{20}}{R_{20} \cdot \alpha}$ $\Delta R = R_w - R_{20}$ $R_w = \Delta R + R_{20}$ $\quad R_{20} = R_w - \Delta R$	R_w veränderter Widerstand (z. B. Warm-widerstand) R_{20} Widerstand bei 20 °C α Temperatur-beiwert bei 20 °C $\Delta\delta$ Temperatur-unterschied ΔR Widerstands-unterschied	Ω Ω $\frac{1}{K}$ K Ω

Benennung/Abbildung	Formel/Formelumstellung	Formelzeichen	Einheiten
Heißleiter $\alpha < 0$ (NTC) 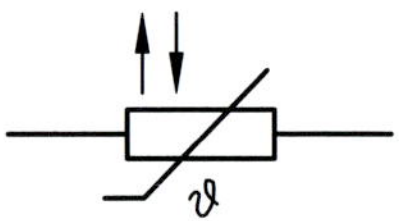 NTC ≙ negative temperature coefficient	$R_w = R_{20} \cdot (1 + \alpha \cdot \Delta\delta)$ $R_{20} = \frac{R_w}{1 + \alpha \cdot \Delta\delta}$ $R_w = R_{20} + R_{20} \cdot \alpha \cdot \Delta\delta$ $\alpha = \frac{R_w + R_{20}}{R_{20} \cdot \Delta\delta}$ $\Delta\delta = \frac{R_w + R_{20}}{R_{20} \cdot \alpha}$ $\Delta\delta = \delta_2 - \delta_1$ $\delta_2 = \Delta\delta + \delta_1$ $\delta_1 = \delta_2 - \Delta\delta$	R_w veränderter Widerstand (z. B. Warmwiderstand) R_{20} Widerstand bei 20 °C α Temperaturbeiwert bei 20 °C $\Delta\delta$ Temperaturunterschied δ_2 Endtemperatur δ_1 Anfangstemperatur	Ω Ω $\frac{1}{K}$ K °C °C

Benennung/Abbildung	Formel/Formelumstellung	Formelzeichen	Einheiten
Längenausdehnung des Heißleiters durch Erwärmung 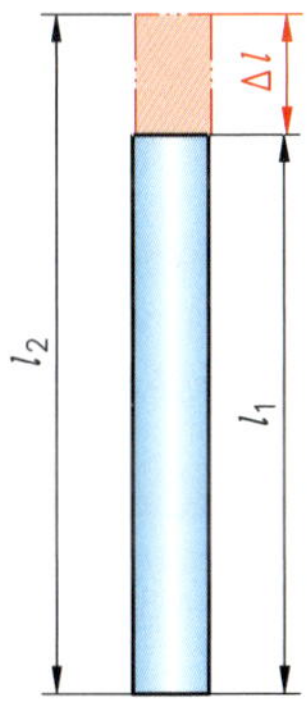	$l_2 = l_1 \cdot (1 + \alpha \cdot \Delta\delta)$ $l_1 = \frac{l_2}{1 + \alpha \cdot \Delta\delta}$ $l_2 = l_1 + l_1 \cdot \alpha \cdot \Delta\delta$ $\alpha = \frac{l_2 - l_1}{l_1 \cdot \Delta\delta}$ $\Delta\delta = \frac{l_2 - l_1}{l_1 \cdot \alpha}$ $\Delta l = l_2 - l_1$ $l_2 = \Delta l + l_1$ $l_1 = l_2 - \Delta l$ $\Delta\delta = \delta_2 - \delta_1$ $\delta_2 = \Delta\delta + \delta_1$ $\delta_1 = \delta_2 - \Delta\delta$ $\alpha_{Fe} = 0{,}000\,012 \frac{1}{K}$ $\alpha_{Cu} = 0{,}000\,019 \frac{1}{K}$	l_2 Länge bei Endtemperatur l_1 Länge bei 20 °C Δl Längenunterschied α Ausdehnungszahl (für 0 ... 100 °C) $\Delta\delta$ Temperaturunterschied δ_1 Anfangstemperatur δ_2 Endtemperatur	m m m $\frac{1}{K}$ K °C °C 0 K = −273 °C 0 °C = 273 K

Benennung/Abbildung	Formel/Formelumstellung	Formelzeichen	Einheiten
Nutzwärme 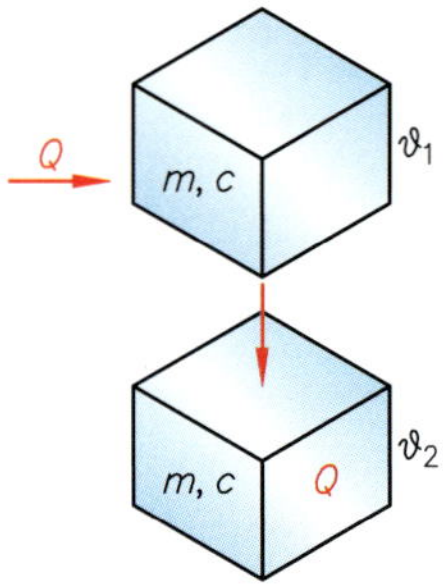	$Q_N = m \cdot c \cdot \Delta\delta$ $m = \dfrac{Q_N}{c \cdot \Delta\delta}$ $c = \dfrac{Q_N}{m \cdot \Delta\delta}$ $\Delta\delta = \dfrac{Q_N}{m \cdot c}$	Q_N Nutzwärme m Masse c spezifische Wärmekapazität $\Delta\delta$ Temperaturunterschied	kJ kg $\dfrac{\text{kJ}}{\text{kg} \cdot \text{K}}$ K 4 190 J ≈ 4,2 kJ erwärmen 1 kg Wasser um 1 K
Stromwärme 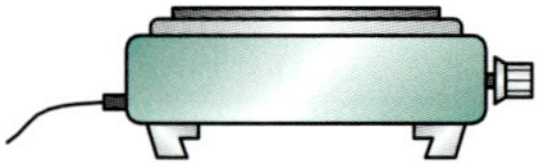	$Q_s = P \cdot t \cdot 3\,600$ $P = \dfrac{Q_s}{t \cdot 3\,600}$ $t = \dfrac{Q_s}{P \cdot 3\,600}$	Q_s Stromwärme P Leistung t Zeit	kJ kW h 1 kWh = 3 600 kJ 1 Ws = 1 J

Benennung/Abbildung	Formel/Formelumstellung	Formelzeichen	Einheiten
Wärmewirkungsgrad 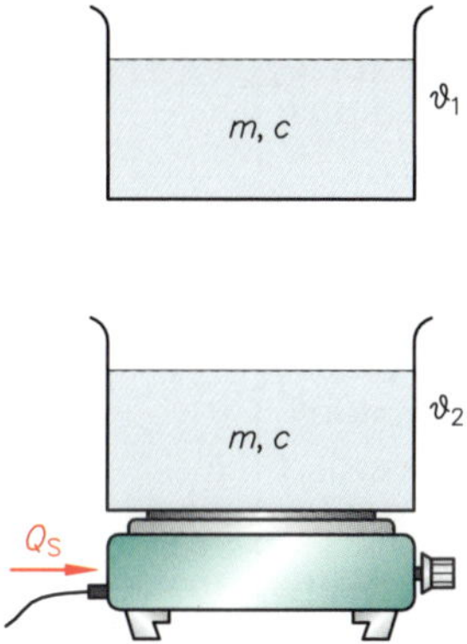	$\eta = \frac{Q_N}{Q_S}$ $Q_N = \eta \cdot Q_S$ $Q_S = \frac{Q_N}{\eta}$	η Wärmewirkungsgrad Q_N Nutzwärme Q_S Stromwärme	 kJ kJ

Benennung/Abbildung	Formel/Formelumstellung		Formelzeichen	Einheiten
Galvanische Spannungsquellen: Urspannung oder Quellenspannung	$U_0 = U_K + U_i$ $U_K = U_0 - U_i$	$U_i = U_0 - U_K$	U_0 Urspannung U_K Klemmen- spannung U_i Spannungsabfall	V V V
Klemmenspannung 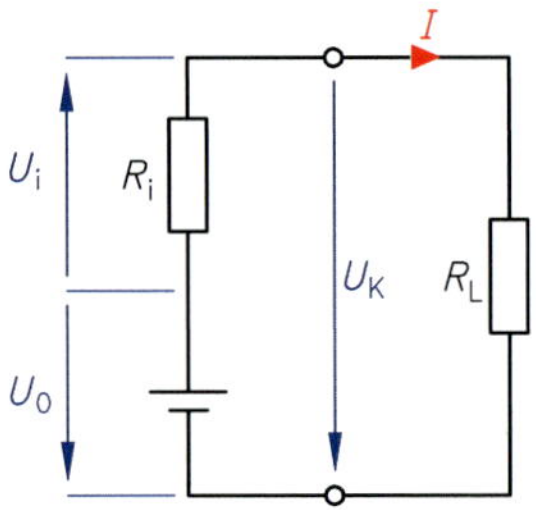	$U_K = U_0 - U_i$ $U_0 = U_K - U_i$ $U_i = I \cdot R_i$ $I = \frac{U_i}{R_i}$	$U_i = U_0 + U_K$ $R_i = \frac{U_i}{I}$	U_K Klemmen- spannung U_0 Urspannung U_i Spannungsabfall I Stromstärke R_i Innenwiderstand	V V V A Ω

Benennung/Abbildung	Formel/Formelumstellung	Formelzeichen	Einheiten
Widerstände 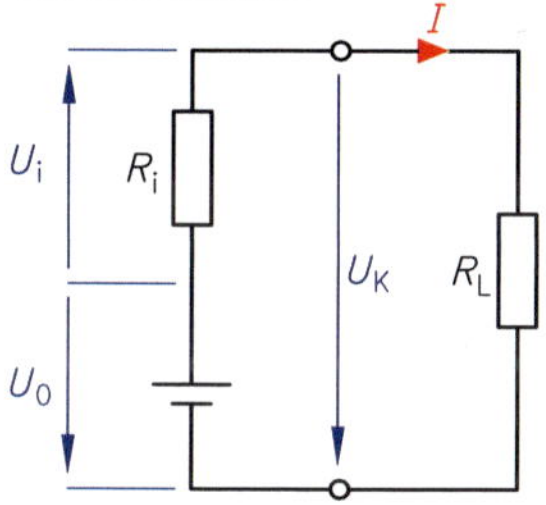 	$R = R_i + R_L$ $R_i = R - R_L$ $\quad R_L = R - R_i$ $R_i = \frac{U_i}{I}$ $\quad U_i = R_i \cdot I$ $\quad I = \frac{U_i}{R_i}$ $R_L = \frac{U_K}{I}$ $\quad U_K = R_L \cdot I$ $\quad I = \frac{U_K}{R_L}$	R Gesamtwiderstand R_i Innenwiderstand R_L Lastwiderstand U_i Spannungsabfall U_K Klemmenspannung I Stromstärke	Ω Ω Ω V V A
Kurzschlussstrom **Kurzschlussleistung**	$I_K = \frac{U_0}{R_i}$ $U_0 = I_K \cdot R_i$ $\quad R_i = \frac{U_0}{I_K}$ $P_K = U_0 \cdot I_K$ $U_0 = \frac{P_K}{I_K}$ $\quad I_K = \frac{P_K}{U_0}$	I_K Kurzschlussstrom P_K Kurzschlussleistung U_0 Urspannung R_i Innenwiderstand	A W V Ω

Benennung/Abbildung	Formel/Formelumstellung	Formelzeichen	Einheiten
Innenwiderstand bei Belastung 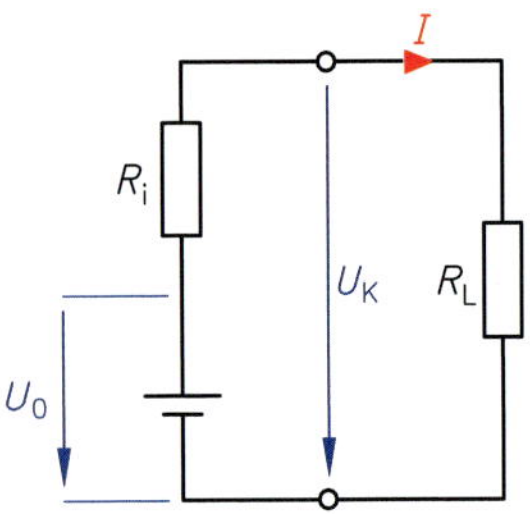 	$\Delta U_K = U_{K_2} - U_{K_1}$ $U_{K_2} = \Delta U_K + U_{K_1}$ $U_{K_1} = U_{K_2} - \Delta U_K$ $\Delta I = I_1 - I_2$ $I_1 = \Delta I + I_2$ $\quad$ $I_2 = I_1 - \Delta I$ $R_i = \frac{\Delta U_K}{\Delta I}$ $U_K = R_i \cdot \Delta I$ $\quad$ $I = \frac{\Delta U_K}{R_i}$	R_i Innenwiderstand ΔU_K Unterschied der Klemmenspannung U_{K_2} Klemmenspannung 2 U_{K_1} Klemmenspannung 1 ΔI Unterschied der Stromstärke I_1 Stromstärke 1 I_2 Stromstärke 2	Ω V V V A A A

Benennung/Abbildung	Formel/Formelumstellung	Formelzeichen	Einheiten
Leistung und Leistungsanpassung	$P_i = U_i \cdot I$ $U_i = \frac{P_i}{I}$ $I = \frac{P_i}{U_i}$	P_i Leistungsaufnahme des Innenwiderstandes	W
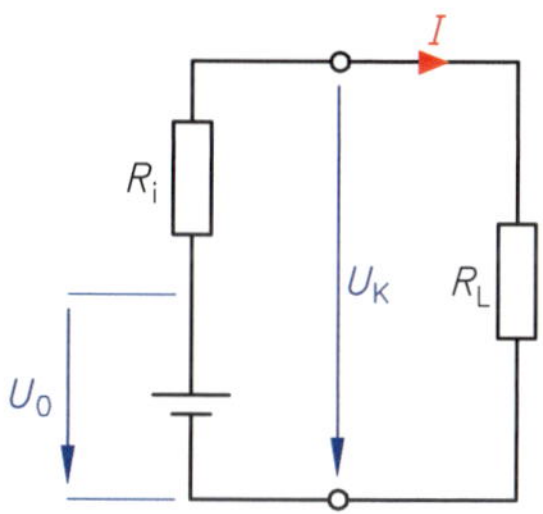 	$P_L = U_K \cdot I$	P_L Leistungsaufnahme des Lastwiderstandes	W
	$U_K = \frac{P_L}{I}$ $I = \frac{P_L}{U_K}$	U_i Spannungsabfall am Innenwiderstand	V
	$R_L = R_i$		
	$U_K = \frac{U_0}{2}$ $U_0 = U_K \cdot 2$	U_K Klemmenspannung	V
	$I = \frac{I_K}{2}$ $I_K = I \cdot 2$	I Stromstärke bei Belastung	A
	$P_L = \frac{U_0 \cdot I_K}{4}$	U_0 Urspannung	V
		I_K Kurzschlussstrom	A
	$U_0 = \frac{P_L \cdot 4}{I_K}$ $I_K = \frac{P_L \cdot 4}{U_0}$	R_L Lastwiderstand	Ω
		R_i Innenwiderstand	Ω

Benennung/Abbildung	Formel/Formelumstellung	Formelzeichen	Einheiten
Elektrolyse 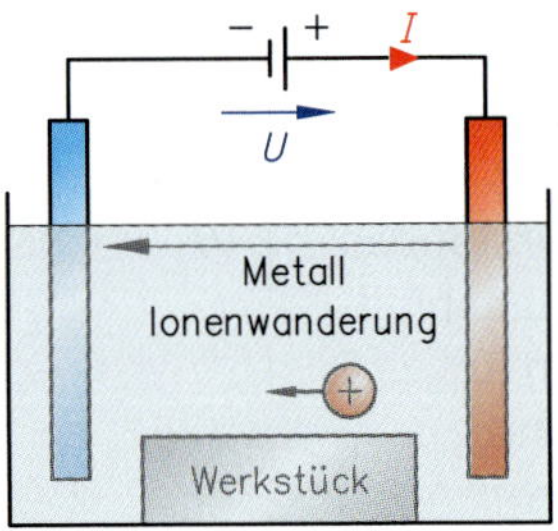	$m = c \cdot I \cdot t$ $\quad c = \frac{m}{I \cdot t}$	m abgeschiedene Stoffmenge (Masse)	g
	$I = \frac{m}{c \cdot t}$ $\quad t = \frac{m}{c \cdot I}$	c elektrochemisches Äquivalent	$\frac{\text{g}}{\text{Ah}}$
	$\eta = \frac{m}{c \cdot I \cdot t}$	I Stromstärke	A
		t Zeit	h
	$m = \eta \cdot c \cdot I \cdot t$	η Wirkungsgrad	$1\ \frac{\text{mg}}{\text{As}} = \frac{3{,}6}{\text{Ah}}$
	$c = \frac{m}{\eta \cdot I \cdot t}$		
	$I = \frac{m}{\eta \cdot c \cdot t}$		
	$t = \frac{m}{\eta \cdot c \cdot I}$		

Benennung/Abbildung	Formel/Formelumstellung	Formelzeichen	Einheiten
Stromdichte 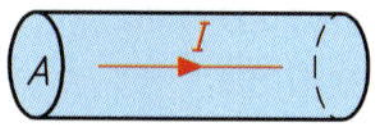	$J = \frac{I}{A}$ $I = J \cdot A$ $A = \frac{I}{J}$	J Stromdichte	$\frac{\text{A}}{\text{cm}^2}$
Schichtdicke 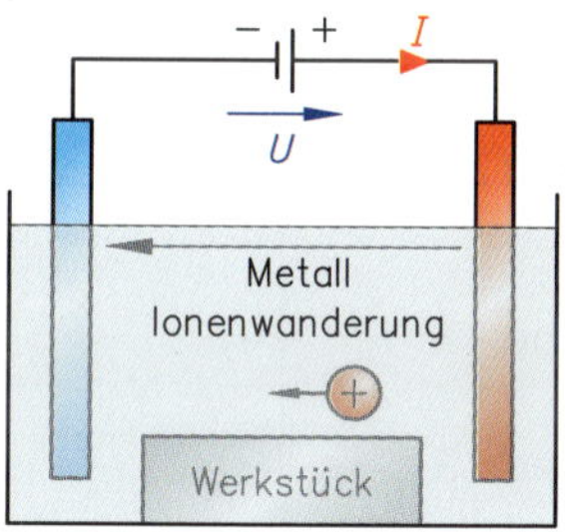	$s = \frac{m}{A \cdot \varrho}$ $m = s \cdot A \cdot \varrho$ $A = \frac{m}{\varrho \cdot s}$ $\varrho = \frac{m}{A \cdot s}$ $s = \frac{c \cdot I \cdot t}{A \cdot \varrho}$ $c = \frac{s \cdot A \cdot \varrho}{I \cdot t}$ $I = \frac{s \cdot A \cdot \varrho}{c \cdot t}$ $t = \frac{s \cdot A \cdot \varrho}{c \cdot I}$ $A = \frac{c \cdot I \cdot t}{\varrho \cdot s}$ $\varrho = \frac{c \cdot I \cdot t}{A \cdot s}$ $s = \frac{c \cdot J \cdot t}{\varrho}$ $c = \frac{s \cdot \varrho}{J \cdot t}$ $J = \frac{s \cdot \varrho}{c \cdot t}$ $t = \frac{s \cdot \varrho}{c \cdot J}$ $\varrho = \frac{c \cdot J \cdot t}{s}$	J Stromdichte I Stromstärke A Fläche s Schichtdicke m abgeschiedene Stoffmenge (Masse) ϱ Dichte t Zeit c elektrochemisches Äquivalent	$\frac{\text{A}}{\text{cm}_2}$ A cm^2 cm g $\frac{\text{g}}{\text{cm}^3}$ h $\frac{\text{g}}{\text{Ah}}$

Dreieck-Stern- und Stern-Dreieck-Umwandlung

Benennung/Abbildung	Formel/Formelumstellung	Formelzeichen	Einheiten
Dreieck-Stern-Umwandlung 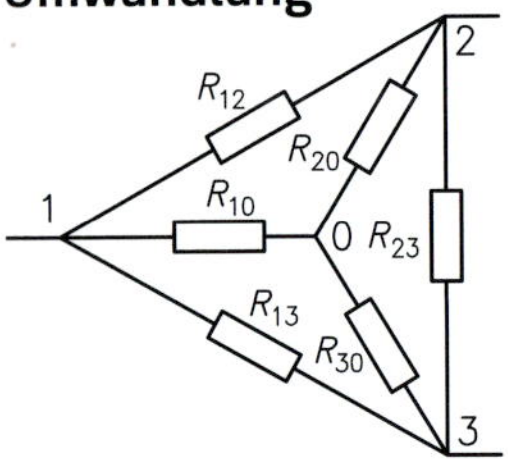	$R_{10} = \frac{R_{12} \cdot R_{13}}{R_{12} + R_{13} + R_{23}}$ $R_{20} = \frac{R_{12} \cdot R_{23}}{R_{12} + R_{13} + R_{23}}$ $R_{30} = \frac{R_{13} \cdot R_{23}}{R_{12} + R_{13} + R_{23}}$	R_{10} Sternwiderstand 10 R_{20} Sternwiderstand 20 R_{30} Sternwiderstand 30 R_{12} Dreieck-widerstand 12 R_{13} Dreieck-widerstand 13 R_{23} Dreieck-widerstand 23	Ω Ω Ω Ω Ω Ω
Stern-Dreieck-Umwandlung 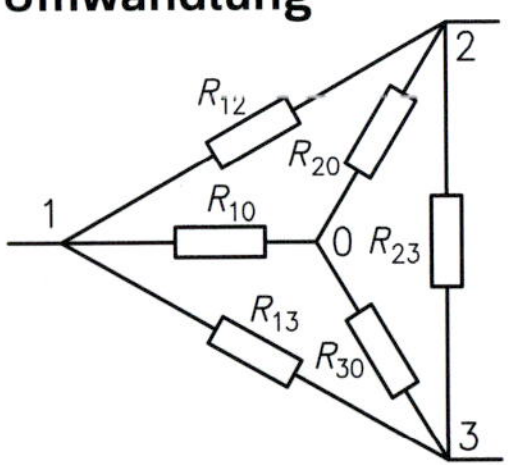	$R_{12} = \frac{R_{10} \cdot R_{20} + R_{10} \cdot R_{30} + R_{20} \cdot R_{30}}{R_{30}}$ $R_{13} = \frac{R_{10} \cdot R_{20} + R_{10} \cdot R_{30} + R_{20} \cdot R_{30}}{R_{20}}$ $R_{23} = \frac{R_{10} \cdot R_{20} + R_{10} \cdot R_{30} + R_{20} \cdot R_{30}}{R_{10}}$	R_{12} Dreieck-widerstand 12 R_{13} Dreieck-widerstand 13 R_{23} Dreieck-widerstand 23 R_{10} Sternwiderstand 10 R_{20} Sternwiderstand 20 R_{30} Sternwiderstand 30	Ω Ω Ω Ω Ω Ω

<table>
<tr><th>Benennung/Abbildung</th><th>Formel/Formelumstellung</th><th>Formelzeichen</th><th>Einheiten</th></tr>
<tr><td>Magnetischer Widerstand
(ohne Eisenkern)
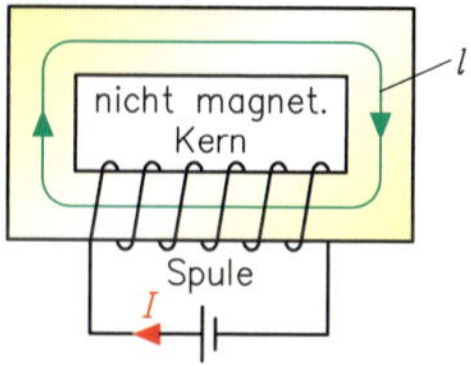
</td><td>$R_m = \frac{1}{\mu_0 \cdot A}$
$l = R_m \cdot \mu_0 \cdot A$
$\mu_0 = \frac{l}{A \cdot R_m}$
$A = \frac{l}{\mu_0 \cdot R_m}$</td><td>$R_m$ magn. Widerstand
l mittlere Feldlinienlänge
A Polquerschnitt
μ_0 magnetische Feldkonstante</td><td>$\frac{1}{\Omega s}$
m
m^2
$1{,}257 \cdot 10^{-6}$ $\frac{Vs}{Am}$</td></tr>
<tr><td>Magnetischer Widerstand
(mit Eisenkern)
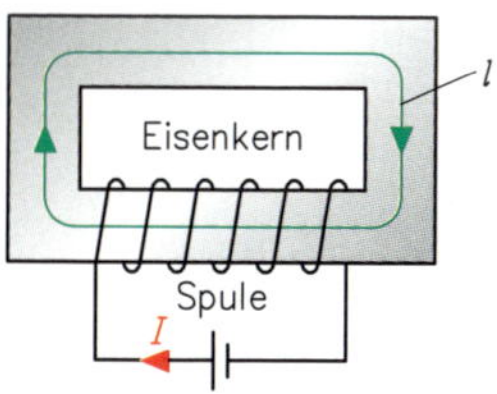
</td><td>$R_m = \frac{l}{\mu_0 \cdot \mu_r \cdot A}$
$l = R_m \cdot \mu_0 \cdot \mu_r \cdot A$
$\mu_0 = \frac{l}{\mu_r \cdot A \cdot R_m}$
$\mu_r = \frac{l}{\mu_0 \cdot A \cdot R_m}$
$A = \frac{l}{\mu_0 \cdot \mu_r \cdot R_m}$</td><td>$R_m$ magn. Widerstand
l mittlere Feldlinienlänge
A Polquerschnitt
μ_r Permeabilitätszahl
μ_0 magnetische Feldkonstante</td><td>$\frac{1}{\Omega s}$
m
m^2
$1{,}257 \cdot 10^{-6}$ $\frac{Vs}{Am}$</td></tr>
</table>

Benennung/Abbildung	Formel/Formelumstellung	Formelzeichen	Einheiten
Magnetischer Leitwert	$\Lambda = \frac{1}{R_m}$ $\quad R_m = \frac{1}{\Lambda}$	Λ magn. Leitwert R_m magn. Widerstand	H $\frac{1}{\Omega s}$
Elektrische Durchflutung	$\theta = I \cdot N$ $\quad I = \frac{\theta}{N}$ $\quad N = \frac{\theta}{I}$	θ elektrische Durchflutung I Stromstärke N Windungszahl	A A
Magnetische Feldstärke 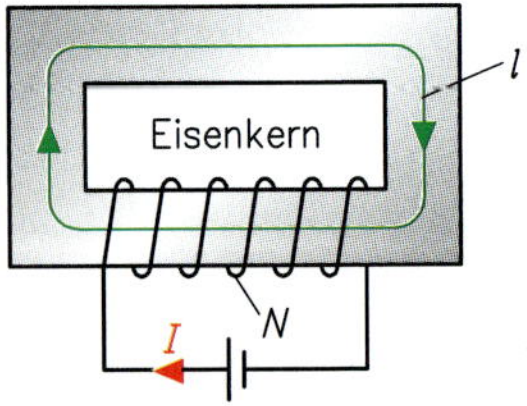	$H = \frac{I \cdot N}{l}$ $\quad I = \frac{H \cdot l}{N}$ $N = \frac{H \cdot l}{I}$ $\quad l = \frac{I \cdot N}{H}$ $H = \frac{\theta}{l}$ $\quad \theta = H \cdot l$ $\quad l = \frac{\theta}{H}$	H magnetische Feldstärke I Stromstärke N Windungszahl θ elektrische Durchflutung l mittlere Feldlinienlänge	$\frac{A}{m}$ A A m

Benennung/Abbildung	Formel/Formelumstellung	Formelzeichen	Einheiten
Magnetische Feldstärke (außerhalb des Leiters) 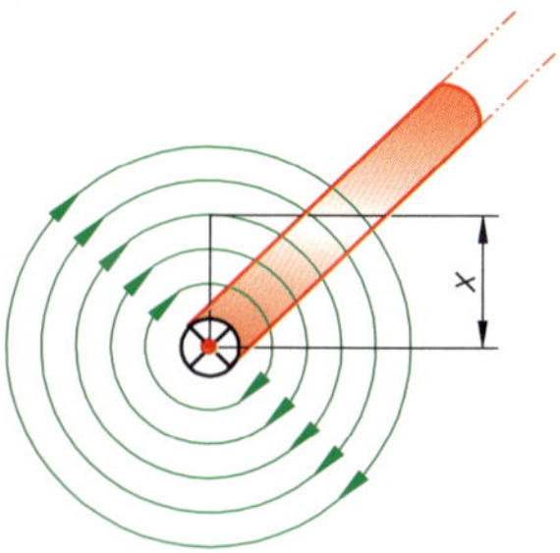 ⊗ Strom fließt vom Betrachter weg. ⊙ Strom fließt auf den Betrachter zu.	$H = \frac{1}{2 \cdot \pi \cdot x}$ $I = H \cdot 2 \cdot \pi \cdot x$ $x = \frac{1}{2 \cdot \pi \cdot H}$	H magnetische Feldstärke I Stromstärke x Abstand vom Leitermittelpunkt π 3,14 …	$\frac{\text{A}}{\text{m}}$ A m

Benennung/Abbildung	Formel/Formelumstellung	Formelzeichen	Einheiten
Magnetische Flussdichte, Magnetische Induktion (ohne Eisenkern) 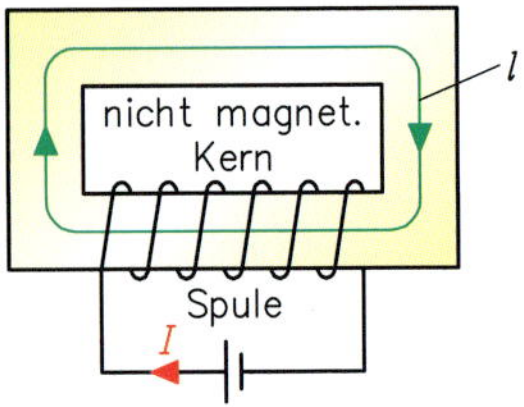 	$B = \frac{\mu_0 \cdot I \cdot N}{l}$ $\mu_0 = \frac{B \cdot l}{I \cdot N}$ $\quad I = \frac{B \cdot l}{\mu_0 \cdot N}$ $N = \frac{B \cdot l}{\mu_0 \cdot I}$ $\quad l = \frac{\mu_0 \cdot I \cdot N}{B}$ $B = \mu_0 \cdot H$ $\mu_0 = \frac{B}{H}$ $\quad H = \frac{B}{\mu_0}$	B magn. Flussdichte H magn. Feldstärke I Stromstärke N Windungszahl l mittlere Feldlinienlänge μ_0 magnetische Feldkonstante	T $\frac{\text{A}}{\text{m}}$ A m $1{,}257 \cdot 10^{-6}$ $\frac{\text{Vs}}{\text{Am}}$

Benennung/Abbildung	Formel/Formelumstellung	Formelzeichen	Einheiten
Magnetische Flussdichte, Magnetische Induktion (mit Eisenkern)	$B = \frac{\mu_0 \cdot \mu_r \cdot I \cdot N}{l}$	B magn. Flussdichte	T
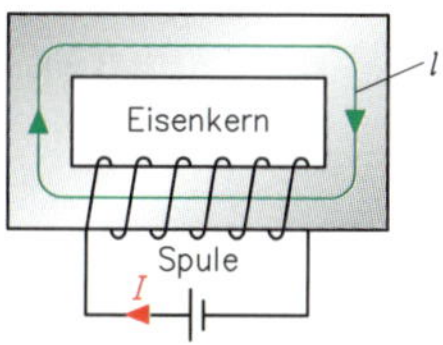	$\mu_0 = \frac{B \cdot l}{\mu_r \cdot I \cdot N}$ $\mu_r = \frac{B \cdot l}{\mu_0 \cdot I \cdot N}$	H magn. Feldstärke	$\frac{\text{A}}{\text{m}}$
	$I = \frac{B \cdot l}{\mu_0 \cdot \mu_r \cdot N}$ $N = \frac{B \cdot l}{\mu_0 \cdot \mu_r \cdot I}$	I Stromstärke	A
	$l = \frac{\mu_0 \cdot \mu_r \cdot I \cdot N}{B}$	N Windungszahl	
		l mittlere Feldlinienlänge	m
		μ_r Permeabilitätszahl	
	$B = \mu_0 \cdot \mu_r \cdot H$ $\mu_0 = \frac{B}{\mu_r \cdot H}$	μ_0 magnetische Feldkonstante	$1{,}257 \cdot 10^{-6}$ $\frac{\text{Vs}}{\text{Am}}$
	$\mu_r = \frac{B}{\mu_0 \cdot H}$ $H = \frac{B}{\mu_0 \cdot \mu_r}$		

<table>
<tr><th>Benennung/Abbildung</th><th>Formel/Formelumstellung</th><th>Formelzeichen</th><th>Einheiten</th></tr>
<tr>
<td>Magnetische Flussdichte, Magnetische Induktion
(außerhalb gestreckter Leiter)
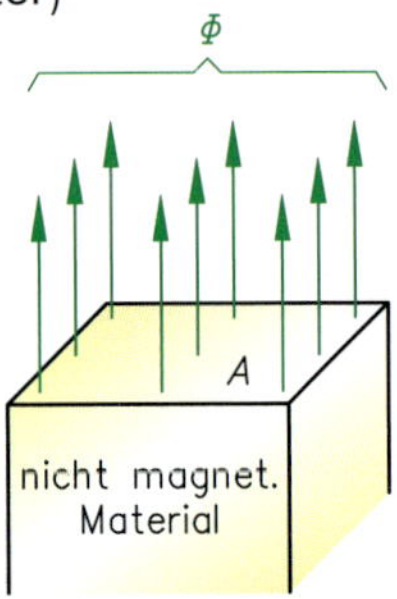
</td>
<td>$B = \frac{\mu_o \cdot I}{2 \cdot \pi \cdot x}$
$\mu_o = \frac{B \cdot 2 \cdot \pi \cdot x}{I}$
$I = \frac{B \cdot 2 \cdot \pi \cdot x}{\mu_o}$
$x = \frac{\mu_o \cdot I}{2 \cdot \pi \cdot B}$
$B = \frac{0{,}2 \cdot I}{10^6 \cdot x}$
$I = \frac{B \cdot 10^6 \cdot x}{0{,}2}$
$x = \frac{0{,}2 \cdot I}{10^6 \cdot B}$</td>
<td>B magn. Flussdichte
I Stromstärke
x Abstand vom Leitermittelpunkt
μ_0 magnetische Feldkonstante</td>
<td>T
A
m
$1{,}257 \cdot 10^{-6} \frac{\mathrm{Vs}}{\mathrm{Am}}$
$\frac{1{,}257}{2\,\pi} = 0{,}2$</td>
</tr>
</table>

Benennung/Abbildung	Formel/Formelumstellung	Formelzeichen	Einheiten
Magnetischer Fluss (ohne Eisen) 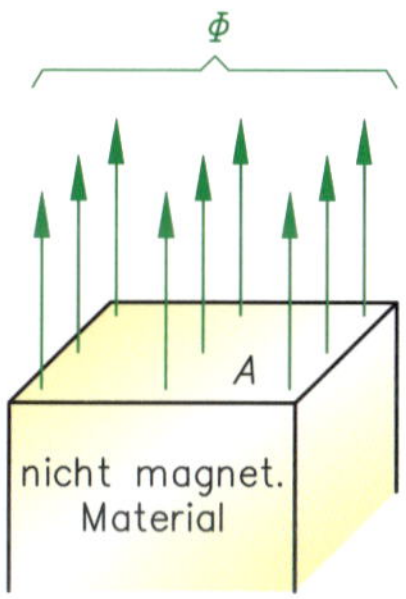 	$\Phi = \frac{\mu_0 \cdot A \cdot I \cdot N}{l}$ $\mu_0 = \frac{\Phi \cdot l}{A \cdot I \cdot N}$ $A = \frac{\Phi \cdot l}{\mu_0 \cdot I \cdot N}$ $I = \frac{\Phi \cdot l}{\mu_0 \cdot A \cdot N}$ $N = \frac{\Phi \cdot l}{\mu_0 \cdot A \cdot I}$ $l = \frac{\mu_0 \cdot A \cdot I \cdot N}{\Phi}$	Φ magn. Fluss A Polquerschnitt I Stromstärke μ_0 magnetische Feldkonstante N Windungszahl l mittlere Feldlinienlänge	Wb, Vs m^2 A $1{,}257 \cdot 10^{-6}\ \frac{Vs}{Am}$ m

Benennung/Abbildung	Formel/Formelumstellung	Formelzeichen	Einheiten
Magnetischer Fluss (ohne Eisen) 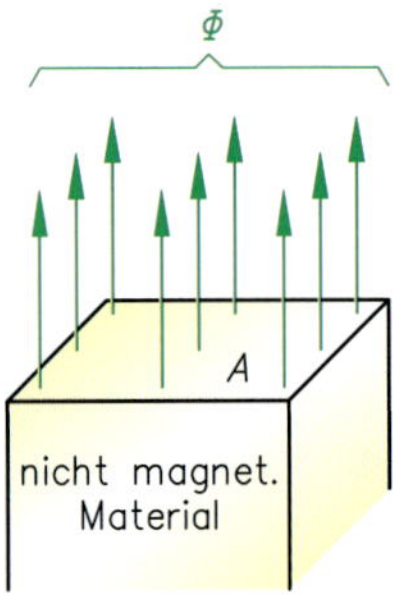	$\Phi = \mu_o \cdot A \cdot H$ $\mu_o = \frac{\Phi}{A \cdot H}$ $A = \frac{\Phi}{\mu_o \cdot H}$ $H = \frac{\Phi}{\mu_o \cdot A}$ $\Phi = B \cdot A$ $B = \frac{\Phi}{A}$ $A = \frac{\Phi}{B}$	μ_0 magnetische Feldkonstante Φ magn. Fluss A Polquerschnitt H magn. Feldstärke B magn. Flussdichte	$1{,}257 \cdot 10^{-6}$ $\frac{\text{Vs}}{\text{Am}}$ Wb, Vs m^2 $\frac{\text{A}}{\text{m}}$ T

Benennung/Abbildung	Formel/Formelumstellung	Formelzeichen	Einheiten
Magnetischer Fluss (mit Eisen) 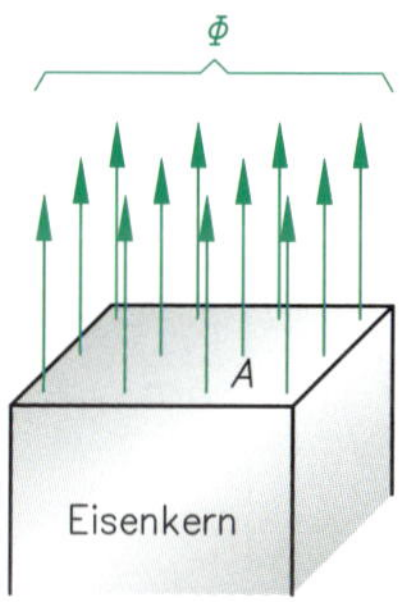	$\Phi = \frac{\mu_0 \cdot \mu_r \cdot A \cdot I \cdot N}{l}$ $\mu_0 = \frac{\Phi \cdot l}{\mu_r \cdot A \cdot I \cdot N}$ $\mu_r = \frac{\Phi \cdot l}{\mu_0 \cdot A \cdot I \cdot N}$ $A = \frac{\Phi \cdot l}{\mu_0 \cdot \mu_r \cdot I \cdot N}$ $I = \frac{\Phi \cdot l}{\mu_0 \cdot \mu_r \cdot A \cdot N}$ $N = \frac{\Phi \cdot l}{\mu_0 \cdot \mu_r \cdot A \cdot I}$ $l = \frac{\mu_0 \cdot \mu_r \cdot A \cdot I \cdot N}{\Phi}$	Φ magn. Fluss A Polquerschnitt I Stromstärke μ_0 magn. Feldkonstante μ_r Permeabilitätszahl l mittlere Feldlinienlänge N Windungszahl	Wb, Vs m^2 A $1{,}257 \cdot 10^{-6}$ $\frac{Vs}{Am}$ m

Benennung/Abbildung	Formel/Formelumstellung	Formelzeichen	Einheiten
Magnetischer Fluss (mit Eisen) 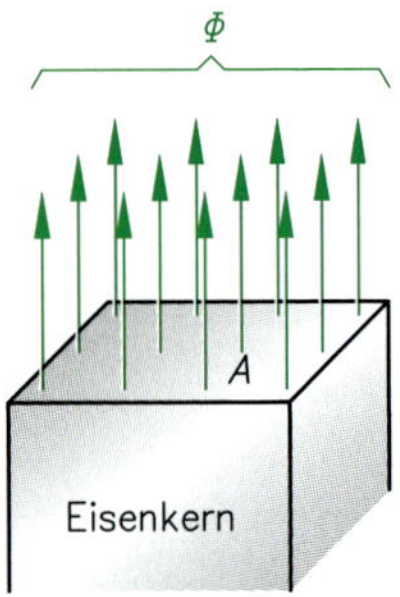	$\Phi = \mu_o \cdot \mu_r \cdot A \cdot H$ $\mu_o = \frac{\Phi}{\mu_r \cdot A \cdot H}$ $\mu_r = \frac{\Phi}{\mu_o \cdot A \cdot H}$ $A = \frac{\Phi}{\mu_o \cdot \mu_r \cdot H}$ $H = \frac{\Phi}{\mu_o \cdot \mu_r \cdot A}$ $\Phi = B \cdot A$ $B = \frac{\Phi}{A}$ $A = \frac{\Phi}{B}$	μ_r Permeabilitätszahl μ_0 magnetische Feldkonstante Φ magn. Fluss A Polquerschnitt H magnetische Feldstärke B magn. Flussdichte	 $1{,}257 \cdot 10^{-6}$ $\frac{Vs}{Am}$ Wb, Vs m^2 $\frac{Vs}{Am}$ T

Benennung/Abbildung	Formel/Formelumstellung	Formelzeichen	Einheiten
Energie eines magnetischen Feldes	$W_m = \frac{L \cdot I^2}{2}$ $L = \frac{W_m \cdot 2}{I^2}$ $I = \sqrt{\frac{W_m \cdot 2}{L}}$	W_m magn. Kraftfeld-energie L Induktivität I Stromstärke	J H A
Tragkraft von Elektromagneten 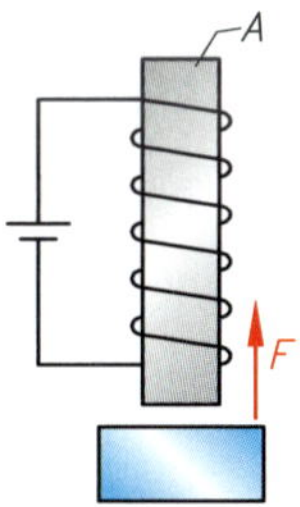	$F = \frac{B^2 \cdot A}{2 \cdot \mu_o}$ $A = \frac{F \cdot 2 \cdot \mu_o}{B^2}$ $B = \sqrt{\frac{F \cdot 2 \cdot \mu_o}{A}}$	F Tragkraft B magn. Induktion A Polquerschnitt μ_0 magnetische Feldkonstante	N T m^2 $1{,}257 \cdot 10^{-6}$ $\frac{Vs}{Am}$

Benennung/Abbildung	Formel/Formelumstellung	Formelzeichen	Einheiten
Ablenkkraft 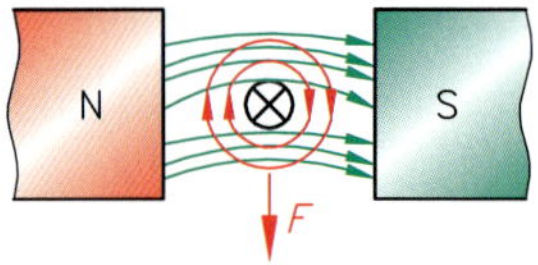	$F = B \cdot I \cdot l \cdot z$ $B = \frac{F}{I \cdot l \cdot z}$ $I = \frac{F}{B \cdot l \cdot z}$ $l = \frac{F}{B \cdot I \cdot z}$ $z = \frac{F}{B \cdot I \cdot l}$	F Ablenkkraft B magn. Induktion I Stromstärke l Leiterlänge z Leiterzahl	N T A m
Induktion der Bewegung (Generatorprinzip) 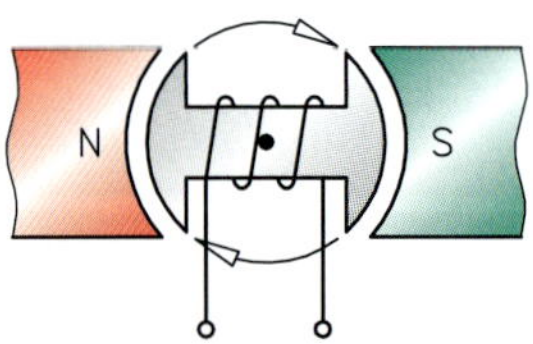	$U_0 = B \cdot l \cdot v \cdot z$ $B = \frac{U_0}{l \cdot v \cdot z}$ $l = \frac{U_0}{B \cdot v \cdot z}$ $v = \frac{U_0}{B \cdot l \cdot z}$ $z = \frac{U_0}{B \cdot l \cdot v}$	U_0 induzierte Spannung B magn. Induktion l Leiterlänge v Geschwindigkeit z Leiterzahl	V T m $\frac{m}{s}$

Benennung/Abbildung	Formel/Formelumstellung	Formelzeichen	Einheiten
Induktions- und Selbstinduktions-spannung (induzierte Spannung in einer Spule) 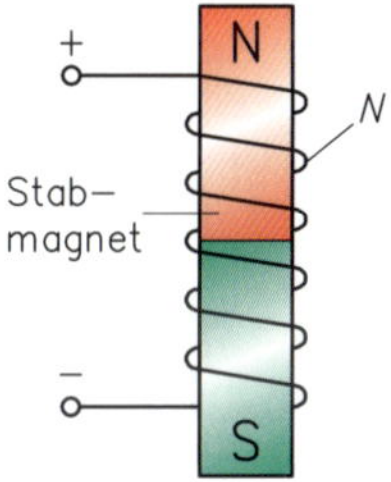	$U_0 = \frac{N \cdot \Delta\Phi}{\Delta t}$ $N = \frac{U_0 \cdot \Delta t}{\Delta\Phi}$ $\Delta\Phi = \frac{U_0 \cdot \Delta t}{N}$ $\Delta t = \frac{N \cdot \Delta\Phi}{U_0}$	U_0 induzierte Spannung N Windungszahl $\Delta\Phi$ magnetische Flussänderung Δt Zeitänderung	V Wb, Vs 1 Wb = 1 Vs s

Benennung/Abbildung	Formel/Formelumstellung	Formelzeichen	Einheiten
Induktivität (ohne Eisenkern) 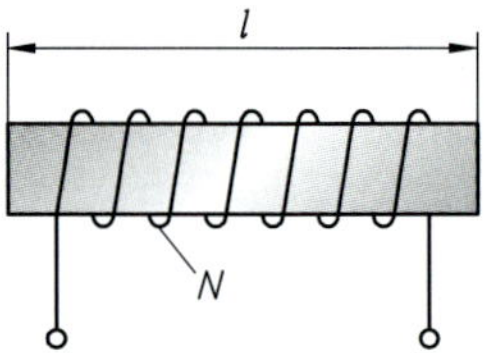	$L = \frac{\mu_0 \cdot A \cdot N^2}{l}$ $A = \frac{L \cdot l}{\mu_0 \cdot N^2}$ $N = \sqrt{\frac{L \cdot l}{\mu_0 \cdot A}}$ $l = \frac{\mu_0 \cdot A \cdot N^2}{L}$	L Induktivität A Windungs-querschnitt N Windungszahl l Länge der Spule μ_r Permeabilitätszahl μ_0 magnetische Feldkonstante	H m^2 m $1{,}257 \cdot 10^{-6}$ $\frac{Vs}{Am}$
(mit Eisenkern) 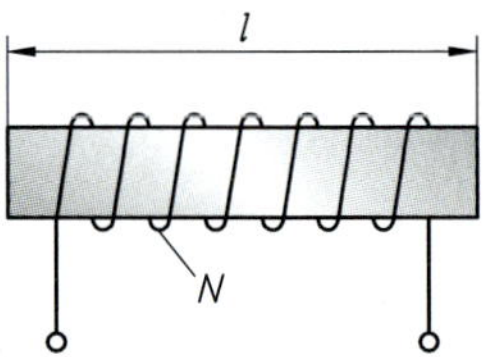	$L = \frac{\mu_0 \cdot \mu_r \cdot A \cdot N^2}{l}$ $\mu_r = \frac{L \cdot l}{\mu_0 \cdot A \cdot N^2}$ $A = \frac{L \cdot l}{\mu_0 \cdot \mu_r \cdot N^2}$ $N = \sqrt{\frac{L \cdot l}{\mu_0 \cdot \mu_r \cdot A}}$ $l = \frac{\mu_0 \cdot \mu_r \cdot A \cdot N^2}{L}$ $\mu = \mu_0 \cdot \mu_r$ $\mu_0 = \frac{\mu}{\mu_r}$ $\mu_r = \frac{\mu}{\mu_0}$	μ Permeabilität	$\frac{Vs}{Am}$

Benennung/Abbildung	Formel/Formelumstellung	Formelzeichen	Einheiten
Reihenschaltung von Induktivitäten 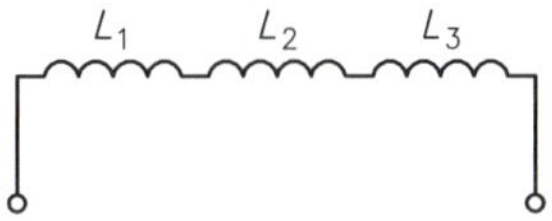	$L = L_1 + L_2 + L_3$ $L_1 = L - L_2 - L_3$ $L_2 = L - L_1 - L_3$ $L_3 = L - L_1 - L_2$ $L = L_1 \cdot n$ $L_1 = \frac{L}{n}$ $n = \frac{L}{L_1}$	L Gesamt-induktivität L_1 Induktivität 1 L_2 Induktivität 2 L_3 Induktivität 3 n Anzahl von gleichen Induktivitäten	H H H H
Parallelschaltung von zwei Induktivitäten 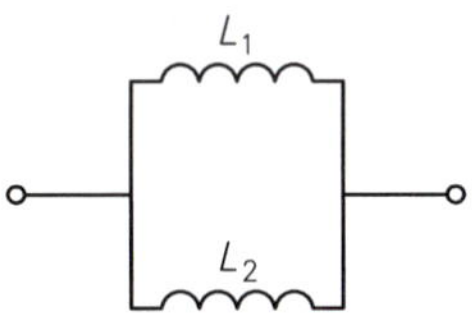	$L = \frac{L_1 \cdot L_2}{L_1 + L_2}$ $L_1 = \frac{L \cdot L_2}{L_2 - L}$ $L_2 = \frac{L \cdot L_1}{L_1 - L}$	L Gesamt-induktivität L_1 Induktivität 1 L_2 Induktivität 2	H H H

Benennung/Abbildung	Formel/Formelumstellung	Formelzeichen	Einheiten
Parallelschaltung von mehreren Induktivitäten 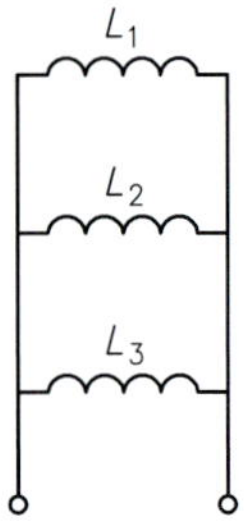 	$\frac{1}{L} = \frac{1}{L_1} + \frac{1}{L_2} + \frac{1}{L_3}$ $\frac{1}{L_1} = \frac{1}{L} - \frac{1}{L_2} - \frac{1}{L_3}$ $\frac{1}{L_2} = \frac{1}{L} - \frac{1}{L_1} - \frac{1}{L_3}$ $\frac{1}{L_3} = \frac{1}{L} - \frac{1}{L_1} - \frac{1}{L_2}$ $L = \frac{L_1}{n}$ $L_1 = L \cdot n$ $n = \frac{L_1}{L}$	L Gesamt-induktivität L_1 Induktivität 1 L_2 Induktivität 2 L_3 Induktivität 3 n Anzahl von gleichen Induktivitäten	H H H H
Zeitkonstante einer Spule	$\tau = \frac{L}{R}$ $L = \tau \cdot R$ $R = \frac{L}{\tau}$	τ Zeitkonstante L Induktivität R Widerstand $1 \cdot \tau$ Stromanstieg auf 63 % oder Stromrückgang auf 37 % $5 \cdot \tau$ voller Anstieg bzw. Rückgang	s H Ω s s

Benennung/Abbildung	Formel/Formelumstellung	Formelzeichen	Einheiten
Elektrische Feldstärke 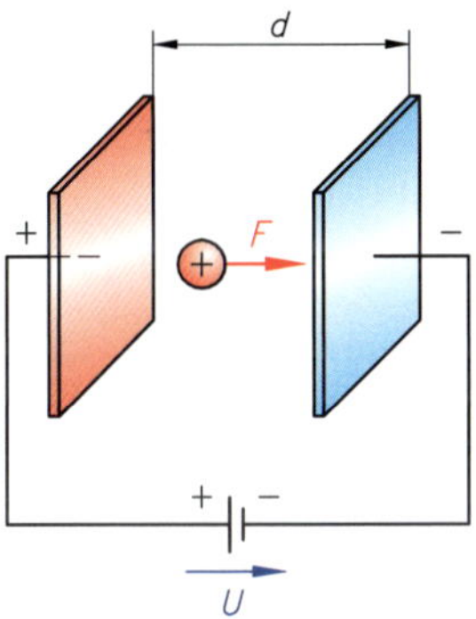	$E = \frac{U}{d}$ $U = E \cdot d$ $d = \frac{U}{E}$ $E = \frac{F}{Q}$ $F = E \cdot Q$ $Q = \frac{F}{E}$	*E* elektrische Feldstärke *U* Spannung *d* Plattenabstand *F* Kraft auf die Ladung im Feld *Q* Ladung im Feld	$\frac{V}{m}$ V m N C 1 C = 1 As

Benennung/Abbildung	Formel/Formelumstellung	Formelzeichen	Einheiten
Elektrische Verschiebungsdichte 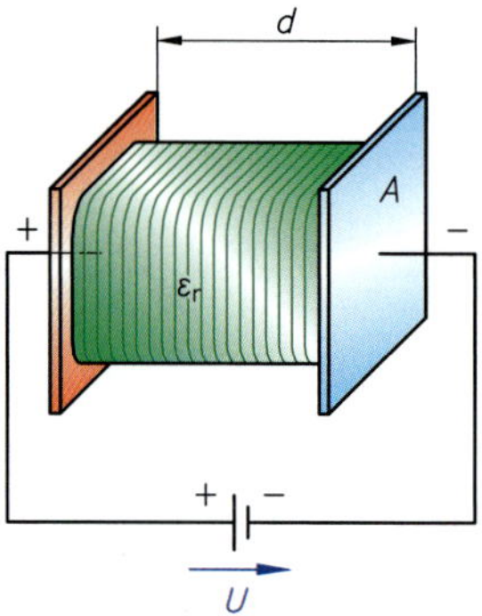	$D = \varepsilon_0 \cdot \varepsilon_r \cdot E$ $\varepsilon_r = \frac{D}{\varepsilon_0 \cdot E}$ $E = \frac{D}{\varepsilon_0 \cdot \varepsilon_r}$ $D = \frac{8{,}85 \cdot \varepsilon_r \cdot U}{10^{12} \cdot d}$ $\varepsilon_r = \frac{D \cdot 10^{12} \cdot d}{8{,}85 \cdot U}$ $U = \frac{D \cdot 10^{12} \cdot d}{8{,}85 \cdot \varepsilon_r}$ $d = \frac{8{,}85 \cdot \varepsilon_r \cdot U}{10^{12} \cdot D}$ $\varepsilon = \varepsilon_0 \cdot \varepsilon_r$ $\varepsilon_0 = \frac{\varepsilon}{\varepsilon_r}$ $\varepsilon_r = \frac{\varepsilon}{\varepsilon_0}$	D elektrische Verschiebungsdichte ε_0 elektrische Feldkonstante ε_r Dielektrizitätszahl ε Dielektrizitätskonstante E elektrische Feldstärke U Spannung d Plattenabstand	$\frac{\text{As}}{\text{m}^2}$ $8{,}85 \cdot 10^{-12}\ \frac{\text{As}}{\text{Vm}}$ $\frac{\text{As}}{\text{Vm}}$ $\frac{\text{V}}{\text{m}}$ V m

Benennung/Abbildung	Formel/Formelumstellung	Formelzeichen	Einheiten
Kapazität eines Kondensators	$C = \frac{\varepsilon_0 \cdot \varepsilon_r \cdot A}{d}$	C Kapazität A Plattenfläche d Plattenabstand	F m^2 m
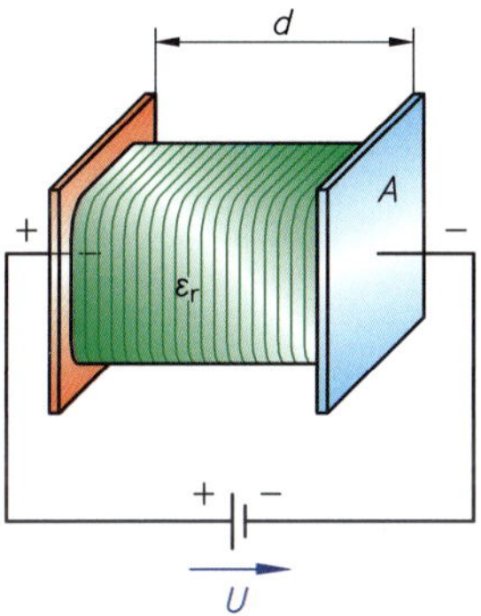 	$\varepsilon_0 = \frac{C \cdot d}{\varepsilon_r \cdot A}$ $\quad \varepsilon_r = \frac{C \cdot d}{\varepsilon_0 \cdot A}$ $A = \frac{C \cdot d}{\varepsilon_0 \cdot \varepsilon_r}$ $\quad d = \frac{\varepsilon_0 \cdot \varepsilon_r \cdot A}{C}$	ε_0 elektrische Feldkonstante	$8{,}85 \cdot 10^{-12}$ $\frac{As}{Vm}$
	$\varepsilon = \varepsilon_0 \cdot \varepsilon_r$	ε_r Dielektrizitätszahl ε Dielektrizitätskonstante	 $\frac{As}{Vm}$
	$\varepsilon_0 = \frac{\varepsilon}{\varepsilon_r}$ $\quad \varepsilon_r = \frac{\varepsilon}{\varepsilon_0}$ $C = \frac{8{,}85 \cdot \varepsilon_r \cdot A}{10^{12} \cdot d}$	Als Einheit für C ergibt sich bei Verwendung der Zehnerpotenz unter dem Bruchstrich: $10^{12}\ [C] = F$ $10^{6}\ [C] = \mu F$ $10^{3}\ [C] = nF$ $1\ [C] = pF$	

Benennung/Abbildung	Formel/Formelumstellung	Formelzeichen	Einheiten
Zeitkonstante beim Laden bzw. Entladen eines Kondensators 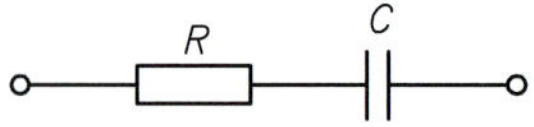 	$\tau = C \cdot R$ $C = \frac{\tau}{R}$ $R = \frac{\tau}{C}$ $1 \cdot \tau$ auf 63 % aufgeladen bzw. auf 37 % entladen $5 \cdot \tau$ volle Auf- bzw. Entladung	τ Zeitkonstante C Kapazität R Widerstand	s F Ω
Kapazität eines Kondensators für eine Funkenlöschung 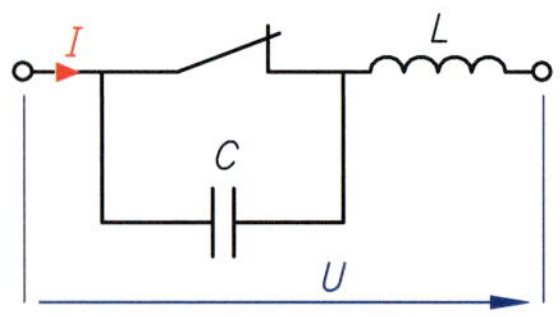 	$\frac{C \cdot U^2}{2} = \frac{L \cdot I^2}{2}$ $C = \frac{L \cdot I^2}{U^2}$ $U = \sqrt{\frac{L \cdot I^2}{C}}$ $L = \frac{C \cdot U^2}{I^2}$ $I = \sqrt{\frac{C \cdot U^2}{L}}$	U Spannung C Kapazität I Stromstärke L Induktivität	V F A H

Benennung/Abbildung	Formel/Formelumstellung	Formelzeichen	Einheiten
Reihenschaltung von Kondensatoren (Spannungsverhältnis) 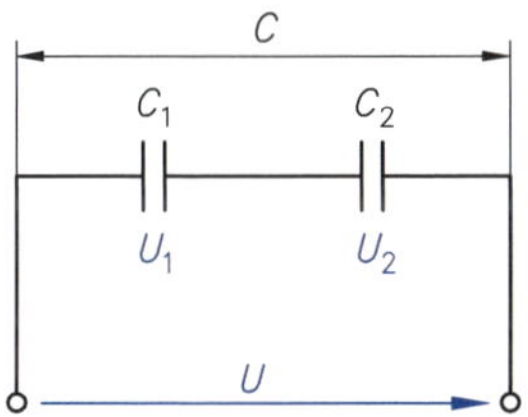	$\frac{U}{U_1} = \frac{C_1}{C}$ $U = \frac{C_1 \cdot U_1}{C}$ $\quad U_1 = \frac{U \cdot C}{C_1}$ $C_1 = \frac{U \cdot C}{U_1}$ $\quad C = \frac{C_1 \cdot U_1}{U}$ $\frac{U}{U_2} = \frac{C_2}{C}$ $U = \frac{C_2 \cdot U_2}{C}$ $\quad U_2 = \frac{U \cdot C}{C_2}$ $C_2 = \frac{U \cdot C}{U_2}$ $\quad C = \frac{C_2 \cdot U_2}{U}$ $\frac{U_1}{U_2} = \frac{C_2}{C_1}$ $U_1 = \frac{C_2 \cdot U_2}{C_1}$ $\quad U_2 = \frac{U_1 \cdot C_1}{C_2}$ $C_2 = \frac{U_1 \cdot C_1}{U_2}$ $\quad C_1 = \frac{C_2 \cdot U_2}{U_1}$	U Gesamtspannung U_1 Teilspannung 1 U_2 Teilspannung 2 C Gesamtkapazität C_1 Teilkapazität 1 C_2 Teilkapazität 2	V V V F F F

Benennung/Abbildung	Formel/Formelumstellung	Formelzeichen	Einheiten
Ladung eines Kondensators 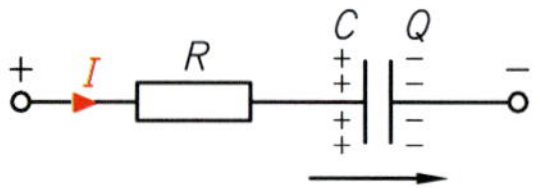 *Augenblicksspannung/ -strom beim Laden* *Augenblicksspannung/ -strom beim Entladen*	$Q = I \cdot t$ $\quad Q = C \cdot U$ $I = \frac{Q}{t} \quad t = \frac{Q}{I} \quad C = \frac{Q}{U} \quad U = \frac{Q}{C}$ $u_c = U \cdot \left(1 - e^{-\frac{t}{\tau}}\right)$ $\quad i_c = \frac{U}{R} \cdot e^{-\frac{t}{\tau}}$ $u_c = U \cdot e^{-\frac{t}{\tau}}$ $\quad i_c = -\frac{U}{R} \cdot e^{-\frac{t}{\tau}}$	Q Elektrizitätsmenge I mittlerer Ladestrom t Zeit C Kapazität U Gleichspannung u_c Augenblickswert der Kondensatorspannung i_c Augenblickswert des Ladestromes τ Zeitkonstante	As A s F V V A s
Reihenschaltung von zwei Kondensatoren 	$C = \frac{C_1 \cdot C_2}{C_1 + C_2}$ $C_1 = \frac{C \cdot C_2}{C_2 - C}$ $\quad C_2 = \frac{C \cdot C_1}{C_1 - C}$	C Gesamtkapazität C_1 Kapazität von Kondensator 1 C_2 Kapazität von Kondensator 2	F F F

Benennung/Abbildung	Formel/Formelumstellung	Formelzeichen	Einheiten
Reihenschaltung von mehreren Kondensatoren 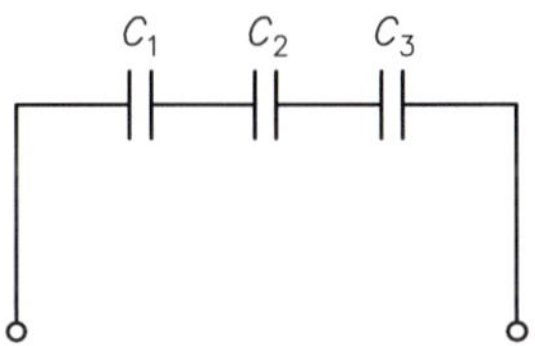 	$\frac{1}{C} = \frac{1}{C_1} + \frac{1}{C_2} + \frac{1}{C_3}$ $\frac{1}{C_1} = \frac{1}{C} - \frac{1}{C_2} - \frac{1}{C_3}$ $\frac{1}{C_2} = \frac{1}{C} + \frac{1}{C_1} - \frac{1}{C_3}$ $\frac{1}{C_3} = \frac{1}{C} + \frac{1}{C_1} - \frac{1}{C_2}$ $C = \frac{C_1}{n}$ $C_1 = C \cdot n \quad n = \frac{C_1}{C}$	C Gesamtkapazität C_1 Kapazität von Kondensator 1 C_2 Kapazität von Kondensator 2 C_3 Kapazität von Kondensator 3 n Anzahl von **gleichen** Kapazitäten	F F F F

Benennung/Abbildung	Formel/Formelumstellung	Formelzeichen	Einheiten
Parallelschaltung von mehreren Kondensatoren 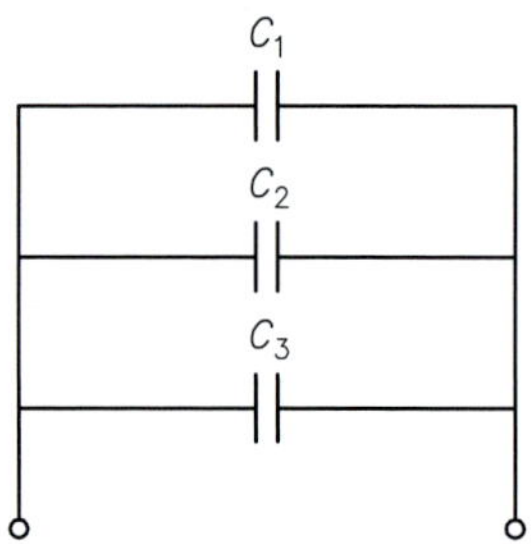	$C = C_1 + C_2 + C_3$ $C_1 = C - C_2 - C_3$ $C_2 = C - C_1 - C_3$ $C_3 = C - C_1 - C_2$ $C = C_1 \cdot n$ $C_1 = \frac{C}{n}$ $n = \frac{C}{C_1}$	C Gesamtkapazität C_1 Kapazität von Kondensator 1 C_2 Kapazität von Kondensator 2 C_3 Kapazität von Kondensator 3 n Anzahl von **gleichen** Kapazitäten	F F F F
Energie der Spule 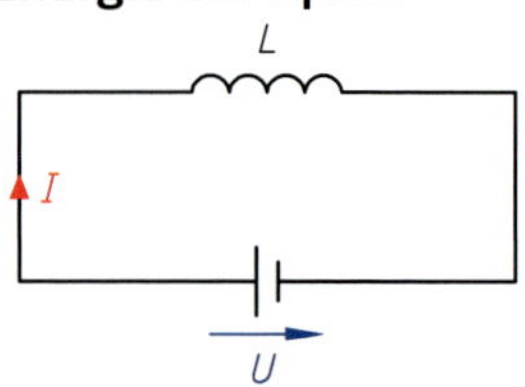	$W_m = \frac{1}{2} \cdot L \cdot I^2$ $L = \frac{2 \cdot W_m}{I^2}$ $I = \sqrt{\frac{2 \cdot W_m}{L}}$	W_m magnetische Energie der Spule L Induktivität I Stromstärke	J H A 1 J = 1 Ws

Benennung/Abbildung	Formel/Formelumstellung	Formelzeichen	Einheiten
Energie des Kondensators 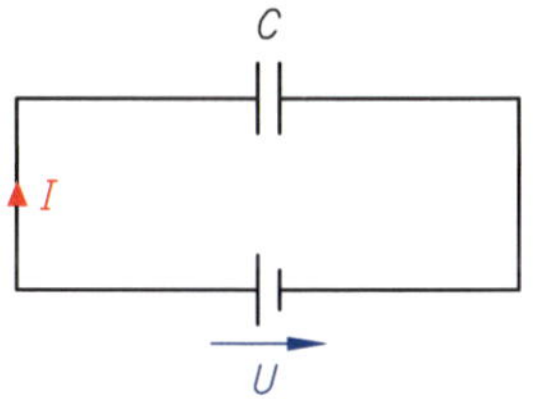	$W_e = \frac{1}{2} \cdot C \cdot U^2$ $C = \frac{2 \cdot W_e}{U^2}$ $U = \sqrt{\frac{2 \cdot W_e}{C}}$	W_e elektrische Energie des Kondensators C Kapazität U Spannung	J F V 1 J = 1 Ws
Frequenz und Periodendauer 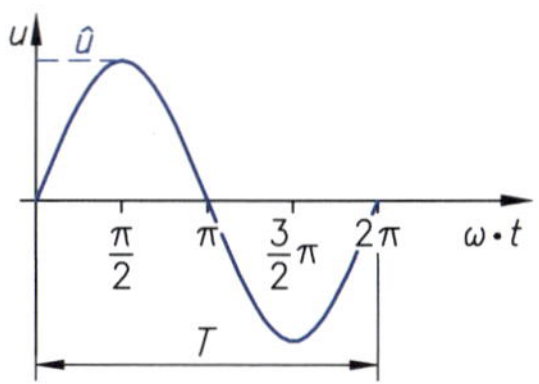	$f = \frac{1}{T}$ $T = \frac{1}{f}$ $\omega = 2\,\pi \cdot f$ $f = \frac{\omega}{2\,\pi}$	f Frequenz T Periodendauer ω Kreisfrequenz	Hz s $\frac{1}{s}$

Benennung/Abbildung	Formel/Formelumstellung	Formelzeichen	Einheiten
Wellenlänge (elektromagnetische Wellen)	$\lambda = \frac{c}{f}$ $c = \lambda \cdot f$ $\quad f = \frac{c}{\lambda}$	λ Wellenlänge f Frequenz c Lichtgeschwindigkeit	m Hz $\frac{\text{m}}{\text{s}}$ $c = 3{,}0 \cdot 10^8 \frac{\text{m}}{\text{s}}$ im Vakuum
Polpaarzahl 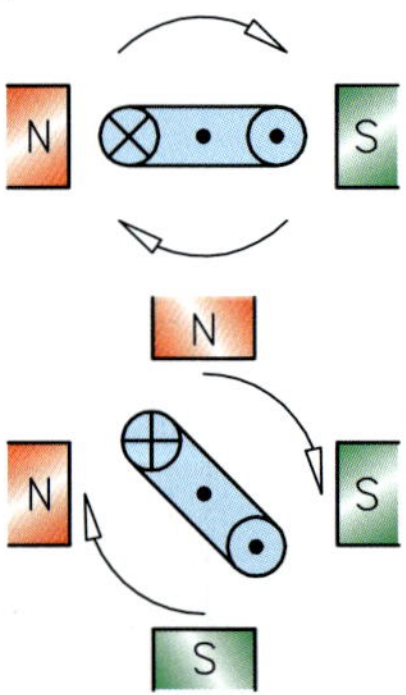	$p = \frac{f}{n}$ $f = p \cdot n$ $\quad n = \frac{f}{p}$	p Polpaarzahl f Frequenz n Drehfrequenz	 Hz $\frac{1}{\text{s}}$

Benennung/Abbildung	Formel/Formelumstellung	Formelzeichen	Einheiten
Frequenz und Polpaare 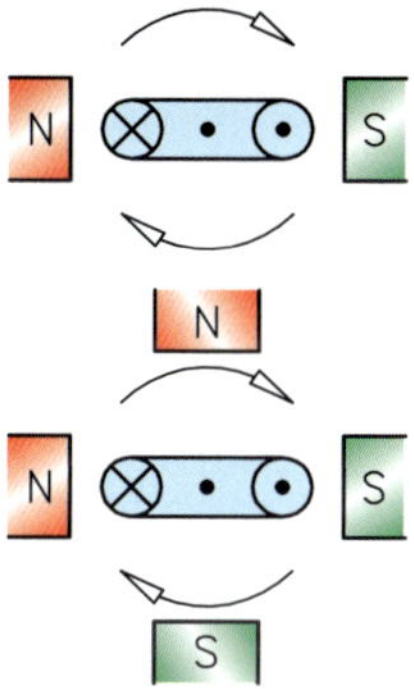 	$f = \frac{p \cdot n}{60}$ $p = \frac{f \cdot 60}{n}$ $n = \frac{f \cdot 60}{p}$	f Frequenz p Polpaarzahl n Drehfrequenz	Hz $\frac{1}{\text{min}}$
Frequenz und Zahnpaare	$f = \frac{z \cdot n}{60}$ $z = \frac{f \cdot 60}{n}$ $n = \frac{f \cdot 60}{z}$	f Frequenz z Zahnpaarzahl n Drehfrequenz	Hz $\frac{1}{\text{min}}$

Benennung/Abbildung	Formel/Formelumstellung	Formelzeichen	Einheiten
Effektivwert 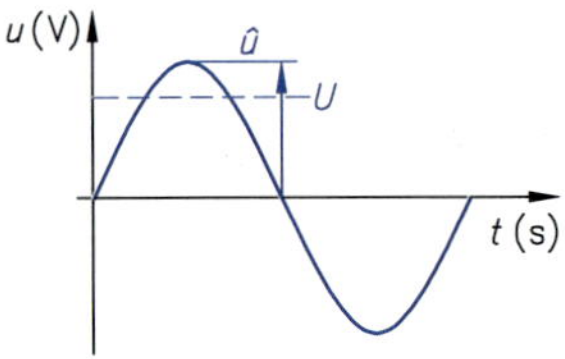 	$U = \frac{\hat{u}}{\sqrt{2}}$ $\hat{u} = U \cdot \sqrt{2}$ $U = \frac{\hat{u}}{1{,}414}$ $\hat{u} = U \cdot 1{,}414$ $U = \hat{u} \cdot 0{,}707$ $\hat{u} = \frac{U}{0{,}707}$	U Effektivwert der Wechselspannung $\hat{u}$ Maximalwert (Höchstwert) der Wechselspannung $\sqrt{2} = 1{,}414$ $\frac{1}{1{,}414} = 0{,}707$	V V
Maximalwert (Höchst- oder Scheitelwert) 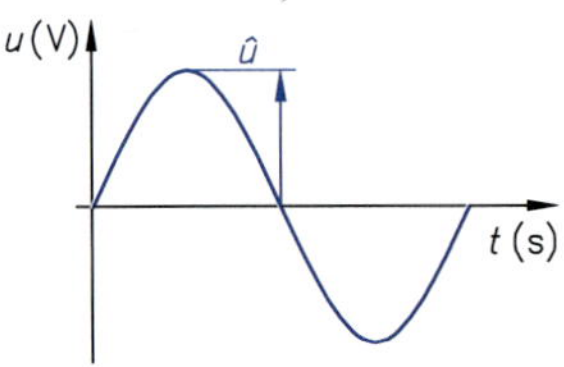 	$\hat{u} = U \cdot \sqrt{2}$ $U = \frac{\hat{u}}{\sqrt{2}}$ $\hat{u} = U \cdot 1{,}414$ $U = \frac{\hat{u}}{1{,}414}$ $\hat{u} = \frac{U}{0{,}707}$ $U = \hat{u} \cdot 0{,}707$	$\hat{u}$ Maximalwert (Höchstwert) der Wechselspannung U Effektivwert der Wechselspannung $\sqrt{2} = 1{,}414$ $\frac{1}{1{,}414} = 0{,}707$	V V

Benennung/Abbildung	Formel/Formelumstellung	Formelzeichen	Einheiten
Spitze-Spitze-Wert	$u_{ss} = \hat{u} \cdot 2$ $\hat{u} = \frac{u_{ss}}{2}$	u_{ss} Spitze-Spitze-Wert der Wechselspannung	V
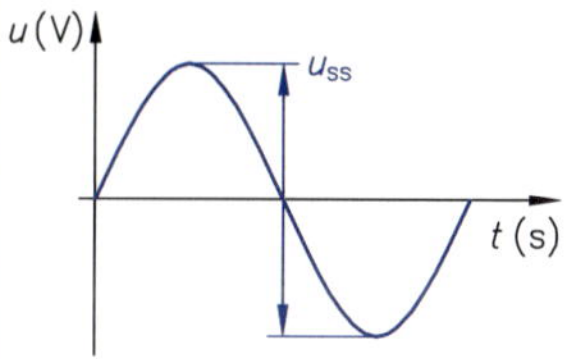	$u_{ss} = U \cdot \sqrt{2} \cdot 2$	$\hat{u}$ Maximalwert der Wechselspannung	V
	$U = \frac{u_{ss}}{2 \cdot \sqrt{2}}$	U Effektivwert der Wechselspannung	V
	$u_{ss} = U \cdot 1{,}414 \cdot 2$	$\sqrt{2} = 1{,}414$	
	$U = \frac{u_{ss}}{1{,}414 \cdot 2}$	$\frac{1}{1{,}414} = 0{,}707$	
	$u_{ss} = \frac{U \cdot 2}{0{,}707}$		
	$U = \frac{0{,}707 \cdot u_{ss}}{2}$		

Benennung/Abbildung	Formel/Formelumstellung	Formelzeichen	Einheiten
Satz des Pythagoras 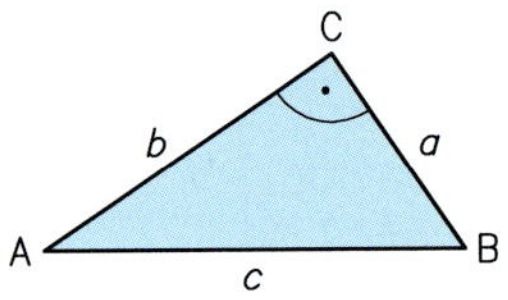	$c^2 = a^2 + b^2$ $c = \sqrt{a^2 + b^2}$ $a^2 = c^2 - b^2$ $a = \sqrt{c^2 - b^2}$ $b^2 = c^2 - a^2$ $b = \sqrt{c^2 - a^2}$	c Hypotenuse a Kathete a b Kathete b	m m m
Kreisfrequenz	$\omega = 2 \cdot \pi \cdot f$ $f = \frac{\omega}{2 \cdot \pi}$	ω Kreisfrequenz f Frequenz π 3,14	$\frac{1}{s}$ Hz

Benennung/Abbildung	Formel/Formelumstellung	Formelzeichen	Einheiten
Induktiver Blindwiderstand 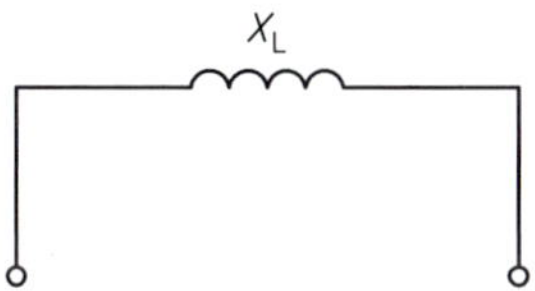	$X_L = \omega \cdot L$ $\quad \omega = \frac{X_L}{L}$ $\quad L = \frac{X_L}{\omega}$ $X_L = \frac{U_L}{I}$ $\quad U_L = I \cdot X_L$ $\quad I = \frac{U_L}{X_L}$ $\omega = 2 \cdot \pi \cdot f$ $\quad f = \frac{\omega}{2 \cdot \pi}$	X_L induktiver Blindwiderstand ω Kreisfrequenz L Induktivität U_L induktive Blindspannung I Wechselstrom f Frequenz π 3,14	Ω $\frac{1}{s}$ H V A Hz
Kapazitiver Blindwiderstand 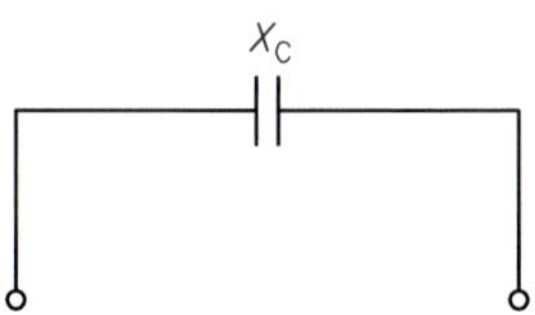	$X_c = \frac{1}{\omega \cdot C}$ $\quad \omega = \frac{1}{C \cdot X_c}$ $\quad C = \frac{1}{\omega \cdot X_c}$ $X_c = \frac{U_c}{I}$ $\quad U_c = I \cdot X_c$ $\quad I = \frac{U_c}{X_c}$ $\omega = 2 \cdot \pi \cdot f$ $\quad f = \frac{\omega}{2 \cdot \pi}$	X_c kapazitiver Blindwiderstand ω Kreisfrequenz C Kapazität U_c kapazitive Wechselspannung I Wechselstrom f Frequenz π 3,14	Ω $\frac{1}{s}$ F V A Hz

Benennung/Abbildung	Formel/Formelumstellung	Formelzeichen	Einheiten
Reihenresonanz 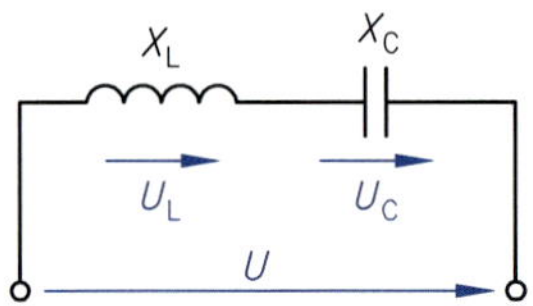 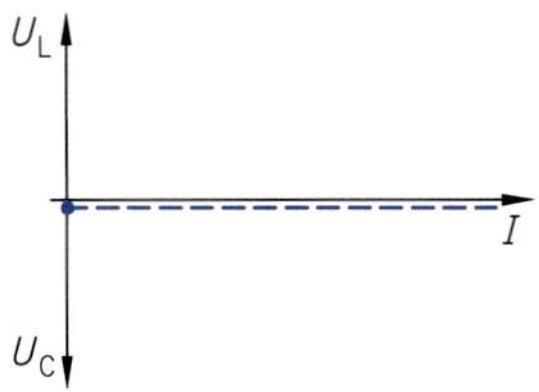	$X_L = X_C$ $\quad \omega \cdot L = \frac{1}{\omega \cdot C}$ $\omega = 2 \cdot \pi \cdot f$ $\quad f = \frac{\omega}{2 \cdot \pi}$ $f_r = \frac{1}{2 \cdot \pi \cdot \sqrt{L \cdot C}}$ $L = \frac{1}{\omega^2 \cdot C}$ $\quad C = \frac{1}{\omega^2 \cdot L}$ $U_L = U_C$ $X = 0$ $\quad \sphericalangle_\varphi = 0$ $\quad I = \infty$	f_r Resonanzfrequenz L Induktivität C Kapazität X_L induktiver Blindwiderstand X_C kapazitiver Blindwiderstand X Blindwiderstand U_L induktive Blindspannung U_C kapazitive Blindspannung I_L induktiver Blindstrom I_C kapazitiver Blindstrom I Blindstrom ω Kreisfrequenz	Hz H F Ω Ω Ω V V A A A $\frac{1}{s}$

Benennung/Abbildung	Formel/Formelumstellung	Formelzeichen	Einheiten
Parallelresonanz	$X_L = X_C$ $\omega \cdot L = \frac{1}{\omega \cdot C}$	f_r Resonanzfrequenz	Hz
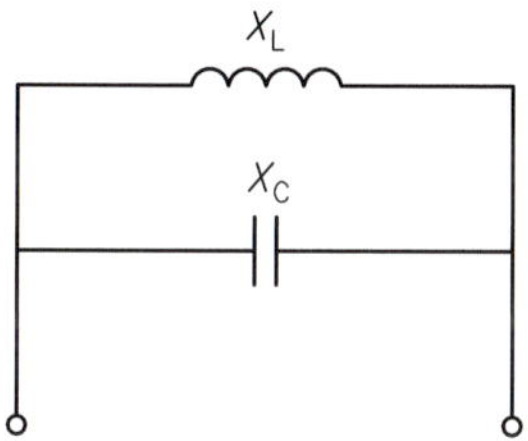	$\omega = 2 \cdot \pi \cdot f$ $f = \frac{\omega}{2 \cdot \pi}$	L Induktivität	H
	$f_r = \frac{1}{2 \cdot \pi \cdot \sqrt{L \cdot C}}$	C Kapazität	F
	$L = \frac{1}{\omega^2 \cdot C}$ $C = \frac{1}{\omega^2 \cdot L}$	X_L induktiver Blindwiderstand	Ω
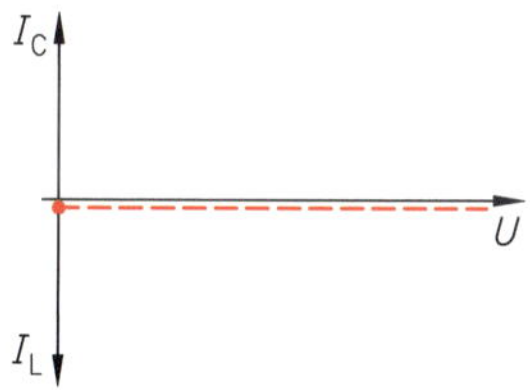	$I_L = I_C$	X_C kapazitiver Blindwiderstand	Ω
	$X = 0$ $\sphericalangle_\varphi = 0$ $I = \infty$	X Blindwiderstand	Ω
		U_L induktive Blindspannung	V
		U_C kapazitive Blindspannung	V
		I_L induktiver Blindstrom	A
		I_C kapazitiver Blindstrom	A
		I Blindstrom	A
		ω Kreisfrequenz	$\frac{1}{s}$

Benennung/Abbildung	Formel/Formelumstellung	Formelzeichen	Einheiten
Reihenschaltung von induktiven Blindwiderständen 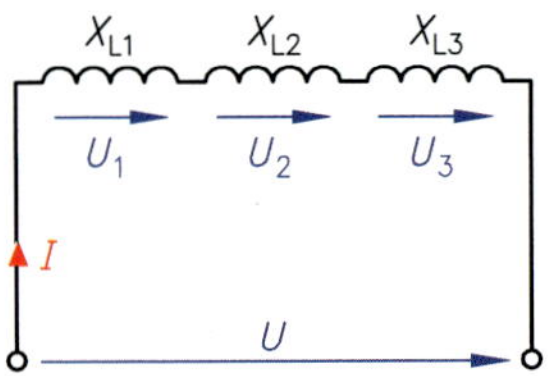 	$X_L = X_{L_1} + X_{L_2} + X_{L_3}$ $X_{L_1} = X_L - X_{L_2} - X_{L_3}$ $X_{L_2} = X_L - X_{L_1} - X_{L_3}$ $X_{L_3} = X_L - X_{L_1} - X_{L_2}$ $U = U_1 + U_2 + U_3$ $U_1 = U - U_2 - U_3$ $U_2 = U - U_1 - U_3$ $U_3 = U - U_1 - U_2$ $I = I_1 = I_2 = I_3$	X_L Gesamtblindwiderstand $X_{L_{1-3}}$ Blindwiderstände 1–3 U Wechselspannung U_{1-3} Teilwechselspannung 1–3 I Stromstärke	Ω Ω V V A

Benennung/Abbildung	Formel/Formelumstellung	Formelzeichen		Einheiten
Reihenschaltung von kapazitiven Blindwiderständen 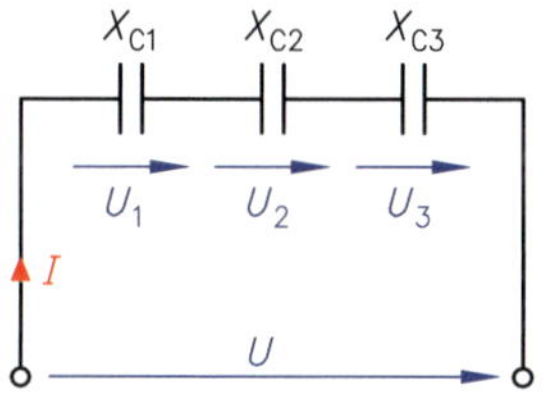	$X_C = X_{C_1} + X_{C_2} + X_{C_3}$ $X_{C_1} = X_C - X_{C_2} - X_{C_3}$ $X_{C_2} = X_C - X_{C_1} - X_{C_3}$ $X_{C_3} = X_C - X_{C_1} - X_{C_2}$ $U = U_1 + U_2 + U_3$ $U_1 = U - U_2 - U_3$ $U_2 = U - U_1 - U_3$ $U_3 = U - U_1 - U_2$ $I = I_1 = I_2 = I_3$	X_C $X_{C_{1-3}}$ U U_{1-3} I	Gesamtblindwiderstand Blindwiderstände 1–3 Wechselspannung Teilwechselspannung 1–3 Stromstärke	Ω Ω V V A

Benennung/Abbildung	Formel/Formelumstellung	Formelzeichen	Einheiten
Reihenschaltung von induktivem und kapazitivem Blindwiderstand 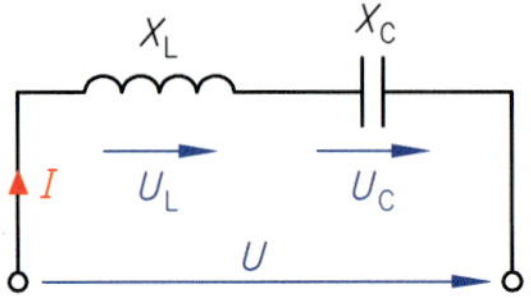 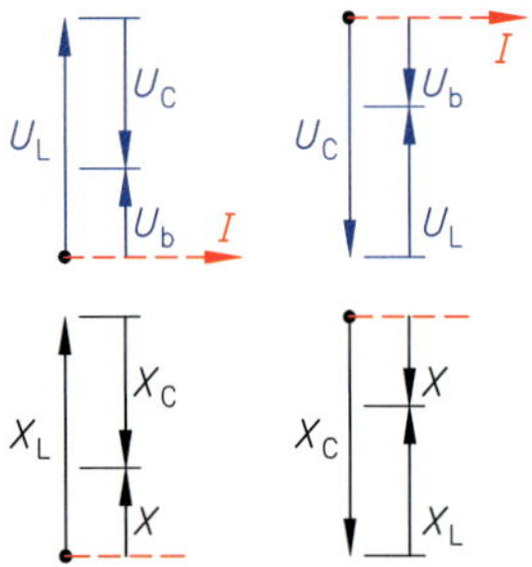	$X = X_L - X_C$ $X_L = X + X_C$ $X_C = X_L - X$ $X = X_C - X_L$ ↑ größter Wert nach vorne $X_C = X + X_L$ $X_L = X_C - X$ $U_b = U_L - U_C$ $U_L = U_b + U_C$ $U_C = U_L - U_b$ $U_b = U_C - U_L$ ↑ größter Wert nach vorne $U_C = U_b + U_L$ $U_L = U_C - U_b$ $I = I_b = I_L = I_C$	X Blindwiderstand X_L induktiver Blindwiderstand X_C kapazitiver Blindwiderstand U_b Blindspannung U_L induktive Blindspannung U_C kapazitive Blindspannung I_b Blindstrom I_L induktiver Blindstrom I_C kapazitiver Blindstrom I Gesamtstrom	Ω Ω Ω V V V A A A A

Benennung/Abbildung	Formel/Formelumstellung	Formelzeichen	Einheiten
Reihenschaltung von Wirkwiderstand und induktivem Blindwiderstand	$Z^2 = R^2 + X_L^2$	Z Scheinwiderstand	Ω
	$Z = \sqrt{R^2 + X_L^2}$	R Wirkwiderstand	Ω
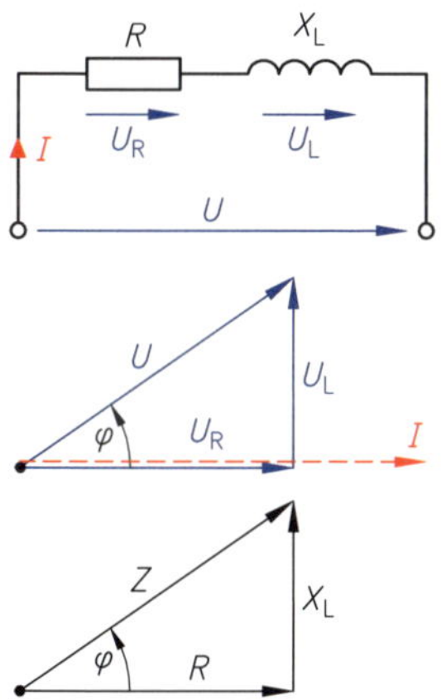	$R^2 = Z^2 - X_L^2$ $R = \sqrt{Z^2 - X_L^2}$	X_L induktiver Blindwiderstand	Ω
	$X_L^2 = Z^2 - R^2$ $X_L = \sqrt{Z^2 - R^2}$	U Gesamtspannung	V
	$U^2 = U_R^2 + U_L^2$	U_R Wirkspannung	V
	$U = \sqrt{U_R^2 + U_L^2}$	U_L induktive Blindspannung	V
	$U_R^2 = U^2 - U_L^2$ $U_R = \sqrt{U^2 - U_L^2}$	I Gesamtstrom	A
	$U_L^2 = U^2 - U_R^2$ $U_L = \sqrt{U^2 - U_R^2}$	I_R Wirkstrom	A
	$I = I_R = I_L$	I_L induktiver Blindstrom	A
	$I = \frac{U}{Z}$ $U = I \cdot Z$ $Z = \frac{U}{I}$		

Benennung/Abbildung	Formel/Formelumstellung	Formelzeichen	Einheiten
Reihenschaltung von Wirkwiderstand und induktivem Blindwiderstand	$I_R = \frac{U_R}{R}$ $\quad U_R = I_R \cdot R \quad R = \frac{U_R}{I_R}$	R Wirkwiderstand	Ω
	$I_L = \frac{U_L}{X_L}$ $\quad U_L = I_L \cdot X_L \quad X_L = \frac{U_L}{I_L}$	X_L induktiver Blindwiderstand	Ω
		U_R Wirkspannung	V
		U_L induktive Blindspannung	V
	Güte einer Spule	I_R Wirkstrom	A
	$Q = \frac{X_L}{R}$ $\quad X_L = Q \cdot R \quad R = \frac{X_L}{Q}$	I_L induktiver Blindstrom	A
	$Q = \frac{1}{\tan\delta}$ $\quad \tan\delta = \frac{1}{Q}$	Q Güte	
		δ Verlustwinkel	° (Altgrad) oder rad

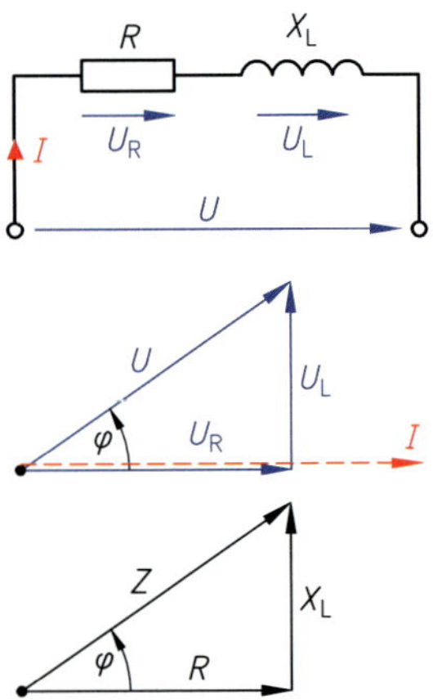

Benennung/Abbildung	Formel/Formelumstellung	Formelzeichen	Einheiten
Reihenschaltung von Wirkwiderstand und kapazitivem Blindwiderstand 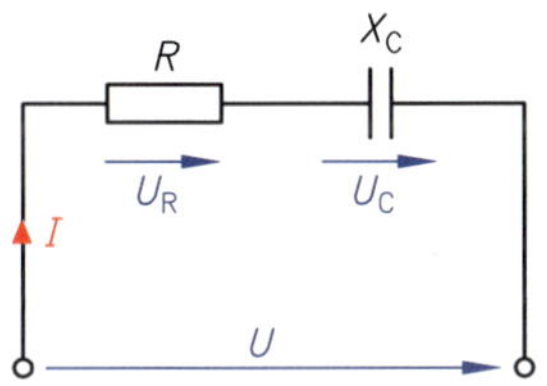 	$Z^2 = R^2 + X_C^2$ $Z = \sqrt{R^2 + X_C^2}$ $R^2 = Z^2 - X_C^2$ $\quad R = \sqrt{Z^2 - X_C^2}$ $X_C^2 = Z^2 - R^2$ $\quad X_C = \sqrt{Z^2 - R^2}$ $U^2 = U_R^2 + U_C^2$ $U = \sqrt{U_R^2 + U_C^2}$ $U_R^2 = U^2 - U_C^2$ $\quad U_R = \sqrt{U^2 - U_C^2}$ $U_C^2 = U^2 - U_R^2$ $\quad U_c = \sqrt{U^2 - U_R^2}$	Z Scheinwiderstand R Wirkwiderstand X_C kapazitiver Blindwiderstand U Gesamtspannung U_R Wirkspannung U_C kapazitive Blindspannung	Ω Ω Ω V V V

Benennung/Abbildung	Formel/Formelumstellung	Formelzeichen	Einheiten
Reihenschaltung von Wirkwiderstand und kapazitivem Blindwiderstand	$I = I_R = I_C$	I Gesamtstrom	A
		I_R Wirkstrom	A
	$I = \frac{U}{Z}$	I_C kapazitiver Blindstrom	A
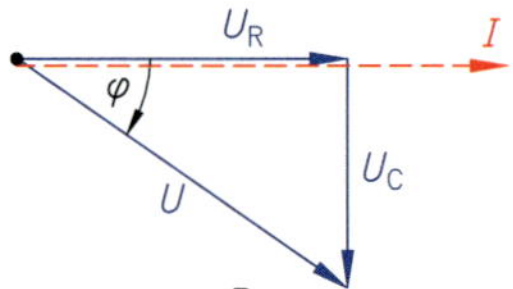	$U = I \cdot Z$ $\quad Z = \frac{U}{I}$	Z Scheinwiderstand	Ω
	$I_R = \frac{U_R}{R}$	R Wirkwiderstand	Ω
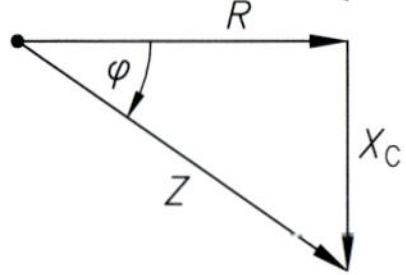	$U_R = I_R \cdot R$ $\quad R = \frac{U_R}{I_R}$	X_C kapazitiver Blindwiderstand	Ω
	$I_C = \frac{U_C}{X_C}$	U Gesamtspannung	V
		U_R Wirkspannung	V
	$U_C = I_C \cdot X_C$ $\quad X_C = \frac{U_C}{I_C}$	U_C kapazitive Blindspannung	V

Benennung/Abbildung	Formel/Formelumstellung		Formelzeichen	Einheiten
Reihenschaltung von Wirkwiderstand, induktivem und kapazitivem Blindwiderstand 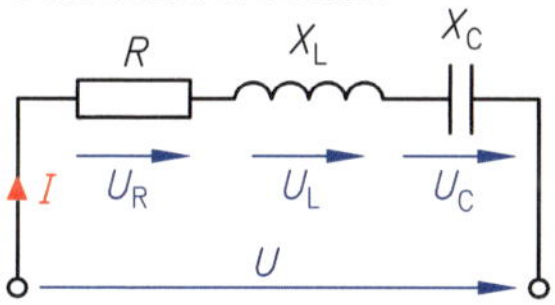 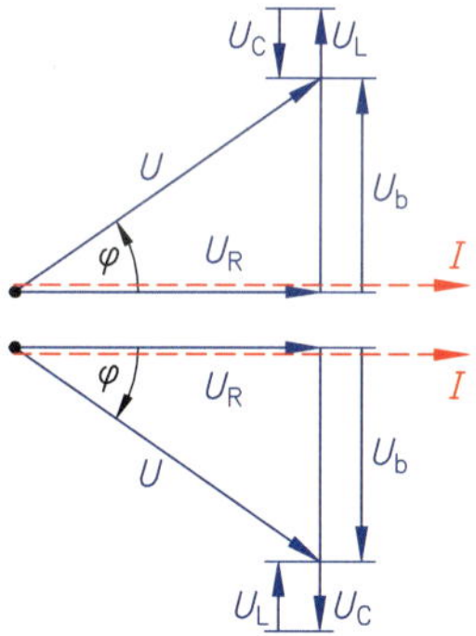	$Z^2 = R^2 + X^2$ $R^2 = Z^2 - X^2$ $X^2 = Z^2 - R^2$ $X = X_L - X_C$ $X_L = X + X_C$ $X = X_C - X_L$ größter Wert nach vorne $X_C = X + X_L$ $U^2 = U_R^2 + U_b^2$ $U_R^2 = U^2 - U_b^2$ $U_b^2 = U^2 - U_R^2$	$Z = \sqrt{R^2 + X^2}$ $R = \sqrt{Z^2 - X^2}$ $X = \sqrt{Z^2 - R^2}$ $X_C = X_L - X$ $X_L = X_C - X$ $U = \sqrt{U_R^2 + U_b^2}$ $U_R = \sqrt{U^2 - U_b^2}$ $U_b = \sqrt{U^2 - U_R^2}$	Z Scheinwiderstand R Wirkwiderstand X Blindwiderstand X_L induktiver Blindwiderstand X_C kapazitiver Blindwiderstand U Gesamtspannung U_R Wirkspannung U_b Blindspannung U_C kapazitive Blindspannung U_L induktive Blindspannung	Ω Ω Ω Ω Ω V V V V V

Benennung/Abbildung	Formel/Formelumstellung	Formelzeichen	Einheiten
Reihenschaltung von Wirkwiderstand, induktivem und kapazitivem Blindwiderstand 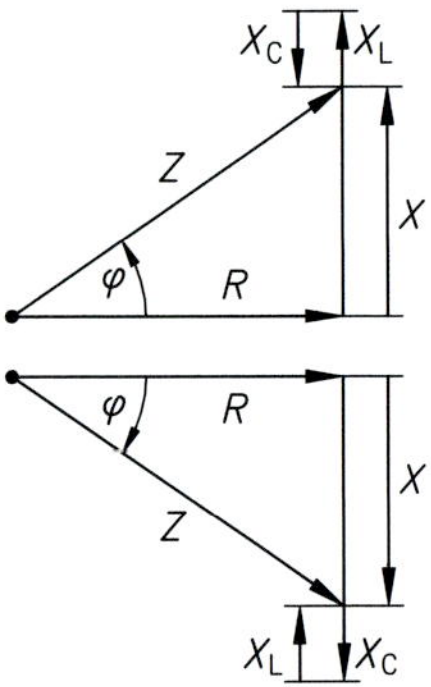 	$U_b = U_L - U_C$ $U_L = U_b + U_C$ $U_C = U_L - U_b$ $U_b = U_C - U_L$ ↑ größter Wert nach vorne $U_C = U_b + U_L$ $U_L = U_C - U_b$ $I = I_b = I_R = I_L = I_C$ $I = \frac{U}{Z}$ $U = I \cdot Z$ $Z = \frac{U}{I}$ $I_R = \frac{U_R}{R}$ $U_R = I_R \cdot R$ $R = \frac{U_R}{I_R}$ $I_b = \frac{U_b}{X}$ $U_b = I_b \cdot X$ $X = \frac{U_b}{I_b}$	U_L induktive Blindspannung U_C kapazitive Blindspannung I Gesamtstrom I_R Wirkstrom I_b Blindstrom I_L induktiver Blindstrom I_C kapazitiver Blindstrom Z Scheinwiderstand U Gesamtspannung U_R Wirkspannung R Wirkwiderstand U_b Blindspannung X Blindwiderstand	V V A A A A A Ω V V Ω V Ω

Benennung/Abbildung	Formel/Formelumstellung		Formelzeichen		Einheiten
Parallelschaltung von zwei induktiven Blindwiderständen 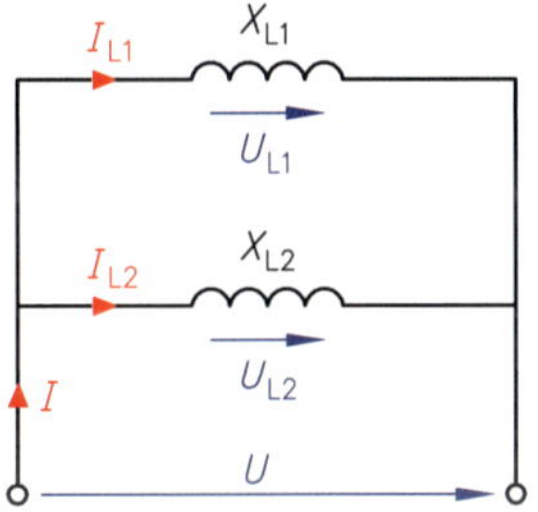	$X_L = \frac{X_{L1} \cdot X_{L2}}{X_{L1} + X_{L2}}$		X_L	induktiver Blindwiderstand	Ω
	$X_{L_1} = \frac{X_L \cdot X_{L_2}}{X_{L_2} - X_L}$	$X_{L_2} = \frac{X_L \cdot X_{L_1}}{X_{L_1} - X_L}$	X_{L_1}	induktiver Blindwiderstand 1	Ω
	$B_L = B_{L_1} + B_{L_2}$		X_{L_2}	induktiver Blindwiderstand 2	Ω
	$B_{L_1} = B_L - B_{L_2}$	$B_{L_2} = B_L - B_{L_1}$	B_L	induktiver Blindleitwert	S
	$B_L = \frac{1}{X_L}$	$X_L = \frac{1}{B_L}$	B_{L_1}	induktiver Blindleitwert 1	S
	$B_{L_1} = \frac{1}{X_{L_1}}$	$X_{L_1} = \frac{1}{B_{L_1}}$	B_{L_2}	induktiver Blindleitwert 2	S
	$B_{L_2} = \frac{1}{X_{L_2}}$	$X_{L_2} = \frac{1}{B_{L_2}}$			

Benennung/Abbildung	Formel/Formelumstellung	Formelzeichen	Einheiten
Parallelschaltung von zwei induktiven Blindwiderständen 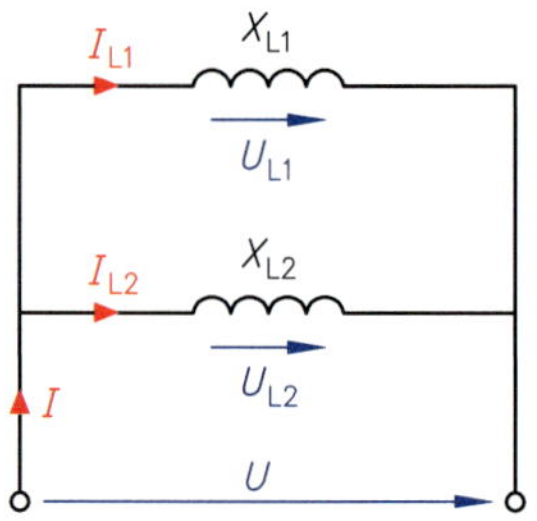	$U = U_L = U_{L_1} = U_{L_2}$ $I = I_L = I_{L_1} + I_{L_2}$ $I_{L_1} = I_L - I_{L_2}$ $I_{L_2} = I_L - I_{L_1}$	U_L induktive Blindspannung U_{L_1} induktive Blindspannung 1 U_{L_2} induktive Blindspannung 2 U Gesamtspannung I_L induktiver Blindstrom 1 I_{L_1} induktiver Blindstrom 1 I_{L_2} induktiver Blindstrom 2 I Gesamtstrom	V V V V A A A A

Benennung/Abbildung	Formel/Formelumstellung	Formelzeichen	Einheiten
Parallelschaltung von zwei induktiven Blindwiderständen 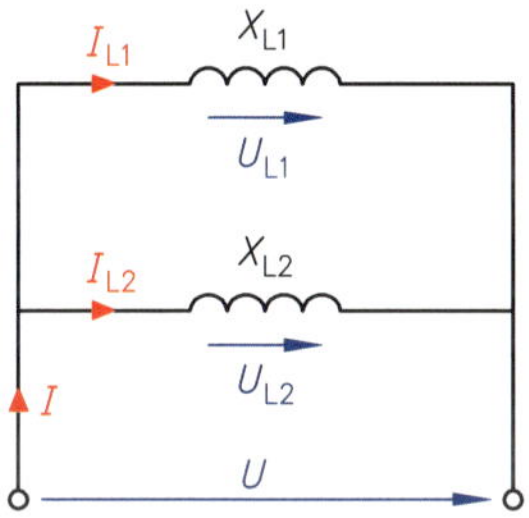 	$I_L = \frac{U_L}{X_L}$ $U_L = I_L \cdot X_L$ $\quad X_L = \frac{U_L}{I_L}$ $I_{L_1} = \frac{U_{L1}}{X_{L1}}$ $U_{L_1} = I_{L_1} \cdot X_{L_1}$ $\quad X_{L_1} = \frac{U_{L1}}{I_{L_1}}$ $I_{L_2} = \frac{U_{L2}}{X_{L_2}}$ $U_{L_2} = I_{L_2} \cdot X_{L_2}$ $\quad X_{L_2} = \frac{U_{L2}}{I_{L_2}}$	I_L induktiver Blindstrom I_{L_1} induktiver Blindstrom 1 I_{L_2} induktiver Blindstrom 2 X_L induktiver Blindwiderstand X_{L_1} induktiver Blindwiderstand 1 X_{L_2} induktiver Blindwiderstand 2 U_L induktive Blindspannung U_{L_1} induktive Blindspannung 1 U_{L_2} induktive Blindspannung 2	A A A Ω Ω Ω V V V

Benennung/Abbildung	Formel/Formelumstellung	Formelzeichen	Einheiten
Parallelschaltung von mehr als zwei induktiven Blindwiderständen 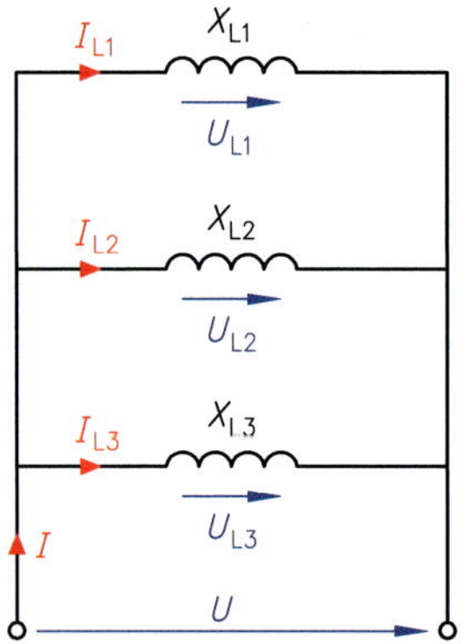 	$\frac{1}{X_L} = \frac{1}{X_{L_1}} + \frac{1}{X_{L_2}} + \frac{1}{X_{L_3}}$ $X_L = \frac{1}{\frac{1}{X_{L_1}} + \frac{1}{X_{L_2}} + \frac{1}{X_{L_3}}}$ $\frac{1}{X_{L_1}} = \frac{1}{X_L} - \frac{1}{X_{L_2}} - \frac{1}{X_{L_3}}$ $X_{L_1} = \frac{1}{\frac{1}{X_L} - \frac{1}{X_{L_2}} - \frac{1}{X_{L_3}}}$ $\frac{1}{X_{L_2}} = \frac{1}{X_L} - \frac{1}{X_{L_1}} - \frac{1}{X_{L_3}}$ $X_{L_2} = \frac{1}{\frac{1}{X_L} - \frac{1}{X_{L_1}} - \frac{1}{X_{L_3}}}$	X_L induktiver Blindwiderstand X_{L_1} induktiver Blindwiderstand 1 X_{L_2} induktiver Blindwiderstand 2 X_{L_3} induktiver Blindwiderstand 3	Ω Ω Ω Ω

Benennung/Abbildung	Formel/Formelumstellung	Formelzeichen		Einheiten
Parallelschaltung von mehr als zwei induktiven Blindwiderständen 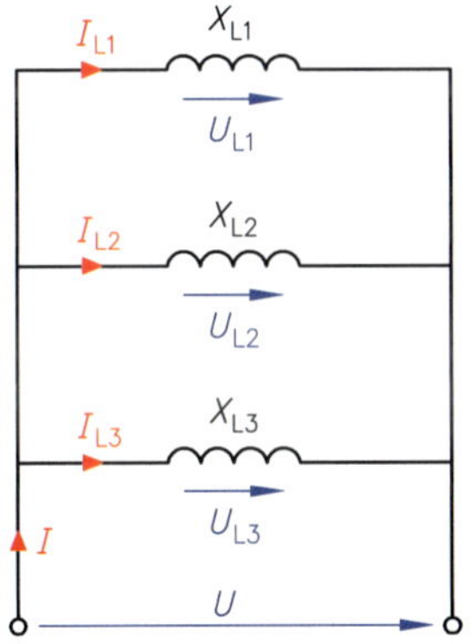	$\frac{1}{X_{L_3}} = \frac{1}{X_L} - \frac{1}{X_{L_1}} - \frac{1}{X_{L_2}}$ $X_{L_3} = \frac{1}{\frac{1}{X_L} - \frac{1}{X_{L_1}} - \frac{1}{X_{L_2}}}$	X_L	induktiver Blindwiderstand	Ω
		X_{L_1}	induktiver Blindwiderstand 1	Ω
		X_{L_2}	induktiver Blindwiderstand 2	Ω
		X_{L_3}	induktiver Blindwiderstand 3	Ω

Benennung/Abbildung	Formel/Formelumstellung	Formelzeichen	Einheiten
Parallelschaltung von mehr als zwei induktiven Blindwiderständen (über Leitwerte berechnet) 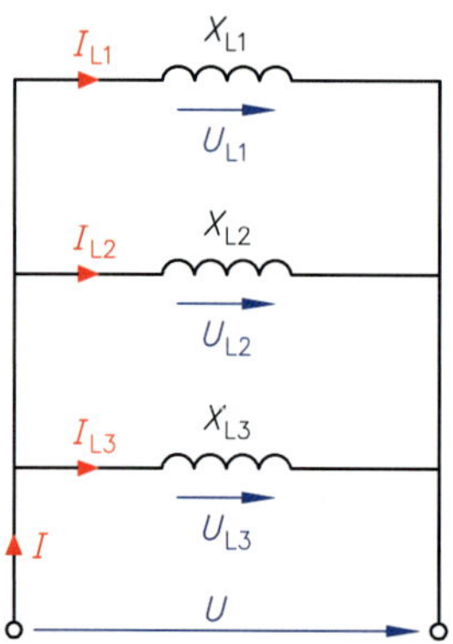	$B_L = B_{L_1} + B_{L_2} + B_{L_3}$ $B_{L_1} = B_L - B_{L_2} - B_{L_3}$ $B_{L_2} = B_L - B_{L_1} - B_{L_3}$ $B_{L_3} = B_L - B_{L_1} - B_{L_2}$ $B_L = \frac{1}{X_L}$ $X_L = \frac{1}{B_L}$ $B_{L_1} = \frac{1}{X_{L_1}}$ $X_{L_1} = \frac{1}{B_{L_1}}$ $B_{L_2} = \frac{1}{X_{L_2}}$ $X_{L_2} = \frac{1}{B_{L_2}}$ $B_{L_3} = \frac{1}{X_{L_3}}$ $X_{L_3} = \frac{1}{B_{L_3}}$ $U = U_L = U_{L_1} = U_{L_2} = U_{L_3}$	B_L induktiver Blindleitwert B_{L_1} induktiver Blindleitwert 1 B_{L_2} induktiver Blindleitwert 2 B_{L_3} induktiver Blindleitwert 3 U_L induktive Blindspannung U_{L_1} induktive Blindspannung 1 U_{L_2} induktive Blindspannung 2 U_{L_3} induktive Blindspannung 3 X_L induktiver Blindwiderstand X_{L_1} induktiver Blindwiderstand 1 X_{L_2} induktiver Blindwiderstand 2 X_{L_3} induktiver Blindwiderstand 3	S S S S V V V V Ω Ω Ω Ω

Benennung/Abbildung	Formel/Formelumstellung	Formelzeichen	Einheiten
Parallelschaltung von mehr als zwei induktiven Blindwiderständen 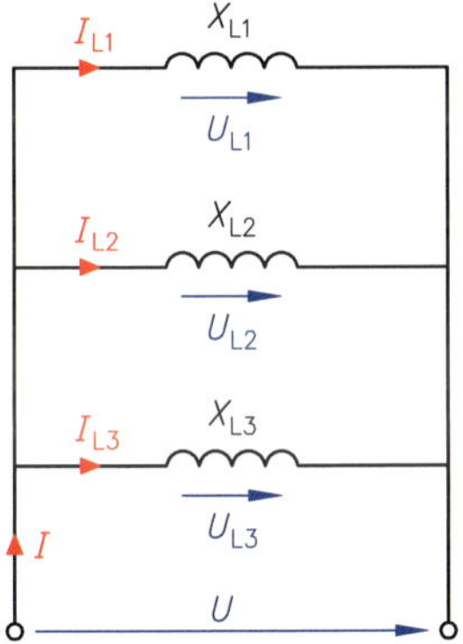	$I_L = I_{L_1} + I_{L_2} + I_{L_3}$	I_L induktiver Blindstrom	A
	$I_{L_1} = I_L - I_{L_2} - I_{L_3}$	I_{L_1} induktiver Blindstrom 1	A
	$I_{L_2} = I_L - I_{L_1} - I_{L_3}$	I_{L_2} induktiver Blindstrom 2	A
	$I_{L_3} = I_L - I_{L_1} - I_{L_2}$	I_{L_3} induktiver Blindstrom 3	A
	$I_L = \frac{U_L}{X_L}$ $U_L = I_L \cdot X_L$ $X_L = \frac{U_L}{I_L}$	U_L induktive Blindspannung	V
	$I_{L1} = \frac{U_{L1}}{X_{L1}}$ $U_{L_1} = I_{L_1} \cdot X_{L_1}$ $X_{L_1} = \frac{U_{L1}}{I_{L1}}$	U_{L_1} induktive Blindspannung 1	V
	$I_{L_2} = \frac{U_{L2}}{X_{L2}}$ $U_{L_2} = I_{L_2} \cdot X_{L_2}$ $X_{L_2} = \frac{U_{L2}}{I_{L2}}$	U_{L_2} induktive Blindspannung 2	V
	$I_{L_3} = \frac{U_{L3}}{X_{L3}}$ $U_{L_3} = I_{L_3} \cdot X_{L_3}$ $X_{L_3} = \frac{U_{L3}}{I_{L3}}$	U_{L_3} induktive Blindspannung 3	V
		X_L induktiver Blindwiderstand	Ω
		X_{L_1} induktiver Blindwiderstand 1	Ω
		X_{L_2} induktiver Blindwiderstand 2	Ω
		X_{L_3} induktiver Blindwiderstand 3	Ω

Benennung/Abbildung	Formel/Formelumstellung	Formelzeichen	Einheiten
Parallelschaltung von zwei kapazitiven Blindwiderständen 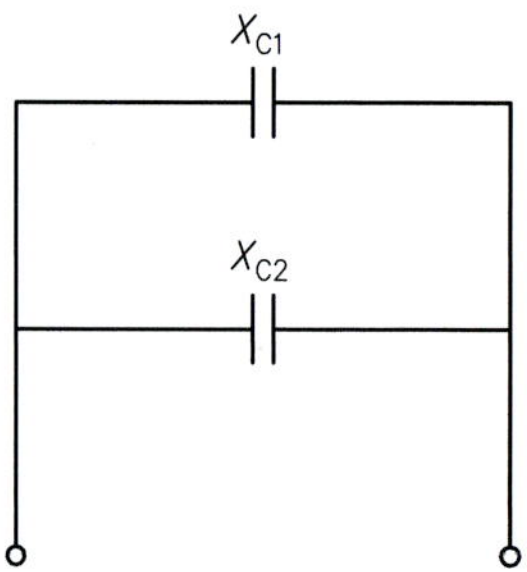 	$X_C = \frac{X_{C_1} \cdot X_{C_2}}{X_{C_1} + X_{C_2}}$ $X_{C_1} = \frac{X_C \cdot X_{C_2}}{X_{C_2} - X_C}$ $X_{C_2} = \frac{X_C \cdot X_{C_1}}{X_{C_1} - X_C}$ $B_C = B_{C_1} + B_{C_2}$ $B_{C_1} = B_C - B_{C_2}$ $B_{C_2} = B_C - B_{C_1}$	X_C kapazitiver Blindwiderstand X_{C_1} kapazitiver Blindwiderstand 1 X_{C_2} kapazitiver Blindwiderstand 2 B_C kapazitiver Blindleitwert B_{C_1} kapazitiver Blindleitwert 1 B_{C_2} kapazitiver Blindleitwert 2	Ω Ω Ω S S S

Benennung/Abbildung	Formel/Formelumstellung	Formelzeichen	Einheiten
Parallelschaltung von mehr als zwei kapazitiven Blindwiderständen 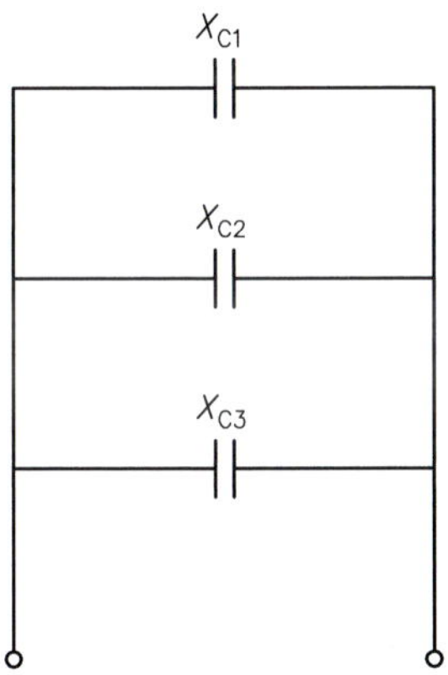	$\frac{1}{X_C} = \frac{1}{X_{C_1}} + \frac{1}{X_{C_2}} + \frac{1}{X_{C_3}}$ $X_C = \frac{1}{\frac{1}{X_{C_1}} + \frac{1}{X_{C_2}} + \frac{1}{X_{C_3}}}$ $\frac{1}{X_{C_1}} = \frac{1}{X_C} - \frac{1}{X_{C_2}} - \frac{1}{X_{C_3}}$ $X_{C_1} = \frac{1}{\frac{1}{X_C} - \frac{1}{X_{C_2}} - \frac{1}{X_{C_3}}}$ $\frac{1}{X_{C_2}} = \frac{1}{X_C} - \frac{1}{X_{C_1}} - \frac{1}{X_{C_3}}$ $X_{C_2} = \frac{1}{\frac{1}{X_C} - \frac{1}{X_{C_1}} - \frac{1}{X_{C_3}}}$	X_C kapazitiver Blindwiderstand X_{C_1} kapazitiver Blindwiderstand 1 X_{C_2} kapazitiver Blindwiderstand 2 X_{C_3} kapazitiver Blindwiderstand 3	Ω Ω Ω Ω

<table>
<tr><th>Benennung/Abbildung</th><th>Formel/Formelumstellung</th><th>Formelzeichen</th><th>Einheiten</th></tr>
<tr><td>Parallelschaltung von mehr als zwei kapazitiven Blindwiderständen</td><td>$\frac{1}{X_{C_3}} = \frac{1}{X_C} - \frac{1}{X_{C_1}} - \frac{1}{X_{C_2}}$
$X_{C_3} = \frac{1}{\frac{1}{X_C} - \frac{1}{X_{C_1}} - \frac{1}{X_{C_2}}}$</td><td rowspan="2">$B_C$ kapazitiver Blindleitwert
$B_{C_{1-3}}$ kapazitiver Blindleitwert 1–3
X_C kapazitiver Blindwiderstand
$X_{C_{1-3}}$ kapazitive Blindwiderstände 1–3
U kapazitive Blindspannung
$U_{C_{1-3}}$ kapazitive Blindspannung 1–3
I_C kapazitiver Blindstrom
$I_{C_{1-3}}$ kapazitive Blindströme 1–3</td><td rowspan="2">S
S
Ω
Ω
V
V
A
A</td></tr>
<tr><td>Parallelschaltung von mehr als zwei kapazitiven Blindwiderständen (über Leitwerte berechnet)
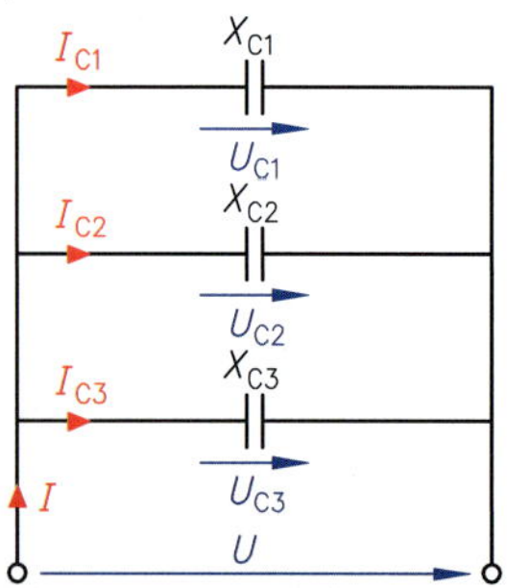</td><td>$B_C = B_{C_1} + B_{C_2} + B_{C_3}$
$B_{C_1} = B_C - B_{C_2} - B_{C_3}$
$B_{C_2} = B_C - B_{C_1} - B_{C_3}$
$B_{C_3} = B_C - B_{C_1} - B_{C_2}$
$B_C = \frac{1}{X_C}$ $\quad X_C = \frac{1}{B_C}$
$B_{C_1} = \frac{1}{X_{C1}}$ $\quad X_{C_1} = \frac{1}{B_{C1}}$</td></tr>
</table>

Benennung/Abbildung	Formel/Formelumstellung	Formelzeichen		Einheiten
Parallelschaltung von mehr als zwei kapazitiven Blindwiderständen (über Leitwerte berechnet) 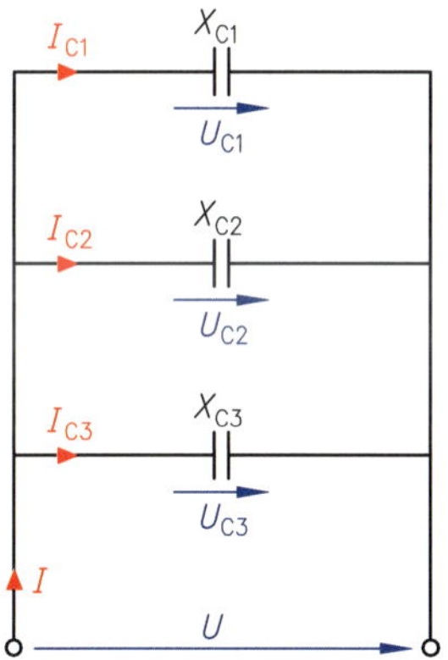	$B_{C_2} = \frac{1}{X_{C_2}}$ $X_{C_2} = \frac{1}{B_{C_2}}$ $B_{C_3} = \frac{1}{X_{C_3}}$ $X_{C_3} = \frac{1}{B_{C_3}}$ $U_C = U_{C_1} = U_{C_2} = U_{C_3}$ $I_C = I_{C_1} + I_{C_2} + I_{C_3}$ $I_{C_1} = I_C - I_{C_2} - I_{C_3}$ $I_{C_2} = I_C - I_{C_1} - I_{C_3}$ $I_{C_3} = I_C - I_{C_1} - I_{C_2}$	B_C	kapazitiver Blindleitwert	S
		$B_{C_{1-3}}$	kapazitiver Blindleitwert 1–3	S
		X_C	kapazitiver Blindwiderstand	Ω
		$X_{C_{1-3}}$	kapazitive Blindwiderstände 1–3	Ω
		U_C	kapazitive Blindspannung	V
		$U_{C_{1-3}}$	kapazitive Blindspannung 1–3	V
		I_C	kapazitiver Blindstrom	A
		$I_{C_{1-3}}$	kapazitive Blindströme 1–3	A

Benennung/Abbildung	Formel/Formelumstellung	Formelzeichen	Einheiten
Parallelschaltung von induktivem und kapazitivem Blindwiderstand 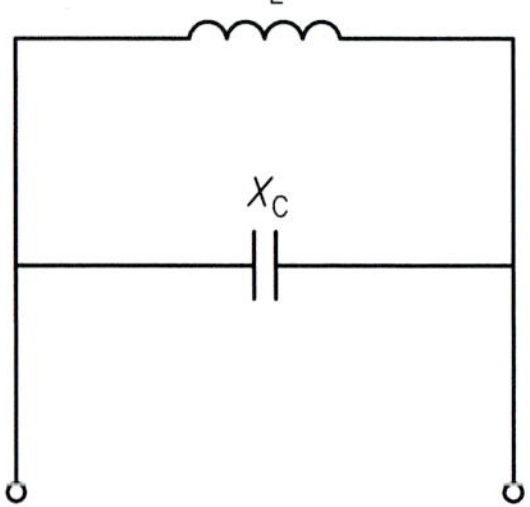 	$X = \frac{X_L \cdot X_C}{X_L - X_C}$ größter Wert nach vorne $X_L = \frac{X \cdot X_C}{X - X_C}$ $X_C = \frac{X \cdot X_L}{X_L + X}$ $B = B_C - B_L$ größter Wert nach vorne $B_C = B + B_L$ $B_L = B_C - B$ $X = \frac{X_C \cdot X_L}{X_C - X_L}$ größter Wert nach vorne $X_C = \frac{X \cdot X_L}{X - X_L}$ $X_L = \frac{X \cdot X_C}{X_C + X}$ $B = B_L - B_C$ größter Wert nach vorne $B_L = B + B_C$ $B_C = B_L - B$	X Blindwiderstand X_L induktiver Blindwiderstand X_C kapazitiver Blindwiderstand B Blindleitwert B_L induktiver Blindleitwert B_C kapazitiver Blindleitwert	Ω Ω Ω S S S

Benennung/Abbildung	Formel/Formelumstellung	Formelzeichen	Einheiten
Parallelschaltung von Wirkwiderstand und induktivem Blindwiderstand 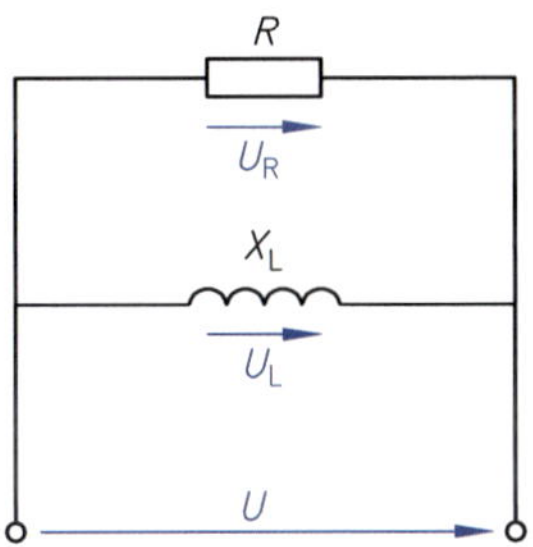	$\left(\frac{1}{Z}\right)^2 = \left(\frac{1}{R}\right)^2 + \left(\frac{1}{X_L}\right)^2$ $Z = \frac{1}{\sqrt{\left(\frac{1}{R}\right)^2 + \left(\frac{1}{X_L}\right)^2}}$ $\left(\frac{1}{R}\right)^2 = \left(\frac{1}{Z}\right)^2 - \left(\frac{1}{X_L}\right)^2$ $R = \frac{1}{\sqrt{\left(\frac{1}{Z}\right)^2 - \left(\frac{1}{X_L}\right)^2}}$ $\left(\frac{1}{X_L}\right)^2 = \left(\frac{1}{Z}\right)^2 - \left(\frac{1}{R}\right)^2$ $X_L = \frac{1}{\sqrt{\left(\frac{1}{Z}\right)^2 - \left(\frac{1}{R}\right)^2}}$	Z Scheinwiderstand R Wirkwiderstand X_L induktiver Blind-widerstand	Ω Ω Ω

Benennung/Abbildung	Formel/Formelumstellung	Formelzeichen	Einheiten
Parallelschaltung von Wirkwiderstand und induktivem Blindwiderstand 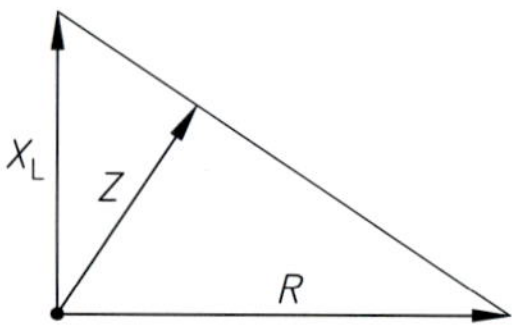	$Z = \frac{R \cdot X_L}{\sqrt{R^2 + X_L^2}}$ $R = \frac{Z \cdot X_L}{\sqrt{X_L^2 - Z^2}}$ $X_L = \frac{Z \cdot R}{\sqrt{R^2 - Z^2}}$ $U = U_R = U_L$	Z Scheinwiderstand R Wirkwiderstand X_L induktiver Blind-widerstand U Gesamtspannung U_R Wirkspannung U_L induktive Blind-spannung	Ω Ω Ω V V V

Benennung/Abbildung	Formel/Formelumstellung	Formelzeichen	Einheiten
Parallelschaltung von Wirkwiderstand und induktivem Blindwiderstand Wechselstrom 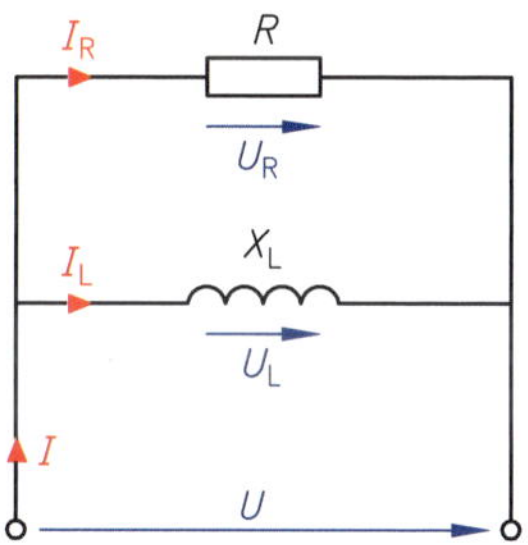 	$I^2 = I_R^2 + I_L^2$ $I = \sqrt{I_R^2 + I_L^2}$ $I_R^2 = I^2 - I_L^2$ $I_R = \sqrt{I^2 - I_L^2}$ $I_L^2 = I^2 - I_R^2$ $I_L = \sqrt{I^2 - I_R^2}$ $\cos\varphi = \frac{I_R}{I}$ $I_R = I \cdot \cos$ $I = \frac{I_R}{\cos\varphi}$ $\sin\varphi = \frac{I_L}{I}$ $I_L = I \cdot \sin\varphi$ $I = \frac{I_L}{\sin\varphi}$	I Gesamtstrom I_R Wirkstrom I_L induktiver Blind-strom Z Scheinwiderstand R Wirkwiderstand $\cos\varphi$ Wirkleistungs-faktor oder Wirkfaktor $\sin\varphi$ Blindfaktor	A A A Ω Ω

Benennung/Abbildung	Formel/Formelumstellung	Formelzeichen	Einheiten
Parallelschaltung von Wirkwiderstand und induktivem Blindwiderstand (über Leitwerte berechnet) 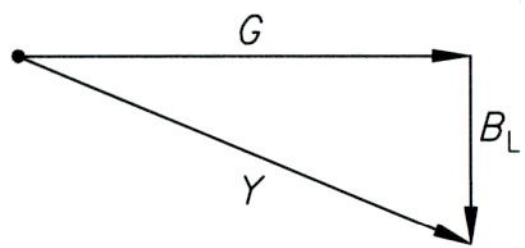	$Y^2 = G^2 + B_L^2$ $Y = \sqrt{G^2 + B_L^2}$ $G^2 = Y^2 - B_L^2$ $G = \sqrt{Y^2 - B_L^2}$ $B_L^2 = Y^2 - G^2$ $B_L = \sqrt{Y^2 - G^2}$ $Z = \frac{1}{Y}$ $\quad Y = \frac{1}{Z}$	Y Scheinleitwert G Wirkleitwert B_L induktiver Blindleitwert Z Scheinwiderstand	S S S Ω

Benennung/Abbildung	Formel/Formelumstellung	Formelzeichen	Einheiten
Parallelschaltung von Wirkwiderstand und kapazitivem Blindwiderstand 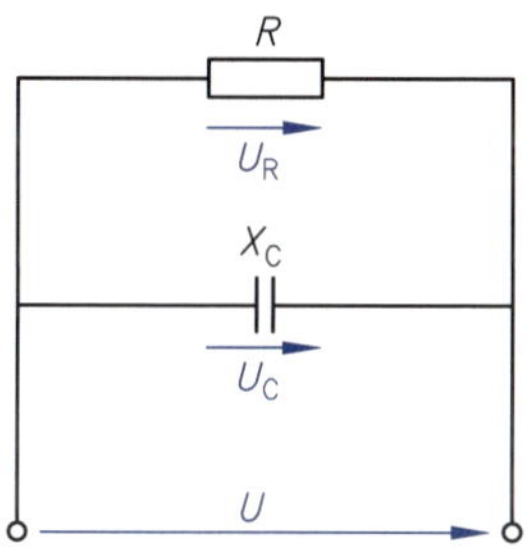	$\left(\frac{1}{Z}\right)^2 = \left(\frac{1}{R}\right)^2 + \left(\frac{1}{X_C}\right)^2$ $Z = \frac{1}{\sqrt{\left(\frac{1}{R}\right)^2 + \left(\frac{1}{X_C}\right)^2}}$ $\left(\frac{1}{R}\right)^2 = \left(\frac{1}{Z}\right)^2 - \left(\frac{1}{X_C}\right)^2$ $R = \frac{1}{\sqrt{\left(\frac{1}{Z}\right)^2 - \left(\frac{1}{X_C}\right)^2}}$ $\left(\frac{1}{X_C}\right)^2 = \left(\frac{1}{Z}\right)^2 - \left(\frac{1}{R}\right)^2$ $X_C = \frac{1}{\sqrt{\left(\frac{1}{Z}\right)^2 - \left(\frac{1}{R}\right)^2}}$	Z Scheinwiderstand R Wirkwiderstand X_C kapazitiver Blindwiderstand U Gesamtspannung U_R Wirkspannung U_C kapazitive Blindspannung	Ω Ω Ω V V V

Benennung/Abbildung	Formel/Formelumstellung	Formelzeichen	Einheiten
Parallelschaltung von Wirkwiderstand und kapazitivem Blindwiderstand 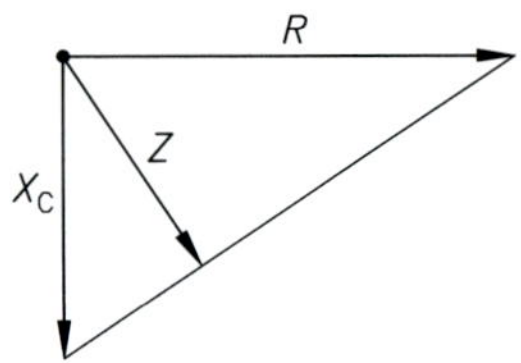	$Z = \frac{R \cdot X_C}{\sqrt{R^2 + X_C^2}}$ $R = \frac{Z \cdot X_C}{\sqrt{X_C^2 - Z^2}}$ $X_C = \frac{Z \cdot R}{\sqrt{R^2 - Z^2}}$ $U = U_R = U_C$	Z Scheinwiderstand R Wirkwiderstand X_C kapazitiver Blindwiderstand U Gesamtspannung U_R Wirkspannung U_C kapazitive Blindspannung	Ω Ω Ω V V V

Benennung/Abbildung	Formel/Formelumstellung	Formelzeichen	Einheiten
Parallelschaltung von Wirkwiderstand und kapazitivem Blindwiderstand Wechselstrom 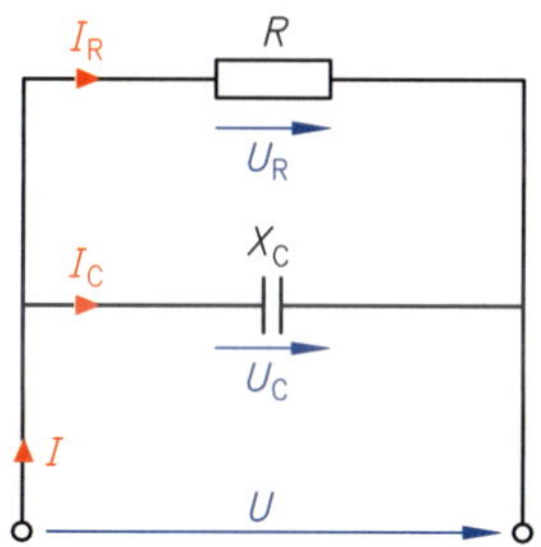	$I^2 = I_R^2 + I_C^2$ $\quad I = \sqrt{I_R^2 + I_C^2}$ $I_R^2 = I^2 - I_C^2$ $\quad I_R = \sqrt{I^2 - I_C^2}$ $I_C^2 = I^2 - I_R^2$ $\quad I_C = \sqrt{I^2 - I_R^2}$ $\cos\varphi = \frac{I_R}{I}$ $I_R = I \cdot \cos\varphi$ $\quad I = \frac{I_R}{\cos\varphi}$ $\sin\varphi = \frac{I_C}{I}$ $I_C = I \cdot \sin\varphi$ $\quad I = \frac{I_C}{\sin\varphi}$	I Gesamtstrom I_R Wirkstrom I_C kapazitiver Blindstrom $\cos\varphi$ Wirkleistungsfaktor oder Wirkfaktor $\sin\varphi$ Blindfaktor	A A A

Benennung/Abbildung	Formel/Formelumstellung		Formelzeichen		Einheiten
Parallelschaltung von Wirkwiderstand und kapazitivem Blindwiderstand (über Leitwerte berechnet) 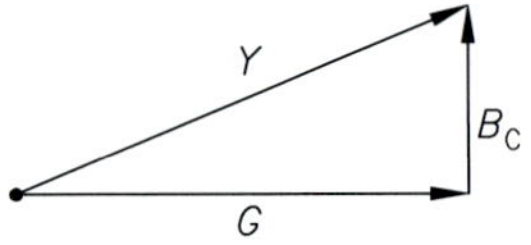	$Y^2 = G^2 + B_C^2$	$Y = \sqrt{G^2 + B_C^2}$	Y	Scheinleitwert	S
	$G^2 = Y^2 - B_C^2$	$G = \sqrt{Y^2 - B_C^2}$	G	Wirkleitwert	S
	$B_C^2 = Y^2 - G^2$	$B_C = \sqrt{Y^2 - G^2}$	B_C	kapazitiver Blindleitwert	S
	$Z = \frac{1}{Y}$	$Y = \frac{1}{Z}$	Z	Scheinwiderstand	Ω

Benennung/Abbildung	Formel/Formelumstellung	Formelzeichen	Einheiten
Parallelschaltung von Wirkwiderstand, induktivem und kapazitivem Blindwiderstand 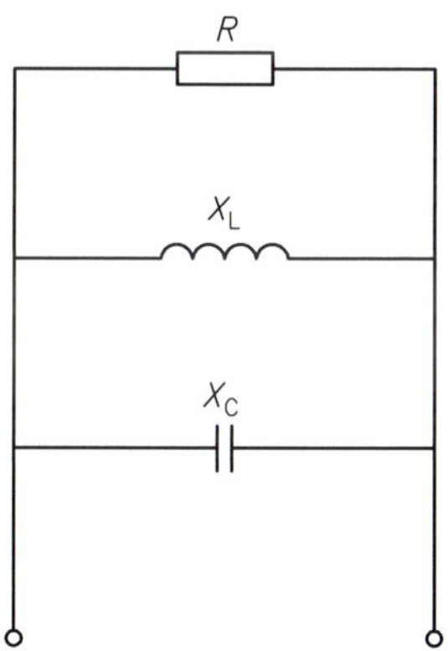 	$Z = \frac{R \cdot X}{\sqrt{R^2 + X^2}}$ $R = \frac{Z \cdot X}{\sqrt{X^2 - Z^2}}$ $X = \frac{Z \cdot R}{\sqrt{R^2 - Z^2}}$ $X = \frac{1}{\frac{1}{X_L} - \frac{1}{X_C}}$ ↑ kleinster Blindwiderstand nach vorne $X_L = \frac{1}{\frac{1}{X} + \frac{1}{X_C}}$ $X_C = \frac{1}{\frac{1}{X_L} - \frac{1}{X}}$ $X = \frac{1}{\frac{1}{X_C} - \frac{1}{X_L}}$ ↑ kleinster Blindwiderstand nach vorne $X_C = \frac{1}{\frac{1}{X} + \frac{1}{X_L}}$ $X_L = \frac{1}{\frac{1}{X_C} - \frac{1}{X}}$	Z Scheinwiderstand R Wirkwiderstand X Blindwiderstand X_L induktiver Blindwiderstand X_C kapazitiver Blindwiderstand	Ω Ω Ω Ω Ω

Benennung/Abbildung	Formel/Formelumstellung	Formelzeichen	Einheiten
Parallelschaltung von Wirkwiderstand, induktivem und kapazitivem Blindwiderstand	$U = U_R = U_L = U_C$	U Gesamtspannung	V
	$I^2 = I_R^2 + I_b^2$ $\quad$ $I = \sqrt{I_R^2 + I_b^2}$	U_R Wirkspannung	V
	$I_R^2 = I^2 - I_b^2$ $\quad$ $I_R = \sqrt{I^2 - I_b^2}$	U_L induktive Blindspannung	V
Wechselspannung	$I_b{}^2 = I^2 - I_R{}^2$ $\quad$ $I_b = \sqrt{I^2 - I_R^2}$	U_C kapazitive Blindspannung	V
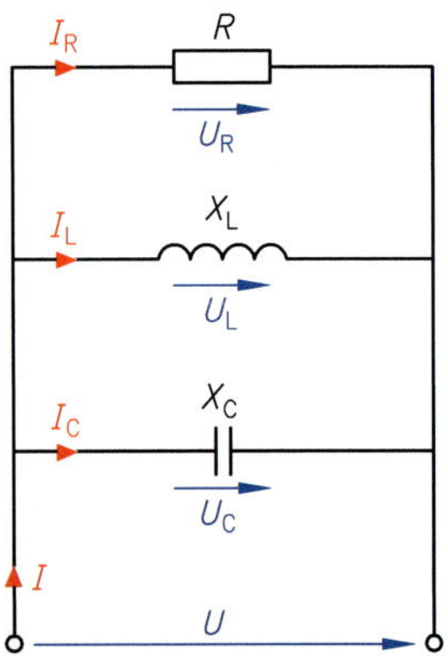	$I_b = I_L - I_C$ ↑ größter Blindstromwert nach vorne	I Gesamtstrom	A
	$I_L = I_b + I_C$ $\quad$ $I_C = I_L - I_b$	I_R Wirkstrom	A
	$I_b = I_C - I_L$ ↑ größter Blindstromwert nach vorne	I_b Blindstrom	A
	$I_C = I_b + I_L$ $\quad$ $I_L = I_C - I_b$	I_L induktiver Blindstrom	A
		I_C kapazitiver Blindstrom	A

Benennung/Abbildung	Formel/Formelumstellung	Formelzeichen	Einheiten
Parallelschaltung von Wirkwiderstand, induktivem und kapazitivem Blindwiderstand (über Leitwerte berechnet) 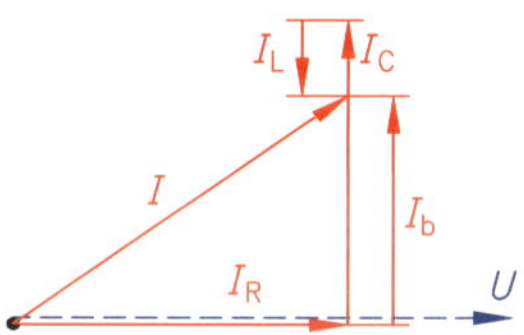	$Y^2 = G^2 + B^2$ $\quad Y = \sqrt{G^2 + B^2}$ $G^2 = Y^2 - B^2$ $\quad G = \sqrt{Y^2 - B^2}$ $B^2 = Y^2 - G^2$ $\quad B = \sqrt{Y^2 - G^2}$ $B = B_L - B_C$ größter Blindleitwert nach vorne $B_L = B + B_C$ $\quad B_C = B_L - B$ $B = B_C - B_L$ größter Blindleitwert nach vorne $B_C = B + B_L$ $\quad B_L = B_C - B$ $Z = \frac{1}{Y}$ $\quad Y = \frac{1}{Z}$	Y Scheinleitwert G Wirkleitwert B Blindleitwert B_L induktiver Blindleitwert B_C kapazitiver Blindleitwert Z Scheinwiderstand	S S S S S Ω

Benennung/Abbildung	Formel/Formelumstellung	Formelzeichen	Einheiten
Wirkleistungsfaktor **Blindleistungsfaktor** 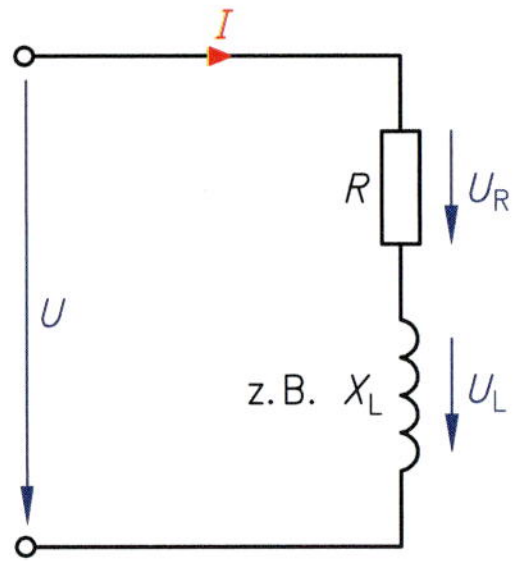 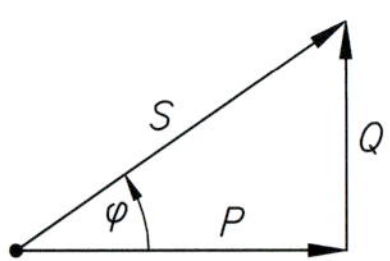 	**Wirkleistungsfaktor** $\cos\varphi = \frac{P}{S}$ $P = S \cdot \cos\varphi$ $S = \frac{P}{\cos\varphi}$ $\cos\varphi = \frac{U_R}{U}$ $U_R = U \cdot \cos\varphi$ $U = \frac{U_R}{\cos\varphi}$ $\cos\varphi = \frac{R}{Z}$ $R = Z \cdot \cos\varphi$ $Z = \frac{R}{\cos\varphi}$	$\cos\varphi$ Wirkleistungsfaktor P Wirkleistung S Scheinleistung U_R Wirkspannung U Scheinspannung R Wirkwiderstand Z Scheinwiderstand	 W VA V V Ω Ω
	Blindleistungsfaktor $\sin\varphi = \frac{Q}{S}$ $Q = S \cdot \sin\varphi$ $S = \frac{Q}{\sin\varphi}$ $\sin\varphi = \frac{U_b}{U}$ $U_b = U \cdot \sin\varphi$ $U = \frac{U_b}{\sin\varphi}$ $\sin\varphi = \frac{X}{Z}$ $X = Z \cdot \sin\varphi$ $Z = \frac{X}{\sin\varphi}$	$\sin\varphi$ Blindleistungsfaktor Q Blindleistung S Scheinleistung U_b Blindspannung U Scheinspannung X Blindwiderstand Z Scheinwiderstand	 var VA V V Ω Ω

Benennung/Abbildung	Formel/Formelumstellung	Formelzeichen	Einheiten
Scheinleistung 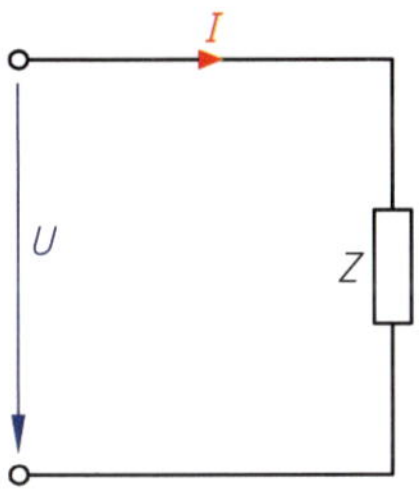 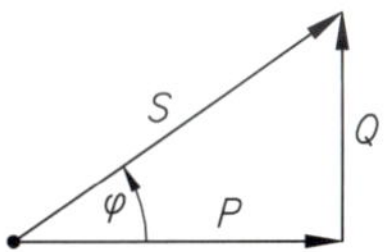	$S = U \cdot I$ $U = \frac{S}{I}$ $I = \frac{S}{U}$ $S = \frac{U^2}{Z}$ $U = \sqrt{S \cdot Z}$ $Z = \frac{U^2}{S}$ $S = I^2 \cdot Z$ $I = \sqrt{\frac{S}{Z}}$ $Z = \frac{S}{I^2}$ $S^2 = P^2 + Q^2$ $S = \sqrt{P^2 + Q^2}$ $P^2 = S^2 - Q^2$ $P = \sqrt{S^2 - Q^2}$ $Q^2 = S^2 - P^2$ $Q = \sqrt{S^2 - P^2}$	S Scheinleistung P Wirkleistung Q Blindleistung U Wechselspannung, Scheinspannung I Wechselstrom, Scheinstrom Z Scheinwiderstand	VA W var V A Ω

Benennung/Abbildung	Formel/Formelumstellung	Formelzeichen	Einheiten
Wirkleistung 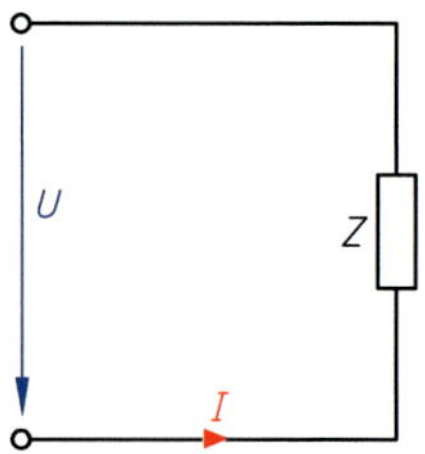 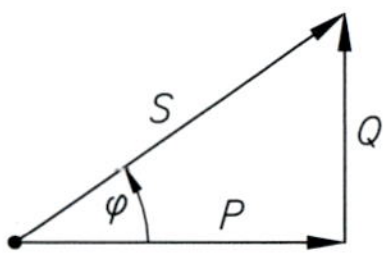	$P = S \cdot \cos\varphi$ $S = \frac{P}{\cos\varphi}$ $\cos\varphi = \frac{P}{S}$ $P = U \cdot I \cdot \cos\varphi$ $U = \frac{P}{I \cdot \cos\varphi}$ $I = \frac{P}{U \cdot \cos\varphi}$ $\cos\varphi = \frac{P}{U \cdot I}$ $P = \frac{U_R^2}{R}$ $U_R = \sqrt{P \cdot R}$ $R = \frac{U_R^2}{P}$	P Wirkleistung S Scheinleistung Q Blindleistung U Wechselspannung, Scheinspannung U_R Wirkspannung I Wechselstrom, Scheinstrom R Wirkwiderstand $\cos\varphi$ Wirkleistungsfaktor	W VA var V V A Ω

Benennung/Abbildung	Formel/Formelumstellung	Formelzeichen	Einheiten
Wirkleistung 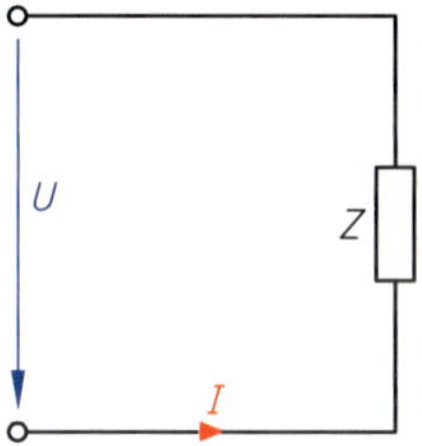 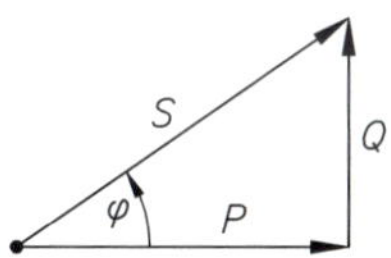	$P = I^2 \cdot R$ $I = \sqrt{\frac{P}{R}}$ $\quad R = \frac{P}{I^2}$ $P^2 = S^2 - Q^2$ $P = \sqrt{S^2 - Q^2}$ $S^2 = P^2 + Q^2$ $\quad S = \sqrt{P^2 + Q^2}$ $Q^2 = S^2 - P^2$ $\quad Q = \sqrt{S^2 - P^2}$	P Wirkleistung S Scheinleistung Q Blindleistung U Wechselspannung, Scheinspannung U_R Wirkspannung I Wechselstrom R Wirkwiderstand $\cos \varphi$ Wirkleistungsfaktor	W VA var V V A Ω

Benennung/Abbildung	Formel/Formelumstellung	Formelzeichen	Einheiten
Blindleistung 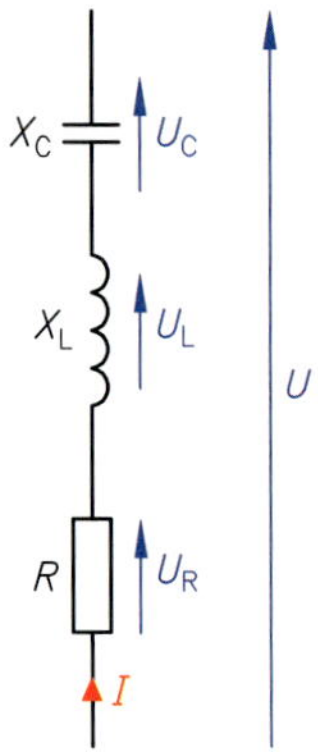	$Q = S \cdot \sin\varphi$ $S = \frac{Q}{\sin\varphi}$ $\sin\varphi = \frac{Q}{S}$ $Q = U \cdot I \cdot \sin\varphi$ $U = \frac{Q}{I \cdot \sin\varphi}$ $I = \frac{Q}{U \cdot \sin\varphi}$ $\sin\varphi = \frac{Q}{U \cdot I}$ $Q = \frac{U_b^2}{X}$ $U_b = \sqrt{Q \cdot X}$ $X = \frac{U_b^2}{Q}$	Q Blindleistung S Scheinleistung P Wirkleistung U Wechselspannung, Scheinspannung U_b Blindspannung I Wechselstrom, Scheinstrom X Blindwiderstand $\sin\varphi$ Blindleistungsfaktor	var VA W V V A Ω

Benennung/Abbildung	Formel/Formelumstellung		Formelzeichen		Einheiten
Blindleistung 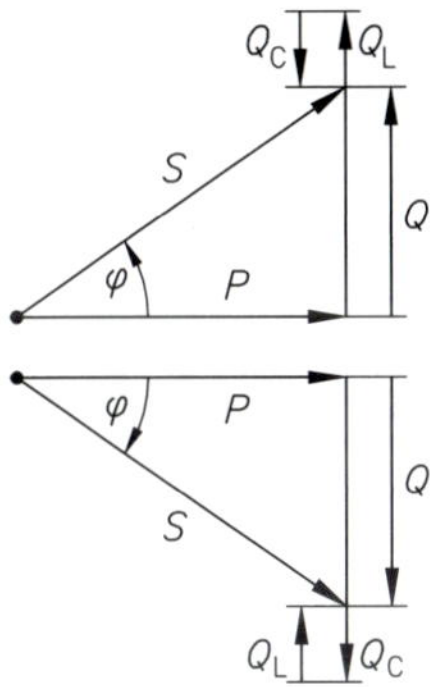	$Q = I^2 \cdot X$	$I = \sqrt{\frac{Q}{X}}$	Q	Blindleistung	var
		$X = \frac{Q}{I^2}$	S	Scheinleistung	VA
	$Q^2 = S^2 - P^2$		P	Wirkleistung	W
	$Q = \sqrt{S^2 - P^2}$		U	Wechselspannung, Scheinspannung	V
	$S^2 = P^2 + Q^2$	$S = \sqrt{P^2 + Q^2}$	U_b	Blindspannung	V
	$P^2 = S^2 - Q^2$	$P = \sqrt{S^2 - Q^2}$	I	Wechselstrom, Scheinstrom	A
			X	Blindwiderstand	Ω
			$\sin \varphi$	Blindleistungsfaktor	

Benennung/Abbildung	Formel/Formelumstellung	Formelzeichen	Einheiten
Leiterspannung bei Dreieckschaltung 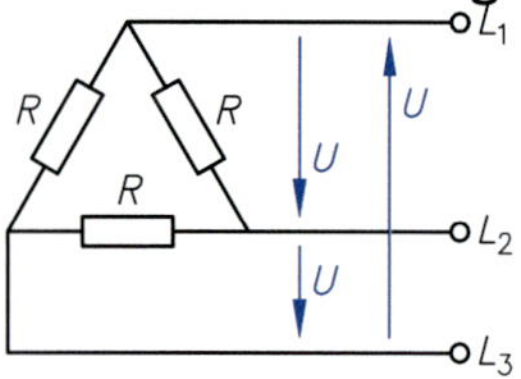 	$U = U_{str}$ $U_{str} = U$	U Leiterspannung U_{str} Strangspannung	V V
Leiterstrom bei Dreieckschaltung 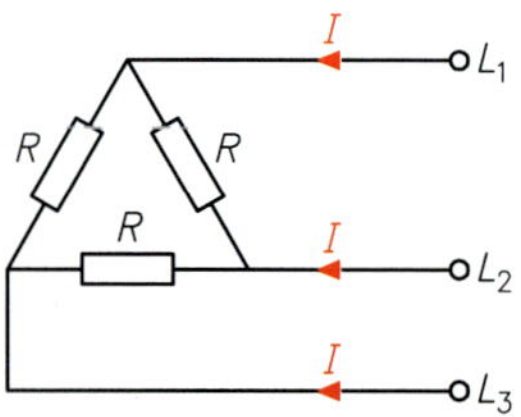 	$I = I_{str} \cdot \sqrt{3}$ $\quad I_{str} = \frac{1}{\sqrt{3}}$ $I = I_{str} \cdot 1{,}73$ $\quad I_{str} = \frac{I}{1{,}73}$ $I = \frac{I_{str}}{0{,}578}$ $\quad I_{str} = I \cdot 0{,}578$	I Leiterstrom I_{str} Strangstrom $\sqrt{3} = 1{,}73$ ≙ Verkettungs-faktor für Drehstrom $\frac{1}{1{,}73} = 0{,}578$	A A

Benennung/Abbildung	Formel/Formelumstellung		Formelzeichen	Einheiten
Leiterspannung bei Sternschaltung 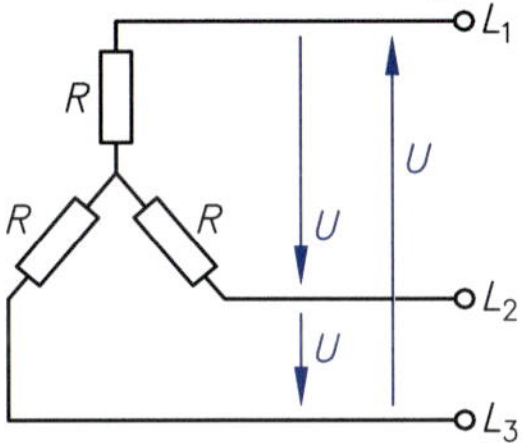 	$U = U_{str} \cdot \sqrt{3}$ $U = U_{str} \cdot 1{,}73$ $U = \frac{U_{str}}{0{,}578}$	$U_{str} = \frac{U}{\sqrt{3}}$ $U_{str} = \frac{U}{1{,}73}$ $U_{str} = U \cdot 0{,}578$	U Leiterspannung U_{str} Strangspannung $\sqrt{3} = 1{,}73$ ≙ Verkettungsfaktor für Drehstrom $\frac{1}{1{,}73} = 0{,}578$	V V
Leiterstrom bei Sternschaltung 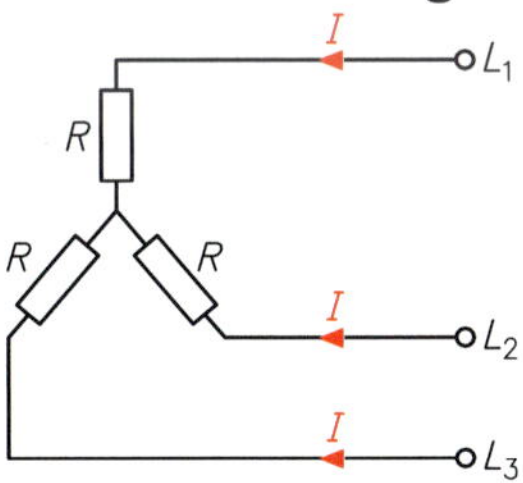 	$I = I_{str}$	$I_{str} = I$	I Leiterstrom I_{str} Strangstrom	A A

Benennung/Abbildung	Formel/Formelumstellung	Formelzeichen	Einheiten
Scheinleistung	$S = \sqrt{3} \cdot U \cdot I$ $U = \dfrac{S}{\sqrt{3} \cdot I}$ $I = \dfrac{S}{\sqrt{3} \cdot U}$	S Scheinleistung U Wechselspannung, Scheinspannung I Wechselstrom, Scheinstrom $\sqrt{3} = 1{,}73$ ≙ Verkettungsfaktor für Drehstrom	VA V A
Wirkleistung	$P = \sqrt{3} \cdot U \cdot I \cdot \cos\varphi$ $U = \dfrac{P}{\sqrt{3} \cdot I \cdot \cos\varphi}$ $I = \dfrac{P}{\sqrt{3} \cdot U \cdot \cos\varphi}$ $\cos\varphi = \dfrac{P}{\sqrt{3} \cdot U \cdot I}$	P Wirkleistung U Wechselspannung I Wechselstrom $\cos\varphi$ Wirkleistungsfaktor für Drehstrom $\sqrt{3} = 1{,}73$ ≙ Verkettungsfaktor für Drehstrom	W V A

Benennung/Abbildung	Formel/Formelumstellung	Formelzeichen	Einheiten
Blindleistung	$Q = \sqrt{3} \cdot U \cdot I \cdot \sin\varphi$ $U = \frac{Q}{\sqrt{3} \cdot I \cdot \sin\varphi}$ $I = \frac{Q}{\sqrt{3} \cdot U \cdot \sin\varphi}$ $\sin\varphi = \frac{Q}{\sqrt{3} \cdot U \cdot I}$	Q Blindleistung U Wechselspannung I Wechselstrom $\sin\varphi$ Blindleistungsfaktor $\sqrt{3}$ = 1,73 ≙ Verkettungsfaktor für Drehstrom	var V A

Benennung/Abbildung	Formel/Formelumstellung	Formelzeichen	Einheiten
Leerlaufspannung 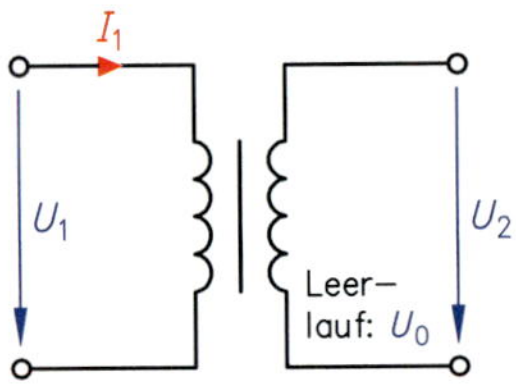	$U_0 = 4{,}44 \cdot \hat{\Phi} \cdot f \cdot N$ $\hat{\Phi} = \frac{U_0}{4{,}44 \cdot f \cdot N}$ $f = \frac{U_0}{4{,}44 \cdot \hat{\Phi} \cdot N}$ $N = \frac{U_0}{4{,}44 \cdot \hat{\Phi} \cdot f}$ $\Phi = B \cdot A$ $\quad$ $B = \frac{\Phi}{A}$ $\quad$ $A = \frac{\Phi}{B}$	U_0 Leerlaufspannung Φ magnetischer Fluss f Frequenz N Windungszahl B magnetische Induktion A Polquerschnitt	V Wb Hz T m^2
Kurzschlussspannung	$u_K = \frac{100 \cdot U_K}{U}$ $U_K = \frac{u_K \cdot U}{100}$ $\quad$ $U = \frac{100 \cdot U_K}{u_K}$	u_K Kurzschlussspannung in Prozent U_K gemessene Kurzschlussspannung U Nennspannung	% V V

Benennung/Abbildung	Formel/Formelumstellung	Formelzeichen	Einheiten
Dauerkurzschlussstrom	$I_{Kd} = \frac{100 \cdot I}{u_K}$ $I = \frac{I_{Kd} \cdot u_K}{100}$ $u_K = \frac{100 \cdot I}{I_{Kd}}$	I_{Kd} Dauerkurzschlussstrom I Nennstrom u_K Kurzschlussspannung in Prozent	A A %
Stoßkurzschlussstrom	$I_S = 2{,}54 \cdot I_{Kd}$ $I_{Kd} = \frac{I_S}{2{,}54}$	I_S Stoßkurzschlussstrom I_{Kd} Dauerkurzschlussstrom	A A

Benennung/Abbildung	Formel/Formelumstellung	Formelzeichen	Einheiten
Windungszahlen und Spannungen 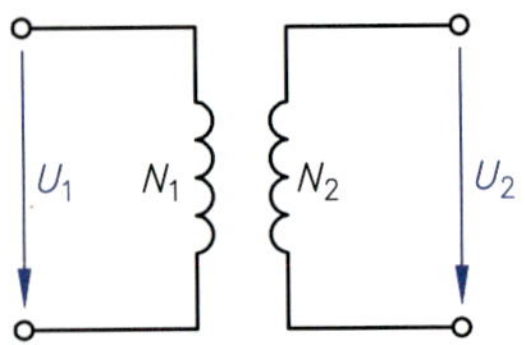 	$\frac{N_1}{N_2} = \frac{U_1}{U_2}$ $N_1 = \frac{U_1 \cdot N_2}{U_2}$ $N_2 = \frac{N_1 \cdot U_2}{U_1}$ $U_1 = \frac{N_1 \cdot U_2}{N_2}$ $U_2 = \frac{U_1 \cdot N_2}{N_1}$	N_1 Primärwindungszahl N_2 Sekundärwindungszahl U_1 Primärspannung U_2 Sekundärspannung I_1 Primärstrom I_2 Sekundärstrom	 V V A A
Windungszahlen und Ströme 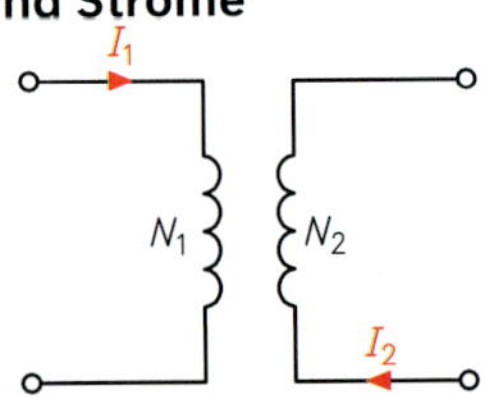 	$\frac{N_1}{N_2} = \frac{I_2}{I_1}$ $N_1 = \frac{I_2 \cdot N_2}{I_1}$ $N_2 = \frac{N_1 \cdot I_1}{I_2}$ $I_2 = \frac{N_1 \cdot I_1}{N_2}$ $I_1 = \frac{I_2 \cdot N_2}{N_1}$		

Benennung/Abbildung	Formel/Formelumstellung	Formelzeichen	Einheiten
Spannungen und Ströme 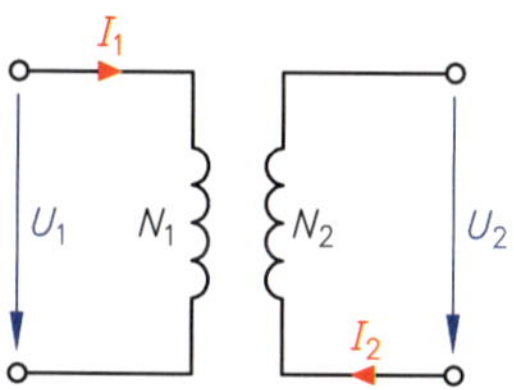	$\frac{U_1}{U_2} = \frac{I_2}{I_1}$ $U_1 = \frac{I_2 \cdot U_2}{I_1}$ $U_2 = \frac{U_1 \cdot I_1}{I_2}$ $I_2 = \frac{U_1 \cdot I_1}{U_2}$ $I_1 = \frac{I_2 \cdot U_2}{U_1}$	N_1 Primärwindungszahl N_2 Sekundärwindungszahl U_1 Primärspannung U_2 Sekundärspannung I_1 Primärstrom I_2 Sekundärstrom	 V V A A
Windungszahlen und Widerstände 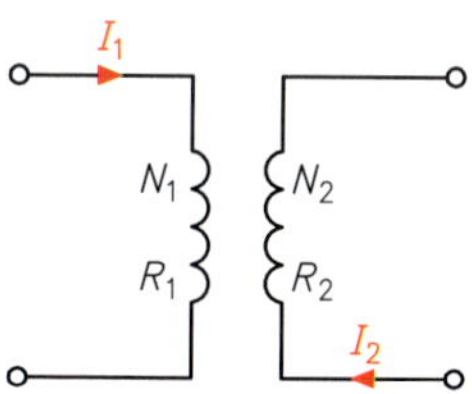	$\frac{N_1}{N_2} = \frac{\sqrt{R_1}}{\sqrt{R_2}}$ $N_1 = \frac{\sqrt{R_1} \cdot N_2}{\sqrt{R_2}}$ $N_2 = \frac{N_1 \cdot \sqrt{R_2}}{\sqrt{R_1}}$ $R_1 = \frac{N_1^2 \cdot R_2}{N_2^2}$ $R_2 = \frac{R_1 \cdot N_2^2}{N_1^2}$	R_1 Primärwiderstand R_2 Sekundärwiderstand	Ω Ω

Benennung/Abbildung	Formel/Formelumstellung	Formelzeichen	Einheiten
Übersetzungsverhältnis 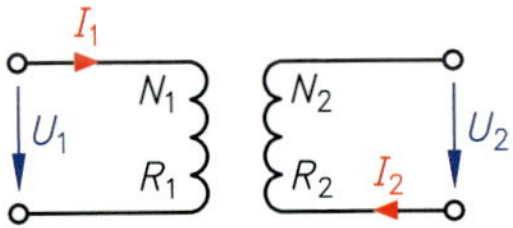	$ü = \frac{N_1}{N_2} = \frac{U_1}{U_2} = \frac{I_2}{I_1} = \frac{\sqrt{R_1}}{\sqrt{R_2}}$	$ü$ Übersetzungsverhältnis N_1 Primärwindungszahl N_2 Sekundärwindungszahl U_1 Primärspannung U_2 Sekundärspannung I_1 Primärstrom I_2 Sekundärstrom R_1 Primärwiderstand R_2 Sekundärwiderstand	 V V A A Ω Ω
Windungszahl 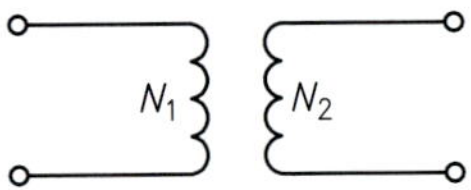	$ü = \frac{N_1}{N_2}$ $N_1 = ü \cdot N_2$ $N_2 = \frac{N_1}{ü}$		
Spannungsübersetzung 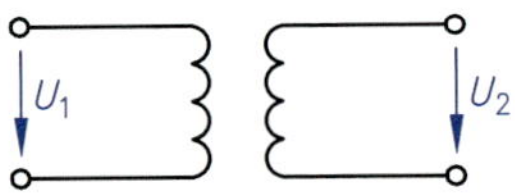	$ü = \frac{U_1}{U_2}$ $U_1 = ü \cdot U_2$ $U_2 = \frac{U_1}{ü}$		

<table>
<tr><th>Benennung/Abbildung</th><th>Formel/Formelumstellung</th><th>Formelzeichen</th><th>Einheiten</th></tr>
<tr>
<td>

Stromübersetzung

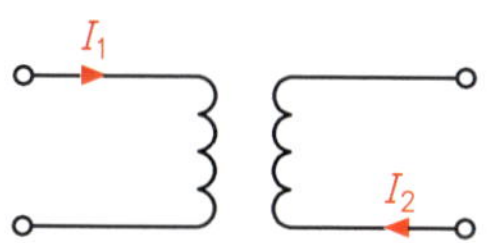

</td>
<td>

$$\ddot{u} = \frac{I_2}{I_1}$$

$I_2 = \ddot{u} \cdot I_1$ $\qquad$ $I_1 = \frac{I_2}{\ddot{u}}$

</td>
<td rowspan="2">

$\ddot{u}$ Übersetzungs-verhältnis
I_1 Primärstrom
I_2 Sekundärstrom
R_1 Primär-widerstand
R_2 Sekundär-widerstand

</td>
<td rowspan="2">

A
A
Ω
Ω

</td>
</tr>
<tr>
<td>

Widerstands-übersetzung

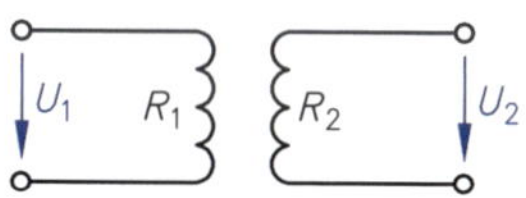

</td>
<td>

$$\ddot{u} = \frac{\sqrt{R_1}}{\sqrt{R_2}}$$

$R_1 = \ddot{u}^2 \cdot R_2$ $\qquad$ $R_2 = \frac{R_1}{\ddot{u}^2}$

$$\ddot{u}^2 = \frac{R_1}{R_2}$$

$R_1 = \ddot{u}^2 \cdot R_2$ $\qquad$ $R_2 = \frac{R_1}{\ddot{u}^2}$

</td>
</tr>
</table>

Benennung/Abbildung	Formel/Formelumstellung	Formelzeichen	Einheiten
Tiefpass 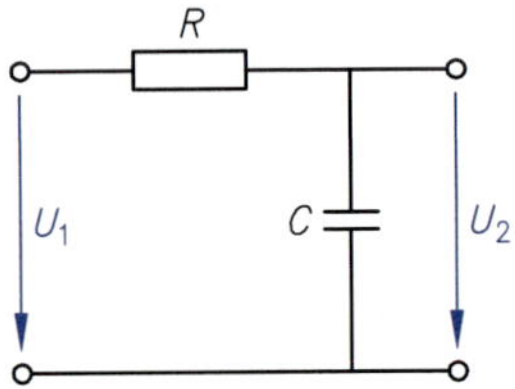	$R = X_C$ $R = \frac{1}{\omega \cdot C}$ $\quad \omega = 2 \cdot \pi \cdot f$ $R = \frac{1}{2 \cdot \pi \cdot f \cdot C}$ $\quad C = \frac{1}{2 \cdot \pi \cdot f \cdot R}$ $f_g = \frac{1}{2 \cdot \pi \cdot R \cdot C}$	f_g Grenzfrequenz R Widerstand X_C kapazitiver Blindwiderstand X_L induktiver Blindwiderstand C Kapazität L Induktivität ω Kreisfrequenz π 3,14 f Frequenz	Hz Ω Ω Ω F H $\frac{1}{s}$ Hz
Tiefpass 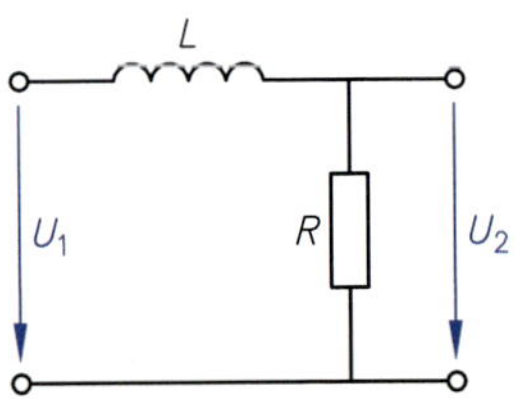	$R = X_L$ $R = \omega \cdot L$ $\quad \omega = 2 \cdot \pi \cdot f$ $R = 2 \cdot \pi \cdot f \cdot L$ $\quad L = \frac{R}{2 \cdot \pi \cdot f}$ $f_g = \frac{R}{2 \cdot \pi \cdot L}$		

Benennung/Abbildung	Formel/Formelumstellung	Formelzeichen	Einheiten
Hochpass 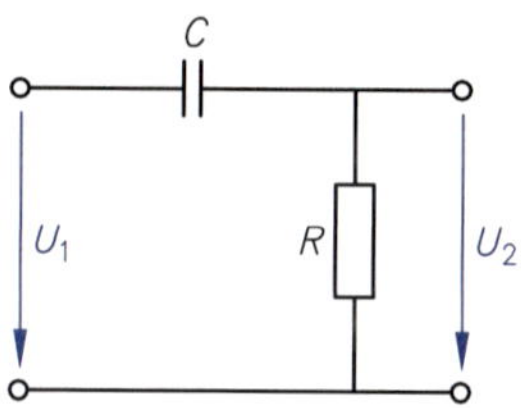 	$R = X_C$ $R = \frac{1}{\omega \cdot C}$ $\omega = 2 \cdot \pi \cdot f$ $R = \frac{1}{2 \cdot \pi \cdot f \cdot C}$ $C = \frac{1}{2 \cdot \pi \cdot f \cdot R}$ $f_g = \frac{1}{2 \cdot \pi \cdot R \cdot C}$	f_g Grenzfrequenz R Widerstand X_C kapazitiver Blindwiderstand X_L induktiver Blindwiderstand C Kapazität L Induktivität ω Kreisfrequenz π 3,14 f Frequenz	Hz Ω Ω Ω F H $\frac{1}{s}$ Hz
Hochpass 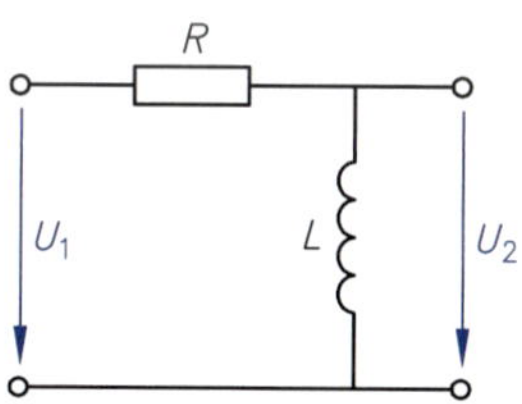 	$R = X_L$ $R = \omega \cdot L$ $\omega = 2 \cdot \pi \cdot f$ $R = 2 \cdot \pi \cdot f \cdot L$ $L = \frac{R}{2 \cdot \pi \cdot f}$ $f_g = \frac{R}{2 \cdot \pi \cdot L}$		

Benennung/Abbildung	Formel/Formelumstellung	Formelzeichen	Einheiten
Hochpass 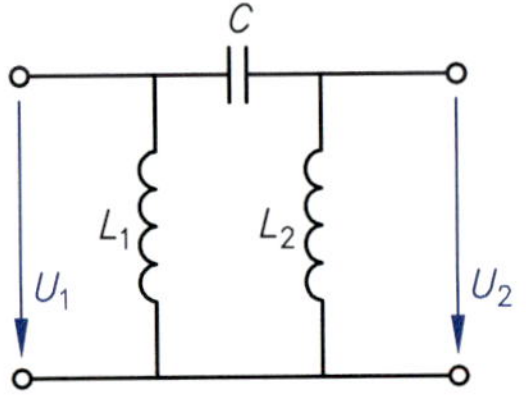	$X_L = X_C$ $\omega \cdot L = \frac{1}{\omega \cdot C}$ $L = \frac{1}{\omega^2 \cdot C}$ $C = \frac{1}{\omega^2 \cdot L}$ $f_g = \frac{1}{2 \cdot \pi \cdot \sqrt{L \cdot C}}$ $L = L_1 = L_2$	f_g Grenzfrequenz X_L induktiver Blindwiderstand X_C kapazitiver Blindwiderstand C Kapazität C_1 Kapazität 1 C_2 Kapazität 2 L Induktivität L_1 Induktivität 1 L_2 Induktivität 2 ω Kreisfrequenz π 3,14 f Frequenz	Hz Ω Ω F F F H H H $\frac{1}{s}$ Hz
Hochpass 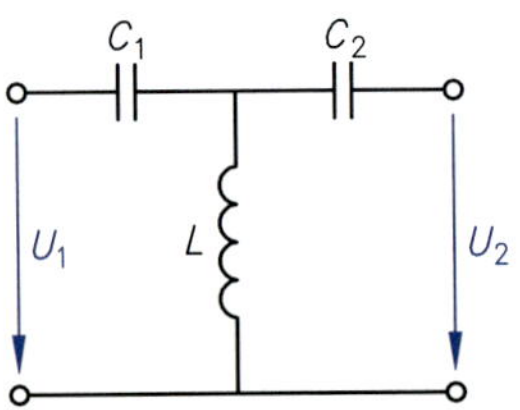	$X_L = X_C$ $\omega \cdot L = \frac{1}{\omega \cdot C}$ $L = \frac{1}{\omega^2 \cdot C}$ $C = \frac{1}{\omega^2 \cdot L}$ $f_g = \frac{1}{2 \cdot \pi \cdot \sqrt{L \cdot C}}$ $C = C_1 = C_2$		

Benennung/Abbildung	Formel/Formelumstellung	Formelzeichen	Einheiten
Beleuchtungsstärke in Punkt P 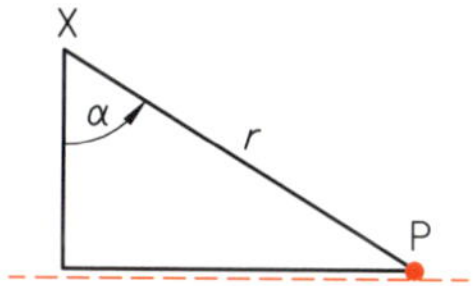 	$E_P = \frac{I_V \cdot \cos\alpha}{r^2}$ $I_V = \frac{E_P \cdot r^2}{\cos\alpha}$ $\cos\alpha = \frac{E_P \cdot r^2}{I_V}$ $r = \sqrt{\frac{I_V \cdot \cos\alpha}{E_p}}$	E_P Beleuchtungsstärke in Punkt P (vertikal) I_V Lichtstärke r Abstand des Punktes P von der Lichtquelle α Strahlungswinkel gegen die Senkrechte	lx cd m °
Innenbeleuchtung nach der Wirkungsgradmethode	$\Phi_V = \frac{E_{mittl.} \cdot A}{\eta_B \cdot V}$ $E_{mittl.} = \frac{\Phi_V \cdot \eta_B \cdot V}{A}$ $A = \frac{\Phi_V \cdot \eta_B \cdot V}{E_{mittl.}}$ $\eta_B = \frac{E_{mittl.} \cdot A}{V \cdot \Phi_V}$ $V = \frac{E_{mittl.} \cdot A}{\eta_B \cdot \Phi_V}$	Φ_V Lichtstrom $E_{mittl.}$ erforderliche mittlere Beleuchtungsstärke A Bodenfläche des Raumes η_B Beleuchtungswirkungsgrad V Verlustfaktor	lm lx m²

Benennung/ Abbildung	Formel/Formelumstellung	Formelzeichen	Einheiten
Lichtausbeute	$\eta = \frac{\Phi_V}{P}$ $\quad \Phi_V = \eta \cdot P \quad P = \frac{\Phi_V}{\eta}$	η Lichtausbeute Φ_V Lichtstrom P Leistungsaufnahme der Lichtquelle	lm/W lm W
Lichtstärke	$I_V = \frac{\Phi_V}{\Omega}$ $\quad \Phi_V = I_V \cdot \Omega \quad \Omega = \frac{\Phi_V}{I_V}$	I_V Lichtstärke Φ_V Lichtstrom Ω Raumwinkel	cd lm 1 sr, wenn die Ausschnittfläche der Kugel 1 m² beträgt 1 lm = 1 cd = 1 sr
Lichtmenge	$Q_V = \Phi_V \cdot t$ $\quad \Phi_V = \frac{Q_V}{t} \quad t = \frac{Q_V}{\Phi_V}$	Q_V Lichtmenge Φ_V Lichtstrom t Zeit	lms lm s
Leuchtdichte	$L_V = \frac{I_V}{A}$ $\quad I_V = L_V \cdot A \quad A = \frac{I_V}{L_V}$	L_V Leuchtdichte I_V Lichtstärke A leuchtende sichtbare Fläche	cd/m² cd m²
Beleuchtungsstärke	$E_V = \frac{\Phi_V}{A}$ $\quad \Phi_V = E_V \cdot A \quad A = \frac{\Phi_V}{E_V}$	E_V Beleuchtungsstärke Φ_V Lichtstrom A beleuchtete Fläche	lx lm m²

Benennung/Abbildung	Formel/Formelumstellung	Formelzeichen	Einheiten
Fehlerstrom 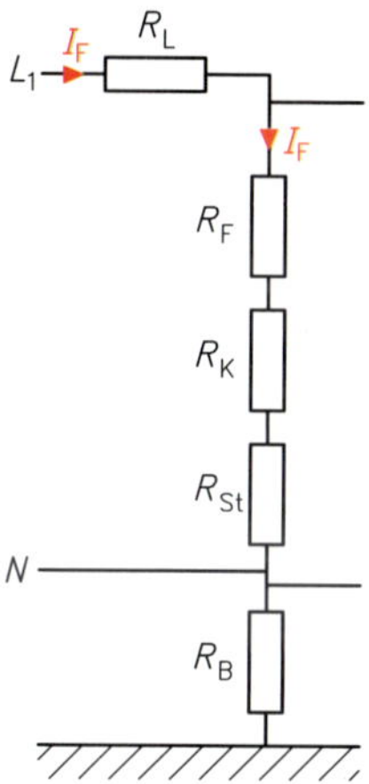 Die Widerstände der Leitungen R_L und des Erders R_B können in der Praxis vernachlässigt werden.	$I_F = \frac{U_0}{R_F + R_K + R_{St} + R_L + R_B}$ $U_0 = I_F \cdot (R_F + R_K + R_{St} + R_L + R_B)$ $R_F = \frac{U_0}{I_F} - R_K - R_{St} - R_L - R_B$ $R_K = \frac{U_0}{I_F} - R_F - R_{St} - R_L - R_B$ $R_{St} = \frac{U_0}{I_F} - R_F - R_K - R_L - R_B$ $R_L = \frac{U_0}{I_F} - R_F - R_K - R_{St} - R_B$ $R_B = \frac{U_0}{I_F} - R_F - R_K - R_{St} - R_L$	I_F Fehlerstrom U_0 Spannung gegen Erde R_F Isolationswiderstand an der Fehlerstelle R_K Körperwiderstand R_{St} Widerstand isolierender Fußböden und Wände R_L Widerstand der Leitungen R_B Widerstand des Erders	A V Ω Ω Ω Ω Ω

Benennung/Abbildung	Formel/Formelumstellung	Formelzeichen	Einheiten
Welligkeit 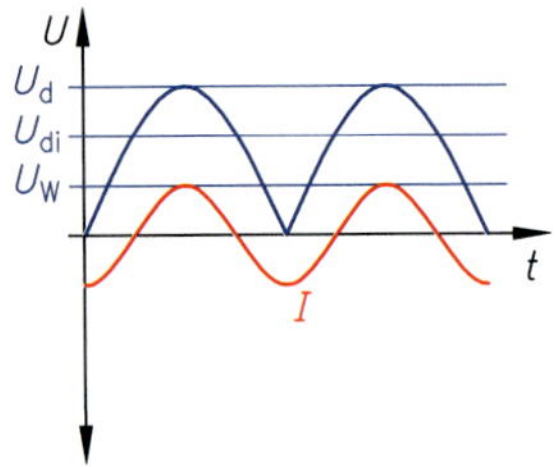 	Spannungswelligkeit $$w_u = \frac{U_w}{U_{di}}$$ $U_w = w_u \cdot U_{di}$ $U_{di} = \frac{U_w}{w_u}$ Stromwelligkeit $$w_I = \frac{I_w}{I_d}$$ $I_w = w_I \cdot I_d$ $I_d = \frac{I_w}{w_I}$ $w_u = w_I$	w Welligkeit w_u Spannungswelligkeit w_I Stromwelligkeit U_w überlagerte Wechselspannung (Brummspannung) U_{di} ideelle Gleichspannung I_w überlagerter Wechselstrom I_d Gleichstrom (arithm. Mittelwert)	 V V A A

Benennung/Abbildung	Formel/Formelumstellung	Formelzeichen	Einheiten
Glättung Glättung durch Drossel 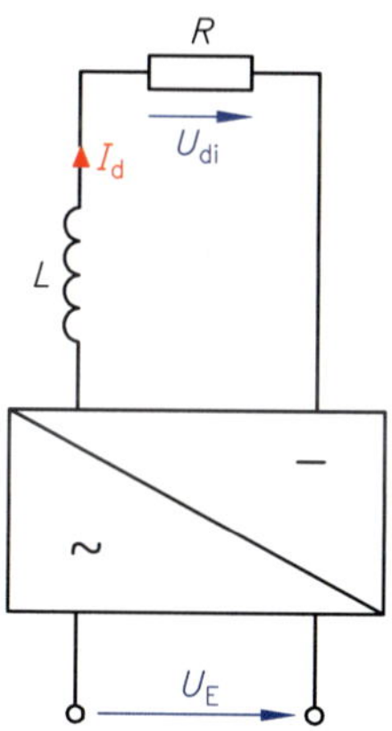	Glättungsdrossel $L = \frac{1}{p \cdot \omega} \cdot \sqrt{Z^2 - R^2}$ $p = \frac{1}{\omega \cdot L} \cdot \sqrt{Z^2 - R^2}$ $\omega = \frac{1}{L \cdot p} \cdot \sqrt{Z^2 - R^2}$ $Z = \sqrt{L^2 \cdot p^2 \cdot \omega^2 + R^2}$ $R = \sqrt{Z^2 - L^2 \cdot p^2 \cdot \omega^2}$ $Z = \frac{w_u \cdot R}{w_I}$ $w_u = \frac{Z \cdot W_I}{R}$ $R = \frac{Z \cdot w_I}{w_u}$ $w_I = \frac{W_u \cdot R}{Z}$	L Induktivität der Glättungsdrossel p Pulszahl der Gleichrichterschaltung ω Kreisfrequenz des speisenden Netzes Z Scheinwiderstand der Last R Lastwiderstand w_u Spannungswelligkeit w_I Stromwelligkeit	H $\frac{1}{s}$ Ω Ω

Benennung/Abbildung	Formel/Formelumstellung	Formelzeichen	Einheiten
Glättung durch Kondensator 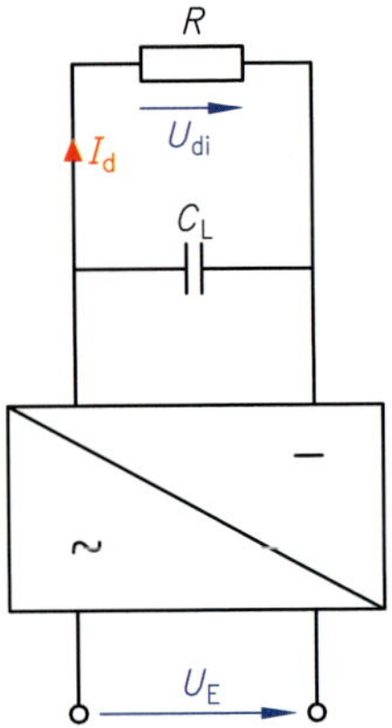 Einpulsschaltungen $K = 0{,}25$ Zweipulsschaltungen $K = 0{,}2$	Ladekondensator $C_L = \frac{K \cdot I_d}{p \cdot f \cdot U_w}$ $I_d = \frac{C_L \cdot p \cdot f \cdot U_w}{K}$ $p = \frac{K \cdot I_d}{f \cdot U_w \cdot C_L}$ $f = \frac{K \cdot I_d}{p \cdot U_w \cdot C_L}$ $U_w = \frac{K \cdot I_d}{p \cdot f \cdot C_L}$	C_L Kapazität des Ladekondensators K Pulsschaltungsfaktor I_d Laststrom p Pulszahl f Netzfrequenz U_w zulässige Brummspannung	F A Hz V

Benennung/Abbildung	Formel/Formelumstellung	Formelzeichen	Einheiten
Siebung	Siebfaktor	s Siebfaktor	
	$s = \frac{U_E}{U_A}$ $\quad U_E = s \cdot U_A \quad U_A = \frac{U_E}{s}$	U_E Eingangsspannung U_A Ausgangsspannung	V V
RC Siebglied 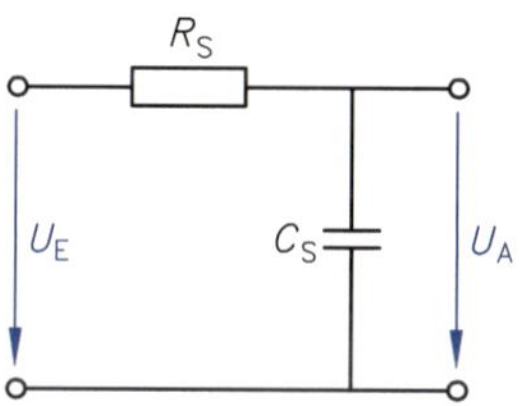 	RC-Siebglied	R_S Siebwiderstand	Ω
	$s \approx \frac{R_S}{X_{CS}}$	X_{CS} Blindwiderstand vom Siebkondensator	Ω
	$R_S \approx s \cdot X_{CS} \qquad X_{CS} \approx \frac{R_S}{s}$	p Pulszahl der Gleichrichterschaltung	
	$X_{CS} = \frac{1}{p \cdot \omega \cdot C_S}$	ω Kreisfrequenz des speisenden Netzes	$\frac{1}{s}$
	$p = \frac{1}{\omega \cdot C_S \cdot X_{CS}}$	C_S Kapazität des Siebkondensators	F
	$\omega = \frac{1}{p \cdot C_S \cdot X_{CS}}$	X_{LS} Blindwiderstand von der Siebdrossel	Ω
	$C_S = \frac{1}{p \cdot \omega \cdot X_{CS}}$	L_S Induktivität der Siebdrossel	H

Benennung/Abbildung	Formel/Formelumstellung	Formelzeichen	Einheiten
LC-Siebglied 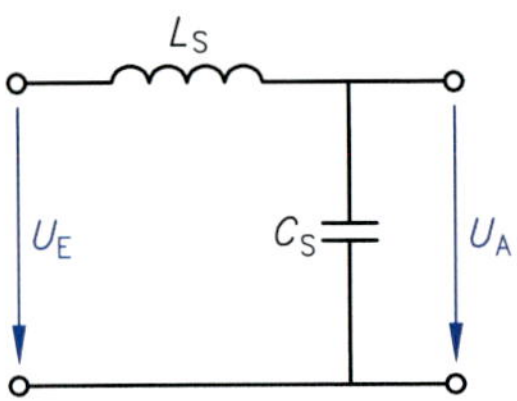 	LC-Siebglied $s \approx \frac{X_{LS}}{X_{CS}}$ $X_{LS} \approx s \cdot X_{CS}$ $X_{CS} \approx \frac{X_{LS}}{s}$ $X_{LS} = p \cdot \omega \cdot L_S$ $p = \frac{X_{LS}}{\omega \cdot L_S}$ $\omega - \frac{X_{LS}}{p \cdot L_S}$ $L_S = \frac{X_{LS}}{p \cdot \omega}$	s Siebfaktor U_E Eingangsspannung U_A Ausgangsspannung R_S Siebwiderstand X_{CS} Blindwiderstand vom Siebkondensator p Pulszahl der Gleichrichterschaltung ω Kreisfrequenz des speisenden Netzes C_S Kapazität des Siebkondensators X_{LS} Blindwiderstand der Siebdrossel L_S Induktivität der Siebdrossel	 V V Ω Ω $\frac{1}{s}$ F Ω H

Benennung/Abbildung	Formel/Formelumstellung	Formelzeichen		Einheiten
Stabilisierung mit Z-Diode **Verlustleistung der Z-Diode** In der Praxis gilt: 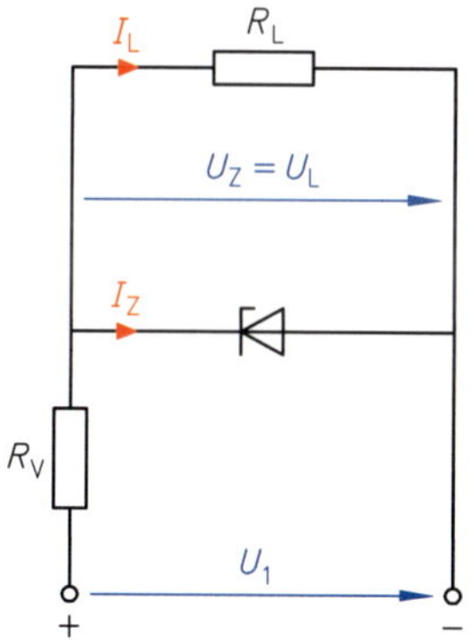	$P_v = U_z \cdot I_z$ $\quad U_z = \frac{P_v}{I_z}$ $\quad I_z = \frac{P_v}{U_z}$ $I_{z_{max}} = \frac{P_v}{U_z}$ $\quad I_{z_{min}} = 0{,}1 \cdot I_{z_{max}}$ $P_v = I_{z_{max}} \cdot U_z$ $\quad I_{z_{max}} = \frac{I_{z_{min}}}{0{,}1}$ $U_z = \frac{P_v}{I_{z_{max}}}$ $R_{v_{min}} = \frac{U_{1_{max}} - U_z}{I_{z_{max}} + I_{L_{min}}}$ $U_{1_{max}} = R_{v_{min}} \cdot (I_{z_{max}} + I_{L_{min}}) + U_z$ $U_z = U_{1_{max}} - R_{v_{min}} \cdot (I_{z_{max}} + I_{L_{min}})$ $I_{z_{max}} = \frac{U_{1_{max}} - U_z - R_{v_{min}} \cdot I_{L_{min}}}{R_{v_{min}}}$ $I_{L_{min}} = \frac{U_{1_{max}} - U_z - R_{v_{min}} \cdot I_{z_{max}}}{R_{v_{min}}}$	P_v	Verlustleistung der Z-Diode	W
		U_z	Arbeitsspannung der Z-Diode	V
		I_z	Sperrstrom (Arbeitsstrom)	A
		$I_{z_{max}}$	maximaler Sperrstrom der Z-Diode	A
		$I_{z_{min}}$	minimaler Sperrstrom der Z-Diode	A
		$R_{v_{min}}$	minimaler Vorwiderstand	Ω
		$U_{1_{max}}$	maximale Eingangsspannung	V
		$I_{L_{min}}$	minimaler Laststrom der Z-Diode	A
		$U_{v_{min}}$	minimaler Spannungsabfall	V

Benennung/Abbildung	Formel/Formelumstellung	Formelzeichen	Einheiten
In der Praxis gilt: 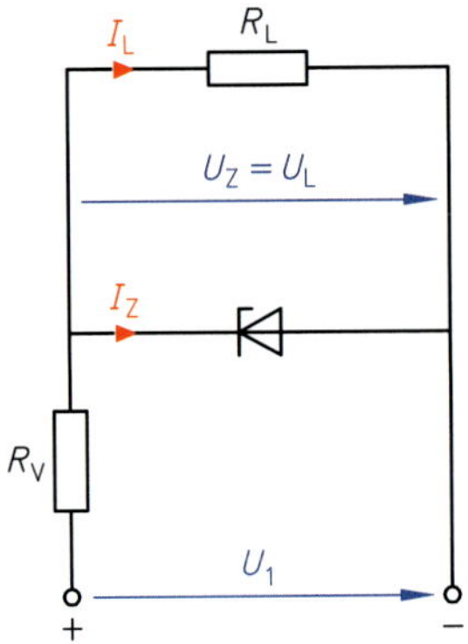	$R_{v_{max}} = \frac{U_{1_{min}} - U_z}{I_{z_{min}} + I_{L_{max}}}$ $U_{1_{min}} = R_{v_{max}} \cdot \left(I_{z_{min}} + I_{L_{max}}\right) + U_z$ $U_z = U_{1_{min}} - R_{v_{max}} \cdot \left(I_{z_{min}} + I_{L_{max}}\right)$ $I_{z_{min}} = \frac{U_{1_{min}} - U_z - R_{v_{max}} \cdot I_{L_{max}}}{R_{v_{max}}}$ $I_{L_{max}} = \frac{U_{1_{min}} - U_z - R_{v_{max}} \cdot I_{z_{min}}}{R_{v_{max}}}$	$R_{v_{max}}$ maximaler Vorwiderstand $U_{1_{min}}$ minimale Spannung 1 U_z Arbeitsspannung der Z-Diode $I_{z_{min}}$ minimaler Sperrstrom (Arbeitsstrom) $I_{L_{max}}$ maximaler Laststrom $I_{L_{min}}$ minimaler Laststrom	Ω V V A A A

Benennung/Abbildung	Formel/Formelumstellung	Formelzeichen	Einheiten
Differenzieller Innenwiderstand der Z-Diode	$r_{i_Z} = \frac{\Delta U_Z}{\Delta I_Z}$ $\Delta U_Z = \Delta I_Z \cdot r_{i_Z}$ $\Delta I_Z = \frac{\Delta U_Z}{r_{i_Z}}$	r_{i_Z} differenzieller Innenwiderstand der Z-Diode z Arbeitsspannung der Z-Diode I_Z Sperrstrom (Arbeitsstrom) G Glättungsfaktor R_V Vorwiderstand	Ω V A Ω
Glättungsfaktor	$G = \frac{R_V}{r_{i_Z}} + 1$ $R_V = r_{i_Z} \cdot (G - 1)$ $r_{i_Z} = \frac{R_V}{G - 1}$		

Benennung/Abbildung	Formel/Formelumstellung	Formelzeichen	Einheiten
Bipolare Transistoren	$R_{BE} = \frac{U_{BE}}{I_B}$	R_{BE} Gleichstrom-eingangs-widerstand	Ω
Gleichstromgrößen	$U_{BE} = R_{BE} \cdot I_B$ $\quad I_B = \frac{U_{BE}}{R_{BE}}$	R_{CE} Gleichstrom-ausgangs-widerstand	Ω
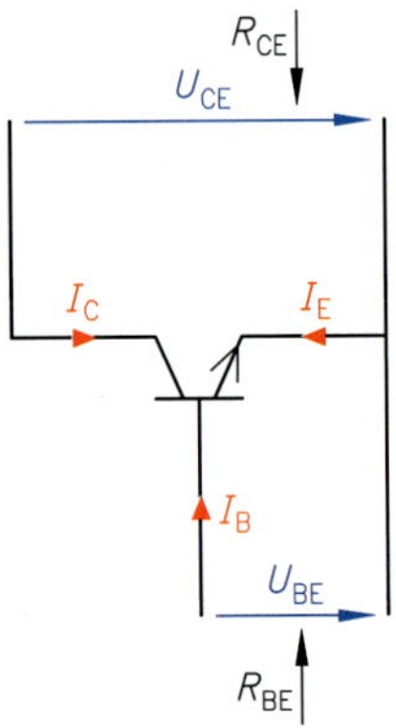	$R_{CE} = \frac{U_{CE}}{I_C}$	B Gleichstrom-verstärkung	
	$U_{CE} = R_{CE} \cdot I_C$ $\quad I_C = \frac{U_{CE}}{R_{CE}}$	U_{BE} Basis-Emitter-Spannung	V
	$B = \frac{I_C}{I_B}$	I_B Basisstrom	A
	$I_C = B \cdot I_B$ $\quad I_B = \frac{I_C}{B}$	U_{CE} Kollektor-Emitter-Spannung	V
		I_C Kollektorstrom	A

Benennung/Abbildung	Formel/Formelumstellung	Formelzeichen	Einheiten
Bipolare Transistoren	$r_{BE} = \frac{\Delta U_{BE}}{\Delta I_B}$ oder $r_{BE} = \frac{U_{BE}}{i_B}$	r_{BE} Wechselstromeingangswiderstand	Ω
Wechselstromgrößen	$\Delta U_{BE} = r_{BE} \cdot \Delta I_B$ oder $U_{BE} = r_{BE} \cdot i_B$	r_{CE} Wechselstromausgangswiderstand	Ω
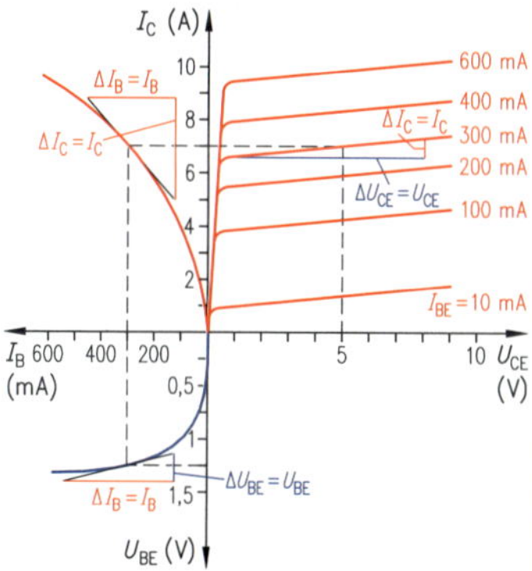	$\Delta I_B = \frac{\Delta U_{BE}}{r_{BE}}$ oder $i_B = \frac{u_{BE}}{r_{BE}}$	β Wechselstromverstärkung	
	$r_{CE} = \frac{\Delta U_{CE}}{\Delta I_C}$ oder $r_{CE} = \frac{u_{CE}}{i_C}$	ΔU_{BE} Änderung der Basis-Emitter-Spannung	V
	$\Delta U_{CE} = r_{CE} \cdot \Delta I_C$ oder $u_{CE} = r_{CE} \cdot i_C$	u_{BE} Basis-Emitter-Spannungsänderung	V
	$\Delta I_C = \frac{\Delta U_{CE}}{r_{CE}}$ oder $i_C = \frac{u_{CE}}{r_{CE}}$	ΔI_B Basisstromänderung	A
	$\beta = \frac{\Delta I_C}{\Delta I_B}$ oder $\beta = \frac{i_C}{i_B}$	i_B Basisstromänderung	A
	$\Delta I_C = \beta \cdot \Delta I_B$ oder $i_C = \beta \cdot i_B$	ΔU_{CE} Änderung der Kollektor-Emitter-Spannung	V
	$\Delta I_B = \frac{\Delta I_C}{\beta}$ oder $i_B = \frac{i_C}{\beta}$	u_{CE} Kollektor-Emitter-Spannungsänderung	V
		ΔI_C Kollektorstromänderung	A
		i_C Kollektorstromänderung	A

Benennung/Abbildung	Formel/Formelumstellung		Formelzeichen		Einheiten
Bipolare Transistoren	$R_V = \frac{U_V}{I_B}$	$U_V = U_B - U_{BE}$	R_V	Vorwiderstand	Ω
Arbeitspunkt	$U_V = R_V \cdot I_B$	$U_B = U_V + U_{BE}$	U_V	Spannung für Vorwiderstand	V
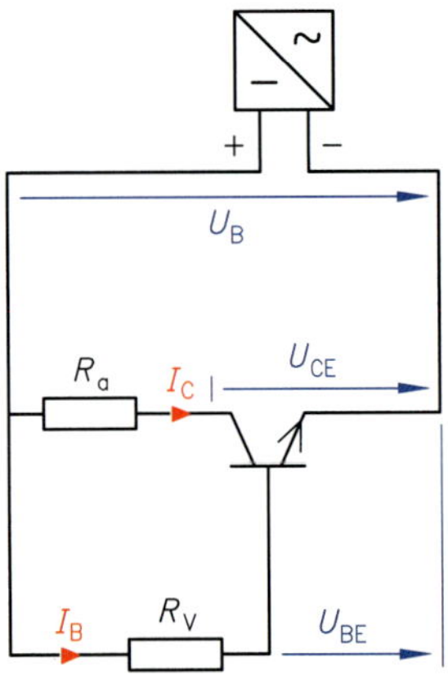	$I_B = \frac{U_V}{R_V}$	$U_{BE} = U_B - U_V$	R_1	Widerstand 1	Ω
	$R_1 = \frac{U_1}{I_1}$	$U_1 = U_B - U_{BE}$	U_1	Spannung für Widerstand 1	V
	$U_1 = R_1 \cdot I_1$	$U_B = U_1 + U_{BE}$	I_1	Strom durch Widerstand 1	A
	$I_1 = \frac{U_1}{R_1}$	$U_{BE} = U_B - U_1$	I_2	Strom durch Widerstand 2	A
	$I_1 = I_B + I_2$	$I_2 = n \cdot I_B$	U_B	Basisspannung	V
	$I_B = I_1 - I_2$	$n = \frac{I_2}{I_B}$	U_{BE}	Basis-Emitter-Spannung	V
	$I_2 = I_1 - I_B$	$I_B = \frac{I_2}{n}$	I_B	Basisstrom	A
	Erfahrungswert: $n = 5...10$		n	Erfahrungswert	

<table>
<tr><th>Benennung/Abbildung</th><th>Formel/Formelumstellung</th><th>Formelzeichen</th><th>Einheiten</th></tr>
<tr><td>

Bipolare Transistoren

Arbeitspunkt

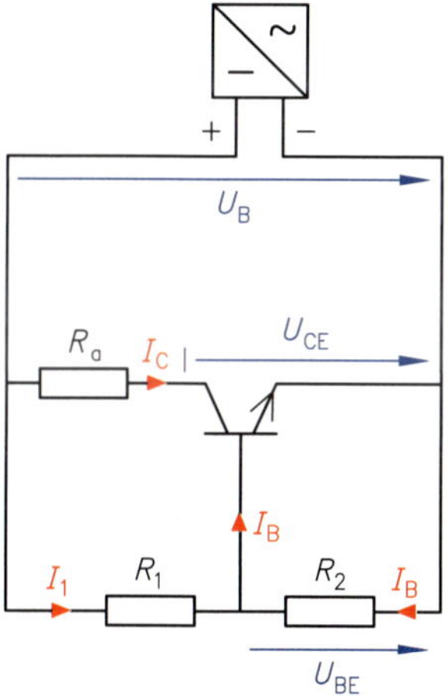

</td><td>

$R_2 = \frac{U_{BE}}{n \cdot I_B}$ $R_2 = \frac{U_{R_2}}{n \cdot I_B}$

$U_{BE} = R_2 \cdot n \cdot I_B$ $U_{R_2} = R_2 \cdot n \cdot I_B$

$n = \frac{U_{BE}}{I_B \cdot R_2}$ $n = \frac{U_{R_2}}{I_B \cdot R_2}$

$I_B = \frac{U_{BE}}{n \cdot R_2}$ $I_B = \frac{U_{R_2}}{n \cdot R_2}$

Erfahrungswert: $n = 5 \dots 10$

</td><td>

R_2 Widerstand 2
U_{BE} Basis-Emitter-Spannung
U_{R_2} Spannung für Widerstand 2
I_B Basisstrom
n Erfahrungswert

</td><td>

Ω
V
V
A

</td></tr>
</table>

Benennung/Abbildung	Formel/Formelumstellung	Formelzeichen		Einheiten
Bipolare Transistoren Verlustleistung 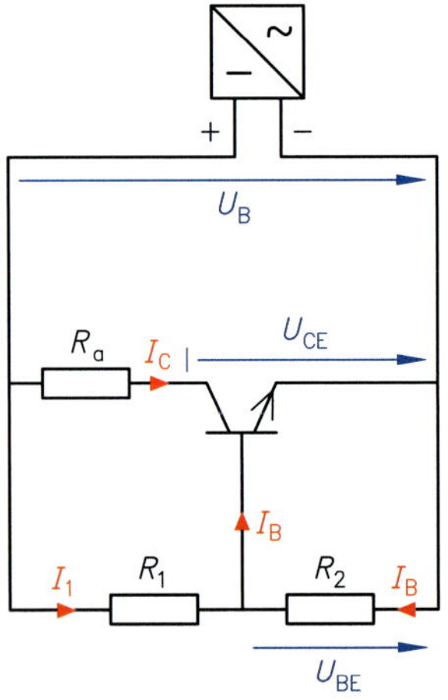	$P_V = U_{CE} \cdot I_C + U_{BE} \cdot I_B$ $U_{CE} = \frac{P_V - U_{BE} \cdot I_B}{I_C}$ $I_C = \frac{P_V - U_{BE} \cdot I_B}{U_{CE}}$ $U_{BE} = \frac{P_V - U_{CE} \cdot I_C}{I_B}$ $I_B = \frac{P_V - U_{CE} \cdot I_C}{U_{BE}}$	P_V	Verlustleistung	W
		U_{CE}	Kollektor-Emitter-Spannung	V
		I_C	Kollektorstrom	A
		U_{BE}	Basis-Emitter-Spannung	V
		I_B	Basisstrom	A

Benennung/Abbildung	Formel/Formelumstellung	Formelzeichen	Einheiten
Bipolare Transistoren	$v_U = \frac{\Delta U_{CE}}{\Delta U_{BE}}$ oder $v_u = \frac{u_{CE}}{u_{BE}}$	v_u Spannungsverstärkung	
Verstärkung	$\Delta U_{CE} = v_u \cdot \Delta U_{BE}$ oder $U_{CE} = v_u \cdot u_{BE}$	v_i Stromverstärkung	
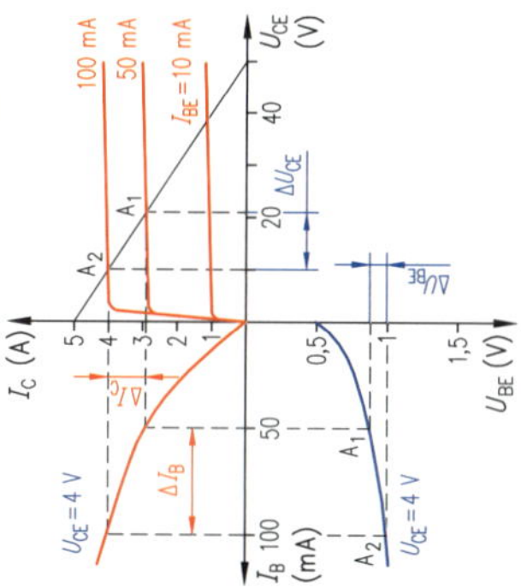	$\Delta U_{BE} = \frac{\Delta U_{CE}}{v_u}$ oder $u_{BE} = \frac{u_{CE}}{v_u}$	ΔU_{CE} Änderung der Kollektor-Emitter-Spannung (Ausgangsspannung)	V
	$v_P = v_u \cdot v_i$	ΔU_{BE} Änderung der Basis-Emitter-Spannung (Eingangsspannung)	V
	$v_u = \frac{v_P}{v_i}$ $v_i = \frac{v_P}{v_u}$	ΔI_C Änderung des Kollektorstromes	A
	$v_i = \frac{\Delta I_C}{\Delta I_B}$ oder $v_i = \frac{i_C}{i_B}$	ΔI_B Änderung des Basisstromes	A
	$\Delta I_C = v_i \cdot \Delta I_B$ oder $i_C = v_i \cdot I_B$	v_P Leistungsverstärkung	
	$\Delta I_B = \frac{\Delta I_C}{v_i}$ oder $i_B = \frac{i_C}{vu}$	u_{CE} Änderung der Kollektor-Emitter-Spannung (Ausgangsspannung)	V
		u_{BE} Änderung der Basis-Emitter-Spannung (Eingangsspannung)	V
		i_C Änderung des Kollektorstromes	A
		i_B Änderung des Basisstromes	A

Benennung/Abbildung	Formel/Formelumstellung	Formelzeichen	Einheiten
Bipolare Transistoren **Emitterschaltung:** Wechselstromeingangswiderstand 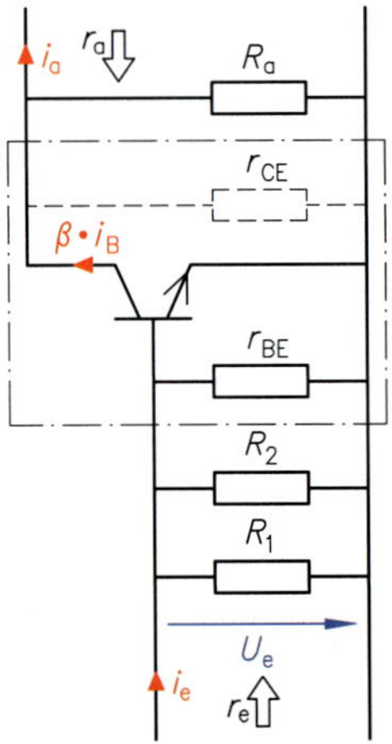	$r_e = \frac{u_e}{i_e}$ $\quad u_e = r_e \cdot i_e \quad$ $i_e = \frac{u_e}{r_e}$ $\frac{1}{r_e} = \frac{1}{r_{BE}} + \frac{1}{R_1} + \frac{1}{R_2}$ $r_e = \frac{1}{\frac{1}{r_{BE}} + \frac{1}{R_1} + \frac{1}{R_2}}$ $\frac{1}{r_{BE}} = \frac{1}{r_e} - \frac{1}{R_1} - \frac{1}{R_2}$ $r_{BE} = \frac{1}{\frac{1}{r_e} - \frac{1}{R_1} - \frac{1}{R_2}}$ $\frac{1}{R_1} = \frac{1}{r_e} - \frac{1}{r_{BE}} - \frac{1}{R_2}$	r_e Wechselstromeingangswiderstand u_e Eingangswechselspannung i_e Eingangswechselstrom r_{BE} Basis-Emitter-Wechselstromwiderstand R_1 Widerstand 1 R_2 Widerstand 2 R_a Wechselstromausgangswiderstand R_{CE} Kollektor-Emitter-Wechselstromwiderstand R_a Gleichstromausgangswiderstand	Ω V A Ω Ω Ω Ω Ω Ω

Benennung/Abbildung	Formel/Formelumstellung	Formelzeichen	Einheiten
Bipolare Transistoren **Emitterschaltung:** Wechselstromeingangs-widerstand	$R_1 = \frac{1}{\frac{1}{r_e} - \frac{1}{r_{BE}} - \frac{1}{R_2}}$ $\frac{1}{R_2} = \frac{1}{r_e} - \frac{1}{R_{BE}} - \frac{1}{R_1}$ $R_2 = \frac{1}{\frac{1}{r_e} - \frac{1}{R_{BE}} - \frac{1}{R_1}}$	r_e Wechselstromeingangswiderstand u_e Eingangswechselspannung i_e Eingangswechselstrom r_{BE} Basis-Emitter-Wechselstromwiderstand R_1 Widerstand 1 R_2 Widerstand 2	Ω V A Ω Ω Ω
Bipolare Transistoren **Emitterschaltung:** Wechselstromausgangs-widerstand	$r_a = \frac{r_{CE} \cdot R_a}{r_{CE} + R_a}$ $r_{CE} = \frac{r_a \cdot R_a}{R_a - r_a}$ $R_a = \frac{r_a \cdot r_{CE}}{r_{CE} - r_a}$	r_a Wechselstromausgangswiderstand r_{CE} Kollektor-Emitter-Wechselstromwiderstand R_a Gleichstromausgangswiderstand	Ω Ω Ω

Benennung/Abbildung	Formel/Formelumstellung	Formelzeichen	Einheiten
Bipolare Transistoren **Emitterschaltung:** Verstärkung 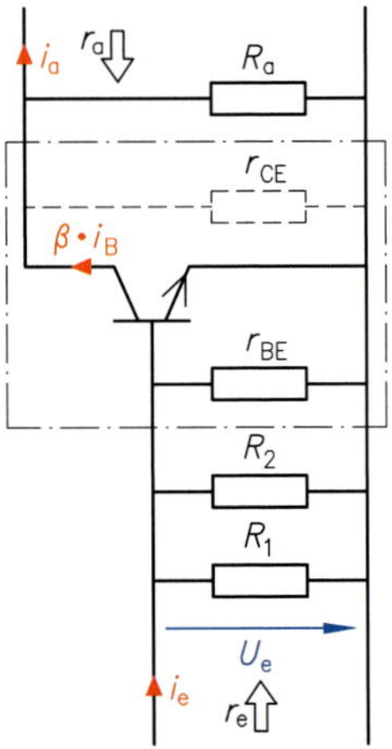	$v_i = \frac{\beta \cdot r_{CE}}{r_{CE} + R_a}$ $\beta = \frac{v_i \cdot (r_{CE} + R_a)}{r_{CE}}$ $r_{CE} = \frac{v_i \cdot R_a}{\beta - v_i}$ $R_a = \frac{\beta \cdot r_{CE} - v_i \cdot r_{CE}}{v_i}$ $v_u = \frac{R_a \cdot v_i}{r_e}$ $R_a = \frac{v_u \cdot r_e}{v_i}$ $v_i = \frac{v_u \cdot r_e}{R_a}$ $r_e = \frac{R_a \cdot v_i}{v_u}$ $v_p = v_u \cdot v_i$ $v_u = \frac{v_p}{v_i}$ $v_i = \frac{v_p}{v_u}$	v_i Stromverstärkung v_u Spannungsverstärkung β Wechselstromverstärkung r_{CE} Kollektor-Emitter-Wechselstromwiderstand R_a Gleichstromausgangswiderstand r_e Wechselstromeingangswiderstand v_p Leistungsverstärkung	 Ω Ω Ω

Benennung/Abbildung	Formel/Formelumstellung	Formelzeichen	Einheiten
Bipolare Transistoren Gegenkopplung, Gegenkopplungsfaktor 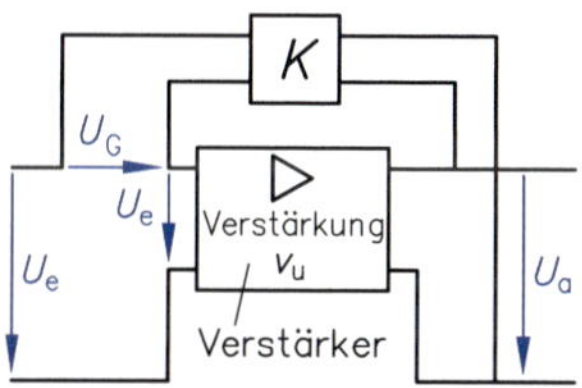	$K = \frac{u_G}{u_a}$ oder $K = \frac{U_G}{U_a}$ $U_G = K \cdot u_a$ oder $U_G = K \cdot U_a$ $u_a = \frac{u_G}{K}$ oder $U_a = \frac{U_G}{K}$	K Gegenkopplungsfaktor u_G Gegenkopplungsspannung u_a Ausgangsspannung des Verstärkers U_G Gegenkopplungsspannung U_a Ausgangsspannung des Verstärkers	 V V V V
resultierende Spannungsverstärkung	$v'_u = \frac{v_u}{1 + K \cdot v_u}$ $v_u = \frac{v'_u}{1 - v'_u \cdot K}$ $K = \frac{v_u - v'_u}{v'_u \cdot v_u}$	v'_u resultierende Spannungsverstärkung v_u Spannungsverstärkukng ohne Gegenkopplung	
resultierende Stromverstärkung	$v'_u = \frac{v_u}{1 + K \cdot v_i}$ $v_i = \frac{v'_i}{1 - v'_i \cdot K}$ $K = \frac{v_i - v'_i}{v'_i \cdot v_i}$	v'_i resultierende Stromverstärkung v_i Stromverstärkung ohne Gegenkopplung	

Benennung/Abbildung	Formel/Formelumstellung	Formelzeichen	Einheiten
Feldeffekttransistoren Einstellung des eingangsseitigen Arbeitspunktes bei Feldeffekttransistoren 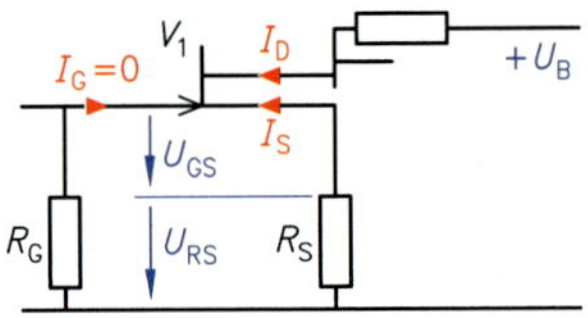 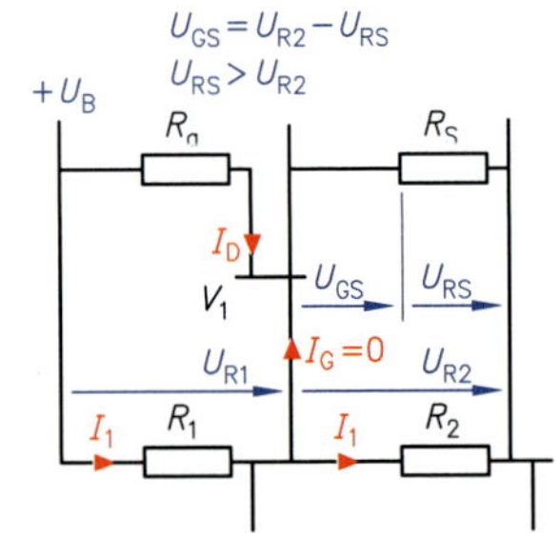 	$R_S = \frac{U_{RS}}{I_D}$ $\quad U_{RS} = R_s \cdot I_D$ $I_D = \frac{U_{RS}}{R_S}$ $\quad U_{GS} = -U_{RS}$ $R_1 = \frac{U_B - U_{R2}}{I_1}$ $\quad R_2 = \frac{U_{GS} + U_{RS}}{I_1}$ $U_B = R_1 \cdot I_1 + U_{R2}$ $\quad U_{GS} = R_2 \cdot I_1 - U_{RS}$ $U_{R2} = U_R - R_1 \cdot I_1$ $\quad U_{RS} = R_2 \cdot I_1 - U_{GS}$ $I_1 = \frac{U_B - U_{R2}}{R_1}$ $\quad I_1 = \frac{U_{GS} + U_{RS}}{R_2}$	R_S Sourcewiderstand U_{RS} Spannung für Sourcewiderstand I_D Drainstrom U_{GS} Gate-Source-Spannung R_1 Widerstand 1 R_2 Widerstand 2 U_B Basisspannung U_{R2} Spannung an Widerstand 2 I_1 Strom durch Widerstand 1 und 2	Ω V A V Ω Ω V V A

Benennung/Abbildung	Formel/Formelumstellung	Formelzeichen	Einheiten
Feldeffekttransistoren Einstellung des eingangsseitigen Arbeitspunktes bei Feldeffekttransistoren 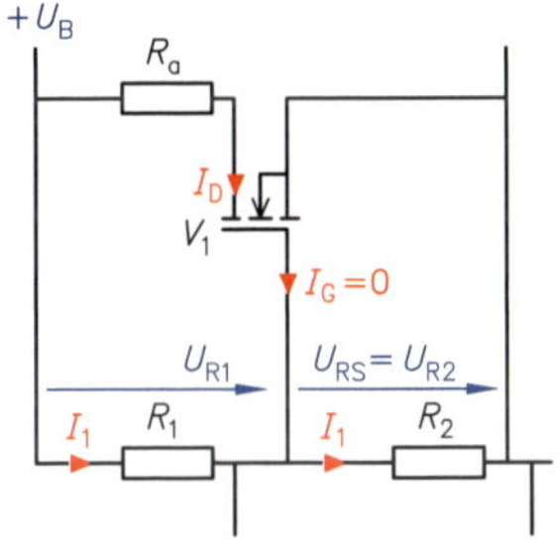	$U_{R_2} = I_1 \cdot R_2$ $I_1 = \frac{U_{R_2}}{R_2}$ $R_2 = \frac{U_{R_2}}{I_1}$ $R_1 = \frac{U_B - U_{GS}}{I_1}$ $U_B = R_1 \cdot I_1 + U_{GS}$ $U_{GS} = U_B - R_1 \cdot I_1$ $I_1 = \frac{U_B - U_{GS}}{R_1}$ $\frac{R_1}{R_2} = \frac{U_{R_1}}{U_{R_2}}$ $R_1 = \frac{U_{R_1} \cdot R_2}{U_{R_2}}$ $U_{R_1} = \frac{R_1 \cdot U_{R_2}}{R_2}$ $R_2 = \frac{R_1 \cdot U_{R_2}}{U_{R_1}}$ $U_{R_2} = \frac{U_{R_1} \cdot R_2}{R_1}$	U_{R_2} Spannung an Widerstand 2 I_1 Strom durch Widerstand 1 und 2 R_2 Widerstand 2 R_1 Widerstand 1 U_B Basisspannung U_{GS} Gate-Source-Spannung U_{R_1} Spannung an Widerstand 1 U_{R_2} Spannung an Widerstand 2	V A Ω Ω V V V V

Benennung/Abbildung	Formel/Formelumstellung	Formelzeichen	Einheiten
Feldeffekttransistoren Steilheit	$S = \frac{\Delta I_D}{\Delta U_{GS}}$ $\Delta I_D = S \cdot \Delta U_{GS}$ $\quad \Delta U_{GS} = \frac{\Delta I_D}{S}$	S Steilheit ΔI_D Drainstromänderung ΔU_{GS} Gate-Source-Spannungsänderung	$\frac{A}{V}$ A V
Feldeffekttransistoren Spannungssteilheit 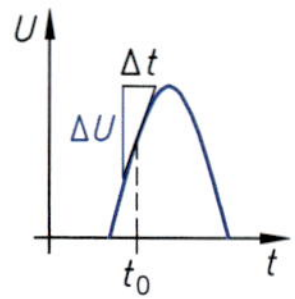 	$S_u = \frac{\Delta U}{\Delta t}$ $\Delta U = S_u \cdot \Delta t$ $\Delta t = \frac{\Delta U}{S_u}$	S_u Spannungssteilheit ΔU Spannungsänderung Δt Zeitänderung	$\frac{V}{s}$ V s
Feldeffekttransistoren Stromsteilheit 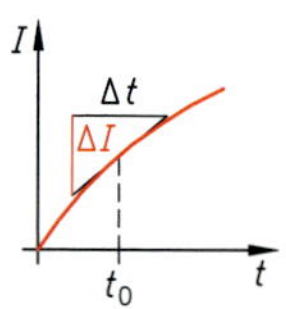 	$S_I = \frac{\Delta I}{\Delta t}$ $I = S_I \cdot t$ $t = \frac{I}{S_I}$	S_I Stromsteilheit ΔI Stromänderung Δt Zeitänderung	$\frac{A}{s}$ A s

Benennung/Abbildung	Formel/Formelumstellung	Formelzeichen	Einheiten
Operationsverstärker Spannungsverstärkung	$v_u = -\frac{R_2}{R_1}$	v_u Spannungsverstärkung	
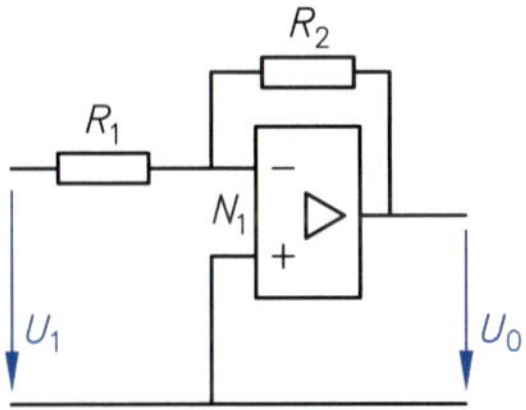 Invertierer	$R_2 = -v_u \cdot R_1$ $R_1 = -\frac{R_2}{v_u}$	R_1 Widerstand 1 R_2 Widerstand 2	Ω Ω
	$v_u = \frac{u_0}{u_1}$	u_0 Ausgangsspannung	V
	$u_0 = v_u \cdot u_1$ $u_1 = \frac{u_0}{v_u}$	u_1 Eingangsspannung	V
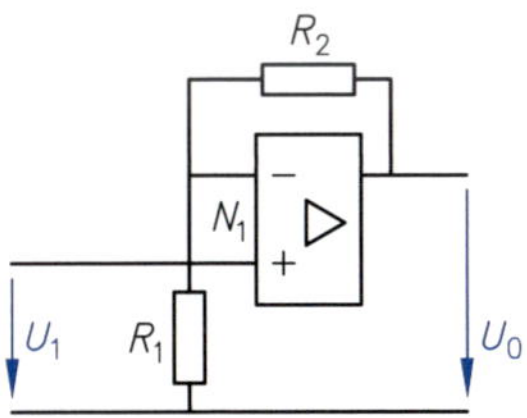 Nichtinvertierer	$v_u = 1 + \frac{R_2}{R_1}$ $R_2 = (v_u - 1) \cdot R_1$ $R_1 = \frac{R_2}{v_u - 1}$		

Benennung/Abbildung	Formel/Formelumstellung	Formelzeichen	Einheiten
Operationsverstärker Ausgangsspannung	$-U_0 = (U_{11} - U_{12}) \cdot \frac{R_2}{R_1}$ $U_{11} = \frac{-U_0 \cdot R_1}{R_2} + U_{12}$ $U_{12} = \frac{-U_0 \cdot R_1}{R_2} - U_{11}$ $R_2 = \frac{-U_0 \cdot R_1}{U_{11} - U_{12}}$ $R_1 = \frac{U_{11} - U_{12} \cdot U_2}{-U_0}$	U_0 Ausgangsspannung U_{11} Spannung an Widerstand 11 U_{12} Spannung an Widerstand 12 R_1 Widerstand 1 R_2 Widerstand 2	V V V Ω Ω

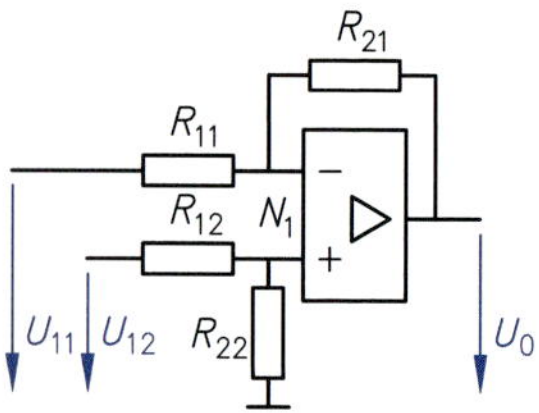

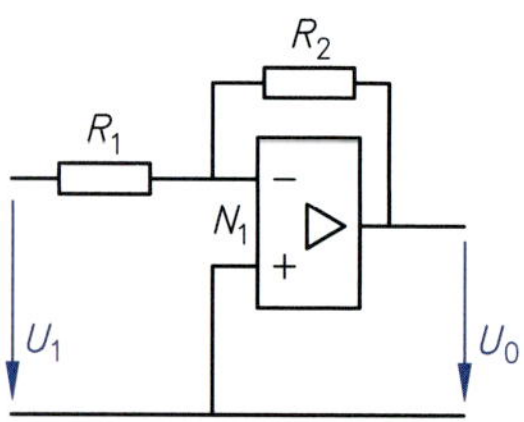

Benennung/Abbildung	Formel/Formelumstellung	Formelzeichen		Einheiten
Operationsverstärker	$-U_0 = (U_{11} + U_{12} + U_{13}) \cdot \frac{R_2}{R_1}$	U_0	Ausgangs-spannung	V
Ausgangsspannung	$U_{11} = \frac{-U_0 \cdot R_1}{R_2} - U_{12} - U_{13}$	U_{11}	Spannung an Widerstand 11	V
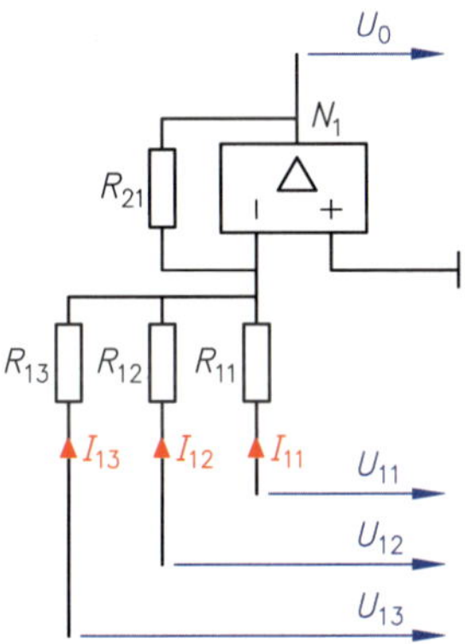 	$U_{12} = \frac{-U_0 \cdot R_1}{R_2} - U_{11} - U_{13}$	U_{12}	Spannung an Widerstand 12	V
	$U_{13} = \frac{-U_0 \cdot R_1}{R_2} - U_{11} - U_{12}$	U_{13}	Spannung an Widerstand 13	V
	$R_2 = \frac{-U_0 \cdot R_1}{U_{11} + U_{12} + U_{13}}$	R_1	Widerstand 1	Ω
	$R_1 = \frac{U_{11} + U_{12} + U_{13} \cdot R_2}{-U_0}$	R_2	Widerstand 2	Ω

Benennung/Abbildung	Formel/Formelumstellung	Formelzeichen		Einheiten
Wärmeableitung 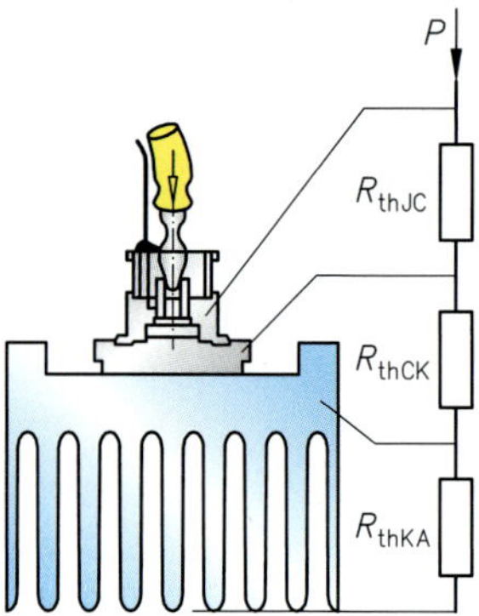	$R_{thJA} = \frac{\delta_J - \delta_A}{P_V}$ $\delta_J = R_{thJA} \cdot P_V + \delta_A$ $\delta_A = \delta_J - R_{thJA} \cdot P_V$ $P_V = \frac{\delta_J - \delta_A}{R_{thJA}}$	R_{thJA}	Sperrschicht-umgebung	Ω
		δ_J	Sperrschicht-temperatur	°C
		δ_A	Umgebungs-temperatur	°C
		P_V	Verlustleistung	W
		R_{thJC}	Sperrschicht-gehäuse	Ω
		R_{thCK}	Gehäuse-kühlkörper	Ω
		R_{thKA}	Kühlkörper-umgebung	Ω
Wärmewiderstände	$R_{thJA} = R_{thJC} + R_{thCK} + R_{thKA}$			
Temperaturveränderung in Kelvin	$R_{thJC} = R_{thJA} + R_{thCK} + R_{thKA}$ $R_{thCK} = R_{thJA} + R_{thJC} + R_{thKA}$ $R_{thKA} = R_{thJA} + R_{thJC} + R_{thCK}$			

Informationstechnische Systeme

Zweikanal-Oszilloskop

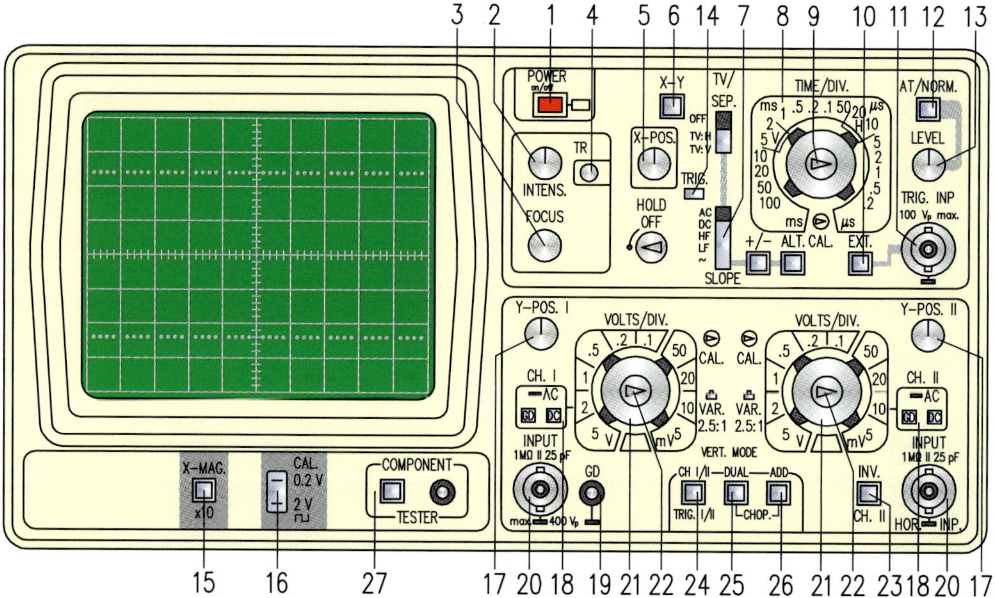

Nr.	Benennung	Beschreibung	Nr.	Benennung	Beschreibung
1	Power	Netzschalter	15	X-Mag. x10	Dehnung der X-Achse
2	Intens.	Helligkeitseinstellung	16	Cal. 0,2 V; 2 V	Abgleichsignal (Rechteck)
3	Focus	Schärfeeinstellung	17	Y-Pos. I (II)	Verschiebung der Y-Achse
4	Tr	Waagerecht-Abgleich	18	CH I (II)	AC-DC-GND Umschaltung
5	X-Position	Verschiebung der X-Achse	19	GND	Masse-Buchse für I und II
6	X – Y	X-Y-Betrieb ohne Zeitachse	20	CH I (II)	Messeingangsbuchse
7	Slope +/−	Umschaltung der Messflanke	21	Volts/Div.	Spannungsmaßstab
8	Time/Div	Zeitmaßstab für I und II	22	Variable Spg.	Stufenlose Anpassung
9	Variable Zeit	Stufenlose Anpassung	23	Inv. I	Invertierung Kanal I
10	Ext.	Umschaltung Triggersignal	24	Ch I/II Trig. I/II	Darstellung Kanal I oder II Triggersignal von I oder II
11	Trig. Inp.	Eingang ext. Triggersignal			
12	AT/Norm	Umschaltung Triggerpegel	25	Dual	Zweikanal-Darstellung
13	Level	Triggerpegel bei Normal	26	Add-Chop.	Addition I + II/Chopperbetr.
14	Trigger Selektor	Einstellung des Triggermodus zur Bildstabilität	27	Component Tester	Darstellung von Bauteilkenn-linien zum Bauteil-Test

Elemente eines Rechnersystems (nach John von Neumann)

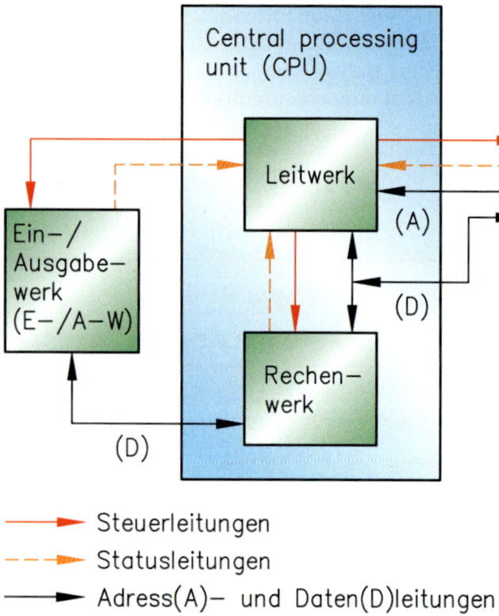

John von Neumann, ungarisch-amerikanischer Mathematiker, 1903–1957, definierte in den 1940er-Jahren ein **grundlegendes** Rechnerkonzept, das bis heute Gültigkeit hat.

Leitwerk
Steuerung der Befehlsabfolge,
Entschlüsselung der Befehle,
Einleitung der Befehlsausführung

Rechenwerk
Durchführung der Rechenoperationen mit allen arithmetischen und logischen Verknüpfungen

Ein-/Ausgabewerk
Ein- und Ausgabe für Daten, Informationen und Befehle

Zentralspeicher
Daten- und Programmspeicher

Industrie 4.0

Mit Industrie 4.0 ist die Vernetzung von Sensoren mit Steuer-, Regel- und Informationssystemen sowie Auswertecomputern gemeint – aber auch die Vernetzung von Maschinen untereinander, die selbständig Informationen austauschen, auswerten und auf deren Grundlage reagieren können. Die Vernetzung geschieht über Ethernet-Verbindungen. Es wird das gleiche Netz benutzt, das auch für das World-Wide-Web verwendet wird. Jede angeschlossene Komponente hat eine eindeutige Hardware-Kennung (MAC-Adresse), eine Software-Adresse (IP-Adresse) und kann mit anderen Komponenten im Netz kommunizieren.

Begriffe und Abkürzungen

Internet of Things IoT Industrial Internet of Things IIoT	Selbstständige Benutzung des Internets von „intelligenten“ Geräten und Systemen, die ohne Eingriff von Menschen Daten bereitstellen oder miteinander kommunizieren, Entscheidungen treffen und agieren können. Im IIoT werden die speziellen Bedürfnisse industrieller Anwendungen berücksichtigt.
TCP/IP (transmission control protocol/internet protocol)	Das im Internet unter Ethernet verwendete Protokoll zur Datenübertragung.
Ethernet	Eine Technik aus Hard-/Software-Komponenten zur Datenübertragung.
Wireless Local Area Network WLAN Umgangssprachlich auch Wi-Fi	Übertragung von Netzwerk-Protokollen im Nahbereich per Funk. Übliche Trägerfrequenzen sind 2,4 GHz Standard; bis 14 Teilnehmer/Kanäle 5,0 GHz bis 140 Teilnehmer/Kanäle 60,0 GHz bei sehr vielen Teilnehmern und geforderten hohen Datenraten
Bluetooth	Standardisierte Funkschnittstelle für Datenübertragung über kurze Strecken.

Industrie 4.0

Begriffe und Abkürzungen

ZigBee	Ein drahtloses Netz mit geringem Datenaufkommen und minimiertem Stromverbrauch für den Nahbereich.
ZigBee IP	Variante des ZigBee-Standard für drahtlose Netzwerke mit Anbindung an das Internet.
Cloud (Deutsch: „Wolke“)	Ein virtueller Raum, in dem sehr große Daten gesammelt, verwaltet und ausgetauscht werden.
Data Distribution Service DDS	Protokoll, speziell entworfen für die Verwendung im Zusammenhang mit „Industrie 4.0“ und speziell mit dem „Industrial Internet of Things IIoT“, es erlaubt „Echtzeitanwendungen“.
Radio-Frequency Identification RFID	System für das kontaktlose Lesen und Speichern von Daten zwischen Geräten (z. B. Sensor und Lesegerät).
Künstliche Intelligenz KI **Artifizielle Intelligenz AI**	Systeme, die selbstständig Informationen entgegennehmen, verarbeiten, Entscheidungen treffen, reagieren und aus der Rückmeldung der Reaktion lernen (sich optimieren).
Energy Harvesting	Als Energy Harvesting (wörtlich übersetzt „Energie-Ernten“) bezeichnet man die Gewinnung kleiner Mengen elektrischer Energie aus der Umwelt. Ziel ist die autarke Energieversorgung von Sensoren im IoT.

EVA-Prinzip eines Rechnersystems

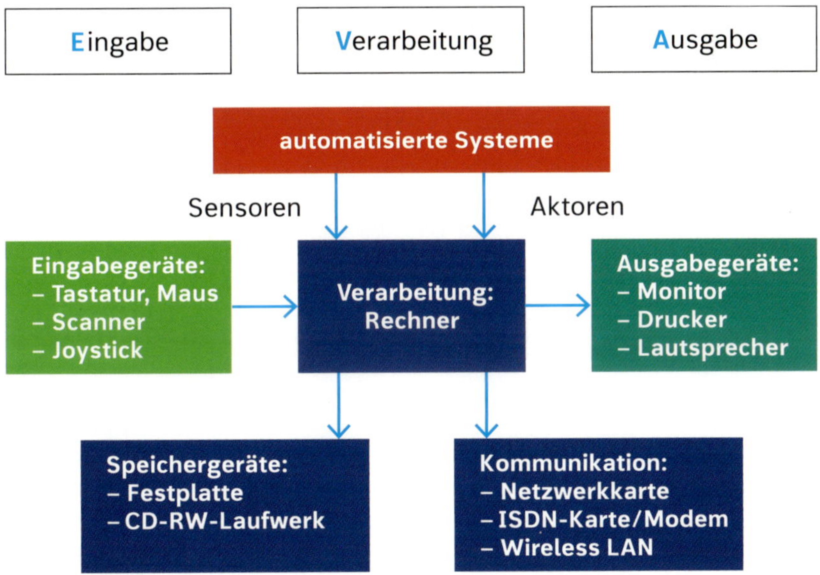

Blockschaltbild eines Computersystems

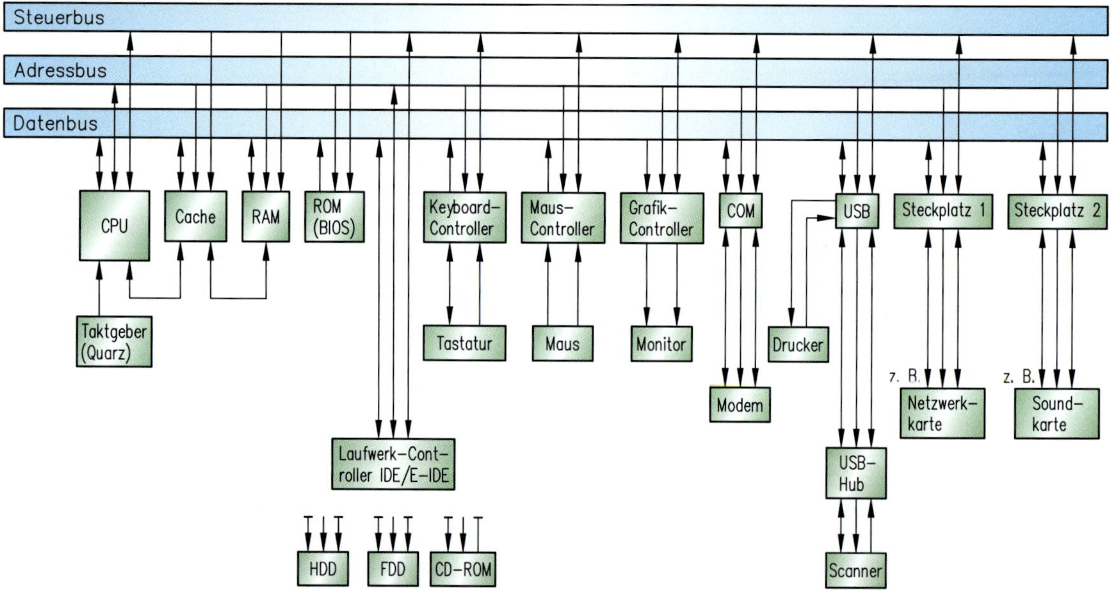

Internes Bus-System eines Computers (vereinfachte Darstellung)

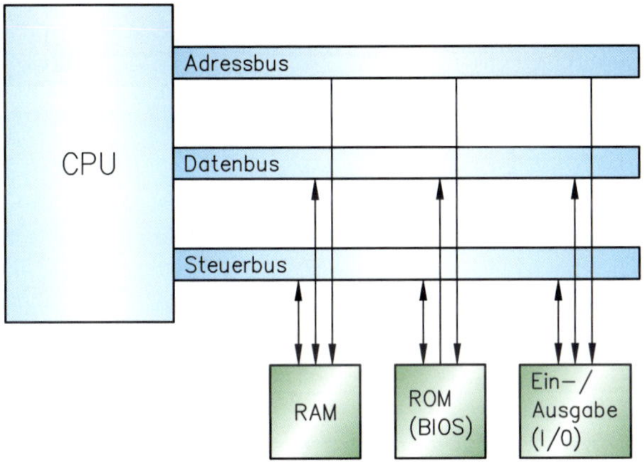

Adressbus
Unidirektionale Sammelschiene für bitweise codierte **Adressen**, adressiert RAM-, ROM- und I/O-Bausteine

Datenbus
Bidirektionale Sammelschiene für bitweise codierte **Daten**

Steuerbus
Unidirektionaler Bus zur Steuerung des **zeitlichen Ablaufes** des **Adress-** und **Datenflusses**

Aufbau eines Mainboards (Motherboard)

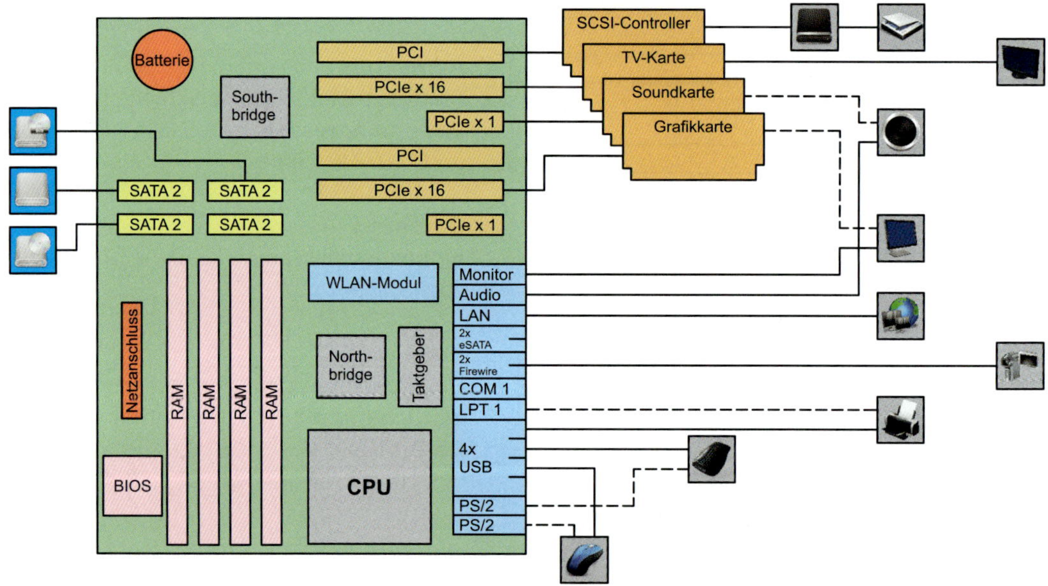

Struktur eines Motherboards (vereinfachte Darstellung)

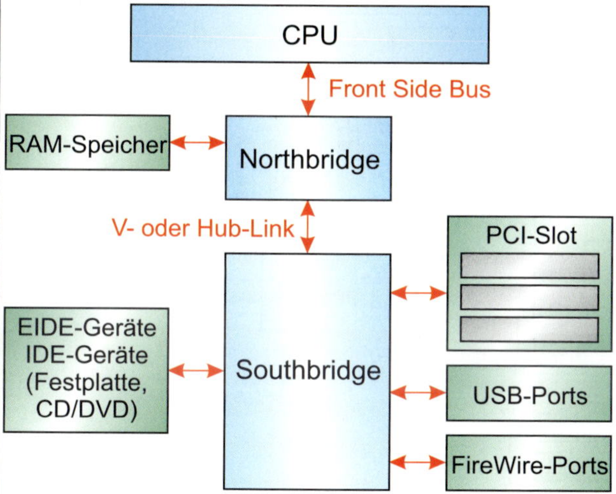

CPU:	**C**entral **P**rocessing **U**nit (Systemeinheit)
RAM-Speicher:	**R**andom **A**ccess **M**emory (flüchtiger Speicher)
Northbridge:	über den Front Side Bus (**FSB**) mit der **CPU** verbunden, steuert Datenfluss zwischen **CPU**, **RAM-Speicher** und Grafiksystem
IDE-Geräte:	**I**ntegrated **D**evice **E**lectronic (Schnittstelle für z. B. intelligente Festplatten)
EIDE-Geräte:	**E**nhanced **IDE** (erweiterte IDE-Schnittstelle mit schnellerem Datentransfer im Vergleich zur IDE-Schnittstelle)
Southbridge:	Input-/Output-Controller, steuert Datenfluss zwischen **IDE**-Geräten und **PCI**-Bus, **USB**- und **FireWire**-Schnittstellen
PCI-Slots:	**P**eripheral-**C**omponent-**I**nterface (Steckplätze mit 32 bit Adress- und Datenbus = Busbreite 64 bit)
USB-Ports:	**U**niversal **S**erial **B**us (universelle serielle Schnittstelle mit hoher Übertragungsgeschwindigkeit)
FireWire-Ports:	serielle Schnittstelle mit – gegenüber USB – wesentlich schnellerer Datenübertragung

Struktur eines Motherboards (erweiterte Darstellung)

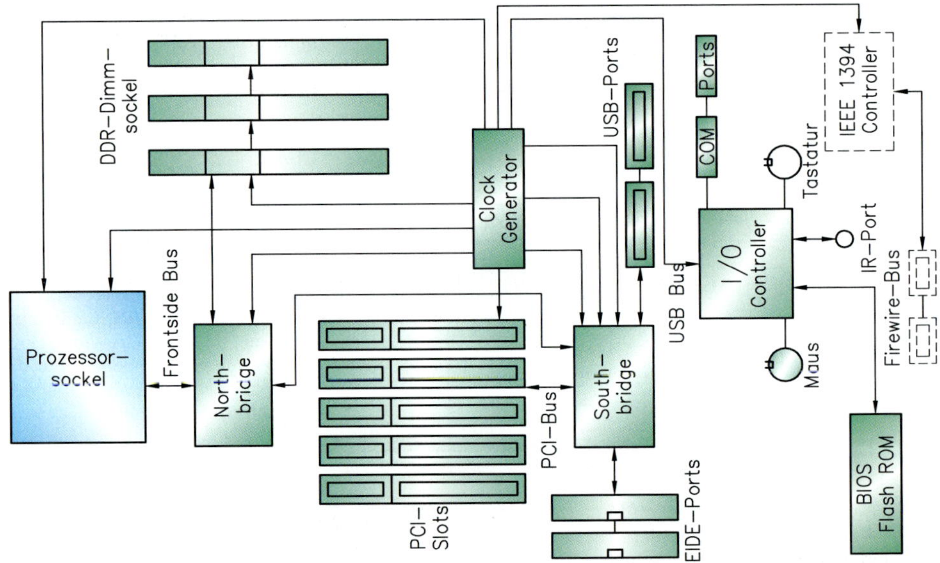

CPU-Rechenwerk, Steuerwerk

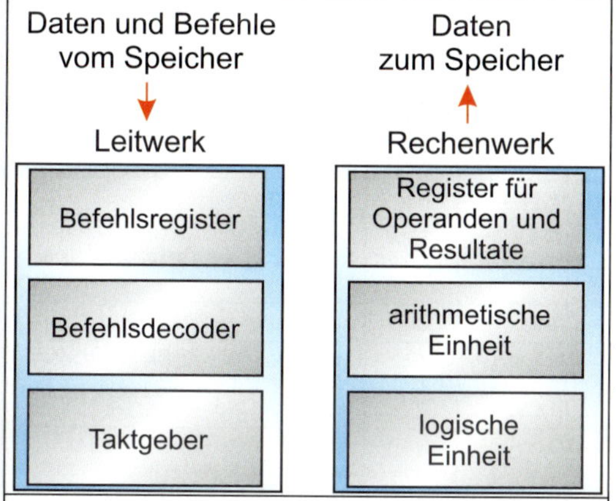

Die Prozesse zwischen den Einzelkomponenten des Prozessors sowie die Verarbeitung der Eingaben (zur und von der Peripherie) werden durch das Steuerwerk gesteuert. Dazu gehört z. B.:

- Lesen und Schreiben der Daten aus/ins RAM
- Decodierung und Ausführung von Befehlen
- Steuerung der Ein-/Ausgabe der Peripheriegeräte

RAM, ROM, PROM, EPROM, EEPROM

RAM-Speicher: **R**andom **A**ccess **M**emory – Schreib-/Lesespeicher
ROM-Speicher: **R**ead **O**nly **M**emory – Nur-Lese-Speicher
PROM-Speicher: **P**rogrammable **R**ead **O**nly **M**emory – einmalig programmierbarer Nur-Lese-Speicher
EPROM-Speicher: **E**rasable **P**rogrammable **R**ead **O**nly **M**emory – nur mit UV-Licht löschbarer programmierbarer Nur-Lese-Speicher
EEPROM-Speicher: **E**lectrically **E**rasable **P**rogrammable **R**ead **O**nly **M**emory – elektrisch löschbarer und programmierbarer Nur-Lese-Speicher

Gegenüberstellung der Zentralspeicher

Speicher	**Einsatz**	**Verhalten**
RAM	Schreib-/Lesespeicher lädt und verändert Programme und Dokumente zur Bearbeitung	Beim Ausschalten des Rechners bleiben Daten nicht erhalten
ROM	Nur-Lesespeicher inkl. Urladeprogramm des Betriebssystems (Firmware)	Daten werden beim Ausschalten nicht gelöscht

Interrupt Request (IRQ), Direct Memory Access (DMA), Port-Bereiche (I/O-Port)

Interrupt (IRQ):

Unterbrechung des Prozessors (durch Hard- oder Software ausgelöst), die den Ablauf fest programmierter Serviceroutinen auslöst

Interrupt/IRQ	Geräte/Verwendung
INT00	PC-Taktgeber/Timer (Motherboard)
INT01	Tastatur (Motherboard)
INT02	Zweiter IRQ-Controller (PIC 2)
INT03	Serieller Port COM2
INT04	Serieller Port COM1
INT05	Freier oder Paralleler Port LPT2
INT06	Controller für Diskettenlaufwerk
INT07	Paralleler Port LPT1
INT08	Echtzeitsystemuhr (Motherboard)
INT09	Frei
INT10 (A)	Frei
INT11 (B)	Frei
INT12 (C)	PS/2-Mausanschluss
INT13 (D)	Mathematischer Co-Prozessor
INT14 (E)	Erster IDE-Controller
INT15 (F)	Zweiter IDE-Controller

Direct Memory Access (DMA):

Direkter Zugriff auf den Speicher mit Datenkommunikation über einen DMA-Controller und DMA-Kanäle

Steckkarte	IRQ	DMA	I/O-Port
Grafikkarte	9, 11, 12	keiner	3B0h – 3CFh
Soundkarte	3, 4, 5, 7, 9, 10, 11 12, 15	1, 3 und 5, 6, 7	220h – 22Fh, 240h – 24Fh, 260h – 26Fh, 300h – 301h, 330h – 331h, 388h – 38Bh
Joystick-Port	fehlt	fehlt	200h – 207h
Netzwerkkarten	3, 4, 5, 7, 9, 10, 11, 12, 15	1, 3, 5, 6, 7	240h – 243h, 260h – 263h, 280h – 283h, 2A0h – 2A3h, 300h – 303h, 320h – 323h, 340h – 343h, 360h – 363h
Netzwerkkarten	3, 4, 5, 7, 9, 10, 11, 12, 15	1, 3, 5, 6, 7	240h – 25Fh, 260h – 27Fh, 280h – 29Fh, 2A0h – 2BFh, 300h – 31Fh, 320h – 33Fh, 340h – 35Fh, 360h – 37Fh
SCSI-Controller	9, 10, 11, 12, 14, 15	1, 3, 5	130h – 14Fh, 140h – 15Fh, 220h – 23Fh, 330h – 34Fh, 340h – 35Fh

Schnittstellenübersicht

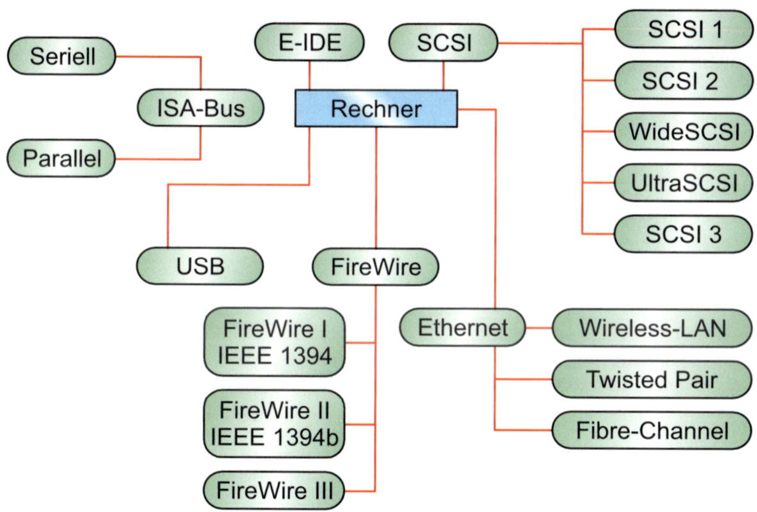

USB 1.1:
Übertragungsgeschwindigkeit:
Low-Speed-Modus 1,5 Mbit/s
Full-Speed-Modus 12 Mbit/s
max. Kabellänge 3 m

USB 2.0:
Übertragungsgeschwindigkeit:
480 Mbit/s, max. Kabellänge 5 m

USB 3.0:
Übertragungsgeschwindigkeit:
5000 Mbit/s, max. Kabellänge 3 m

USB 3.2:
Übertragungsgeschwindigkeit:
20 Gbit/s, max. Kabellänge 1 m

USB 4.0 (USB Typ C):
Übertragungsgeschwindigkeit:
40 Gbit/s, max. Kabellänge 0,8 m

Universal Serial Bus (USB)

Steckertyp A

Buchse Typ A

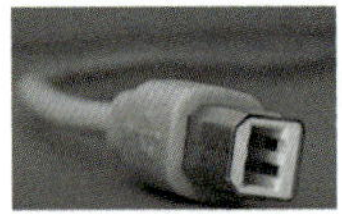

Steckertyp B

Buchse Typ B

Von links nach rechts: Micro-USB-, Mini-USB-, Standard-USB-Stecker, Steckertyp USB Typ C[1]

[1] Eine EU-Richtlinie schreibt den einheitlichen USB Typ-C-Anschluss zum Aufladen von Geräteakkus vor.

USB-Buchsenbelegung (Typ A)	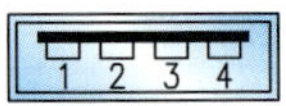	Verwendung bei Downstream-Ports (Datenstrom in Richtung Geräte, d. h. vom Host weg)
USB-Buchsenbelegung (Typ B)		Verwendung bei Upstream-Ports (Datenstrom in Richtung Host)
USB-3.0 Steckverbinder mit 5 zusätzlichen Kontakten	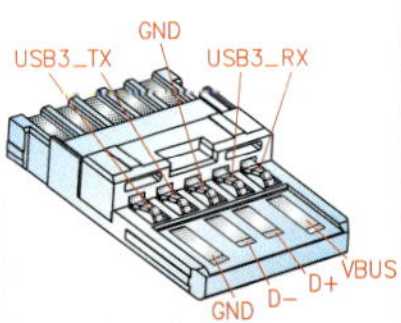	USB-3.0-Steckverbinder werden fünf zusätzliche Kontakte erhalten. Typ A-Stecker bleiben zu bisherigen USB-Buchsen kompatibel.

Pin	Farbe	Funktion
1	Rot	VCC (+5 V)
2	Weiß	–Data
3	Grün	+Data
4	Schwarz	Ground

Pin	Name	Funktion
1	VBUS	+5 VCC
2	D–	Data–
3	D+	Data+
4	GND	Ground
5	USB3—RX	USB 3.0 Data Receive (differential)
6	USB3—RX	USB 3.0 Data Receive (differential)
7	GND	Ground
8	USB3—TX	USB 3.0 Data Transmit (differential)
9	USB3—TX	USB 3.0 Data Transmit (differential)

USB Typ C (USB 4 oder USB 4.0)

A1	A2	A3	A4	A5	A6	A7	A8	A9	A10	A11	A12
GND	TX1+	TX1–	V_{BUS}	CC1	D+	D–	SBU1	V_{BUS}	RX2–	RX2+	GND
GND	RX1+	RX1–	V_{BUS}	SBU2	D–	D+	CC2	V_{BUS}	TX2–	TX2+	GND
B12	B11	B10	B9	B8	B7	B6	B5	B4	B3	B2	B1

USB Typ C (USB 4 oder USB 4.0) ist das neueste standardisierte Format für Stecker, Kabel und Buchsen mit der Zielsetzung einer einheitlichen Technologie, die Stromversorgung, schnelleren Datentransfer und Bildausgabe über einen Anschluss ermöglicht. Aufgrund der symmetrischen Bauart lässt sich der Stecker verdrehungssicher einstecken.

Pinbelegung siehe S. 235/236

USB – Standards im Überblick
USB 1.1 Eigenschaften Der Übertragungsstandard USB 1.0/1.1 von 1996 war mit maximal **12 Mbit/s** aus heutiger Sicht nicht wirklich schnell. Aber die Datenrate war deutlich höher als die der sonst üblichen Schnittstellen. Der wesentliche Vorteil lag in der einfachen Handhabung und dass die angeschlossenen Geräte gleich mit Strom versorgt wurden.
USB 2.0 Mit USB 2.0 kam im Jahr 2001 der große Durchbruch. Im Gegensatz zum Vorgängerstandard wurde die Übertragungsgeschwindigkeit um das 40fache erhöht. Mit den jetzt zur Verfügung stehenden **480 Mbit/s** konnten problemlos Kameras, Tastaturen, Mäuse, Drucker oder auch externe Festplatten per USB mit dem Computer verbunden werden. Zudem stieg die zur Verfügung stehende Stromstärke von 100 mA auf 500 mA an.
USB 3.0/USB 3.1 (Gen1) Die nächste Evolutionsstufe kam 2008 mit dem Standard USB 3.0, der ab 2013 als USB 3.1 (Generation 1) bezeichnet wurde. Im Gegensatz zu USB 2.0 konnte die Geschwindigkeit noch einmal gesteigert werden und beträgt nun **5 Gbit/s**. Zudem wurde die Strombelastbarkeit von 500 mA auf 900 mA angehoben. Mit der Einführung von USB 3.2 wurde **USB 3.1 (Gen1) in USB 3.2 Gen 1(x1) umbenannt**.

USB – Standards im Überblick
USB 3.1 (Gen2) Seit dem Jahr 2013 ist der Standard USB 3.1 (Gen2) verfügbar, bei dem die Übertragungsgeschwindigkeit nun auf **10 Gbit/s** angehoben wurde. Aber auch bei der Stromstärke wurde kräftig zugelegt. Mittlerweile sind 5 A möglich und somit sind in Bezug auf die Stromversorgung keine Wünsche mehr offen. Mit der Einführung von USB 3.2 wurde **USB 3.1 (Gen2) in USB 3.2 Gen 2(x1) umbenannt**.
USB 3.2 Der „echte" USB-Standard USB 3.2 wird als USB 3.2 Gen 2x2 bezeichnet und wurde im Juli 2017 veröffentlicht. Damit sind nun Datenraten von bis zu **20 Gbit/s** möglich. Da im Multi-Lane-Verfahren über je zwei Adernpaare 10 Gbit/s pro Richtung übertragen werden, sind **USB-C-Stecker** anstelle der weit verbreiteten USB Typ-A-Stecker erforderlich.
USB 4.0 USB 4.0 wurde als gemeinsamer Nachfolger für USB 3.2 und Thunderbolt 3 im Jahr 2019 veröffentlicht. Von Thunderbolt wurden die gemeinsame Nutzung der Bandbreite sowie die Tunnelarchitektur und von USB die Baumstruktur übernommen. In der Ausführung USB 4 Gen 3x2 wird eine Geschwindigkeit von bis zu **40 Gbit/s** (20 Gbit/s pro Lane) erreicht. Über die bestehende Hub-Struktur sind Anschlussmöglichkeiten für eine Vielzahl an unterschiedlichen Peripheriegeräten mit Hochgeschwindigkeits-USB, Display-Port-Protokoll oder auch PCIe-Funktionen gegeben. Selbst Host-zu-Host-Verbindungen sind möglich.

Universal Serial Bus-C (USB-C)

USB-C, auch USB Typ C genannt, ist der neueste Stecker, der vom USB Implementers Forum (USB-IF) – einer Gruppe aus führenden Unternehmen der Elektronikbranche entwickelt wurde. Da viele der weltweit bekanntesten Hersteller diese neue Technologie unterstützen, wird USB-C die bisherigen USB-Typen, also USB-A, USB-B und USB Mini-B, schrittweise ersetzen. Da diese zukünftigen Geräte mit dem neuen USB-C-Anschluss – der kleiner als seine Vorgänger ist – ausgestattet sind, sind diese Geräte vermutlich auch noch viel schlanker und leichter als jemals zuvor.

USB-C kann Daten von bis zu 40 Gbit/s (Gigabits pro Sekunde) übertragen. Man könnte auch sagen: es kann in nur 30 Sekunden einen kompletten HD-Spielfilm übertragen. Das ist bis zu 20 mal schneller als USB 2.0.

Mehr Leistung: Mit bis zu 100 Watt oder einer Stromstärke von 3 A können USB-C-Kabel fast alle Geräte mit Strom versorgen, von Laptops bis zu großen, hochauflösenden Monitoren und sogar einige Drucker.

Das Ultra HD-Erlebnis mit 4 K-Auflösung: USB-C-Kabel können Ultra-HD mit einer Bildauflösung von 4 K an USB-C und HDMI-Displays übertragen. Das entspricht der vierfachen HDTV-Auflösung.

Beidseitig einsteckbarer Stecker: Der USB-C-Stecker (oder auch USB Typ C-Stecker) ist benutzerfreundlich. Er muss nicht in eine bestimmte Richtung eingesteckt werden, er funktioniert, egal in welche Richtung er eingesteckt wird.

USB – Bezeichnungen und Übertragungsgeschwindigkeiten

Bezeichnung	Möglich ab	Übertragungs-geschwindigkeit
Low Speed	USB 1.0	1,5 Mbit/s
Full Speed	USB 1.0	12 Mbit/s
Hi-Speed	USB 2.0	480 Mbit/s
SuperSpeed	USB 3.2 Gen1(x1) vormals USB 3.0/3.1 Gen1	5 Gbit/s
SuperSpeed+ 10 Gbps	USB 3.2 Gen2(x1) vormals USB 3.1 Gen2	10 Gbit/s
SuperSpeed+ 20 Gbps	USB 3.2 Gen 2x2	20 Gbit/s
USB4 20 Gbps	USB 4.0 Gen 2x2	20 Gbit/s
USB4 40 Gbps	USB 4.0 gen 3x2	40 Gbit/s

USB-C Pinbelegung

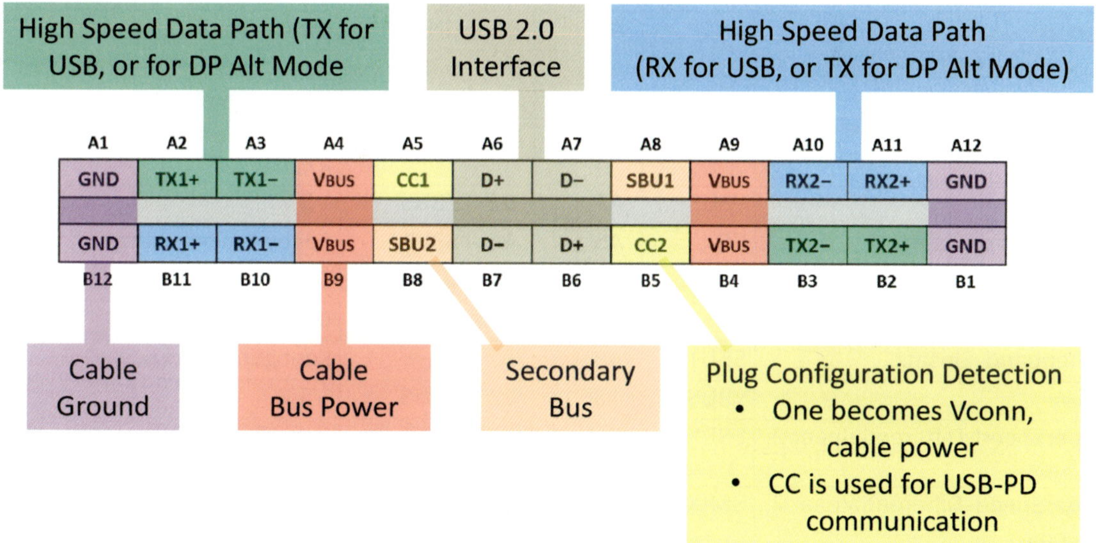

Stecker Typ USB-C						
Beschreibung	**Name**	**PIN**		**PIN**	**Name**	**Bescheibung**
Masse	GND	A1		B12	GND	Masse
SuperSpeed-Differentialpaar 1,TX, pos.	SSTXp1	A2		B11	SSRXp2	SuperSpeed-Differentialpaar 1, RX, pos.
SuperSpeed-Differentialpaar 1, TX, neg.	SSTXn1	A3		B10	SSRXn2	SuperSpeed-Differentialpaar 1, RX, neg.
+ 5 V	VBUS	A4		B9	VBUS	+ 5 V
Konfigurationskanal	CC	A5		B8	SBU1	Seitenband-Einsatz
Datenposition 1, pos.	Dp1	A6		B7	Dn2	Datenposition 2, neg.
Datenposition 1, neg.	Dn1	A7		B6	Dp2	Datenposition 2, pos.
Seitenband-Einsatz	SBU1	A8		B5	CC	Konfigurationskanal
+ 5 V	VBUS	A9		B4	VBUS	+ 5 V
SuperSpeed-Differentialpaar 2, RX, neg.	SSRXn2	A10		B3	SSTXn2	SuperSpeed-Differentialpaar 2, TX, neg.
SuperSpeed-Differentialpaar 2, RX, pos.	SSRXp2	A11		B2	SSTXp2	SuperSpeed-Differentialpaar 2, TX, pos.
Masse	GND	A12		B1	GND	Masse

FireWire – IEEE 1394a/b

1394a-Stecker (6-polig)

Pin	Signal
1	Power
2	GND
3	TPB–
4	TPB+
5	TPA–
6	TPA+

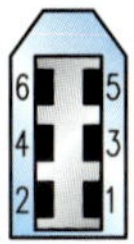

FireWire-Kabel

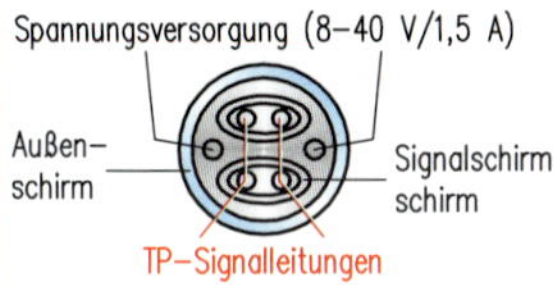

1394a-Stecker (4-polig)

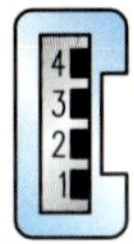

Pin	Signal
1	TPB–
2	TPB+
3	TPA–
4	TPA+

Der Standard IEEE 1394b erhöht die maximale Bandbreite von 400 Mbit/s auf 1600 Mbit/s und setzt ein anderes, von Gigabit-Ethernet her bekanntes Übertragungsverfahren (hier Beta-Mode) ein. IEEE 1394b-Ports, die abwärts kompatibel zu IEEE 1394a sind, nennt man bilingual. Die Adaptierung erfolgt über entsprechende Adapterkabel. Der Anschluss reiner Beta-Ports ist unzulässig und wird durch die Steckerkodierung verhindert.

1394b-Stecker (9-pol. Beta)

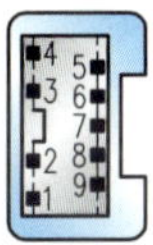

1394b-Stecker (9-pol. bilingual)

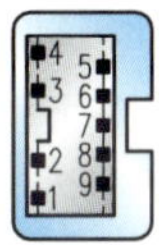

Belegung

Pin	Signal	Pin	Signal
1	TPB–	6	GND
2	TPB+	7	Reserve
3	TPA–	8	Power
4	TPA+	9	TPB-Schirm
5	TPA-Schirm		

Beispiel einer FireWire-Vernetzung

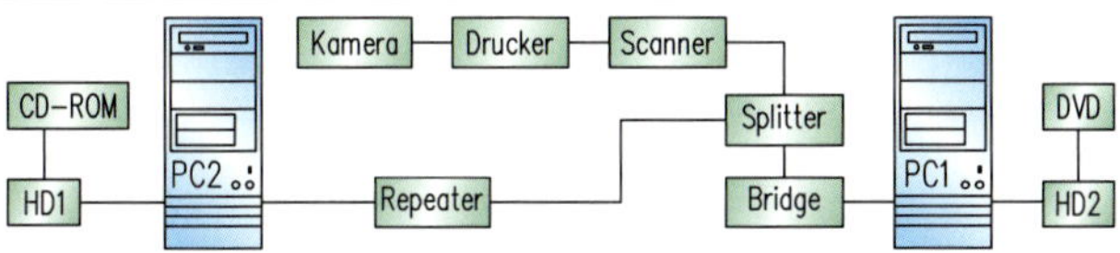

Bemerkungen

Netz-Segmentierung über die Bridge. Der Splitter ermöglicht eine sternförmige Verteilung. Der Repeater als Signalverstärker erhöht die räumliche Ausdehnung. Geräte mit zwei oder mehr Anschlüssen haben auch Repeaterfunktionen.

FireWire – IEEE 1394a/b

Stecker und Kabel bei IEEE 1394a/FireWire 400 Typ 1: 6-poliger FireWire-Anschluss (DV-Anschluss) • 6-polige Stecker besitzen dünne 6-polige Kabel (2 Adernpaare zur Datenübertragung; 1 Adernkabel für die Stromversorgung) Typ 2: 4-poliger FireWire-Anschluss (Mini-DV-Anschluss) • kein Adernpaar für die Stromversorgung vorhanden • meistens an Notebooks und DV-Kameras zu finden max. Gerätekabellänge: 4,5 m max. Gesamtdistanz einer Kabelstrecke: 72 m	
Stecker und Kabel bei IEEE 1394b/FireWire 800 Typ 1: Beta-Anschluss • nur kompatibel mit 9-poligen Beta-Steckern für reine FireWire-800-Verbindungen Typ 2: bilingualer Anschluss • abwärtskompatibel zu IEEE 1394a (FireWire-400-Stecker können angeschlossen werden) Es gibt zwei neue 9-polige Stecker (2 Pins führen Masseleitungen; 1 Pin dient zukünftigen Anwendungen). max. Gerätekabellänge: > 4,5 m (bei heruntergeregelter Übertragungsrate) max. Gesamtdistanz einer Kabelstrecke: 100 m (über CAT-5-UTP-Kabel bei 100 Mbit/s oder mit Lichtwellenleitern)	

Thunderbolt

Thunderbolt (englisch für „Donnerkeil“) ist die Bezeichnung für die von Intel in Zusammenarbeit mit Apple entwickelte Schnittstelle zwischen Computern, Monitoren, Peripheriegeräten und Unterhaltungselektronik, wie z. B. Videokameras oder Festplatten.

Die Technologie wurde bei Intel Labs entwickelt mit dem Ziel, eine schnelle I/O-Technologie z. B. für HD-Displays und ultraschnelle Datengeräte zu entwickeln.

Bei der technischen Realisierung arbeiteten Intel und Apple eng zusammen und entwickelten die Thunderbolt-Technologie, die dann bei Mac-Computern erstmals eingesetzt wurde.

Thunderbolt

Die Thunderbolt I/O Technologie bietet in **einem** Anschluss **zwei** Kanäle mit einem Durchsatz von 10 Gbit/s in beide Richtungen. Daten lassen sich bis zu 20-mal schneller als mit USB 2.0 und bis zu 12-mal schneller als mit FireWire 800 übertragen. Ohne Hub oder Switch können mehrere Geräte in Reihenschaltung angeschlossen werden.

Zum Beispiel lassen sich an nur **einem** Thunderbolt Anschluss **mehrere** externe Highspeed-Festplatten, ein Gerät zur Videoaufzeichnung und dazu ein Display mit Mini DisplayPort mit maximalem Datendurchsatz anschließen.

Thunderbolt 5: 80 GBit/s
(kompatibel zu älteren Versionen zu Thunderbolt, USB und Displayport, bestehende Kabel können weiterverwendet werden mit max. 1 m Länge)

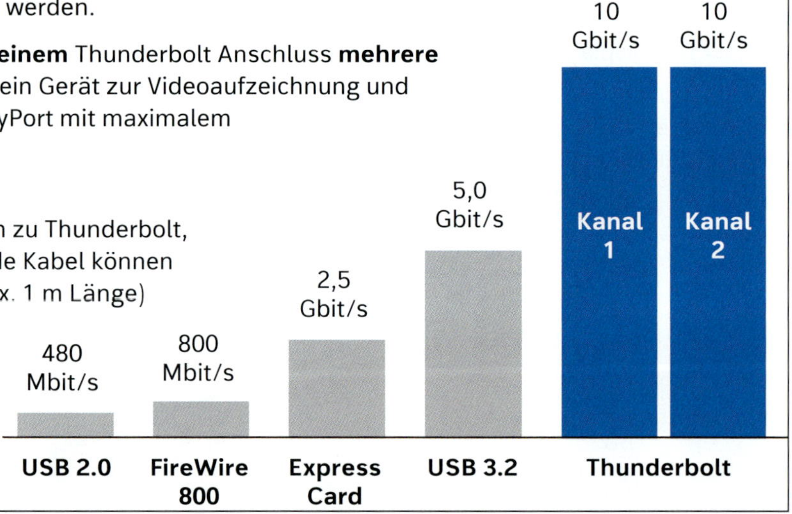

Bildschirmaufbau

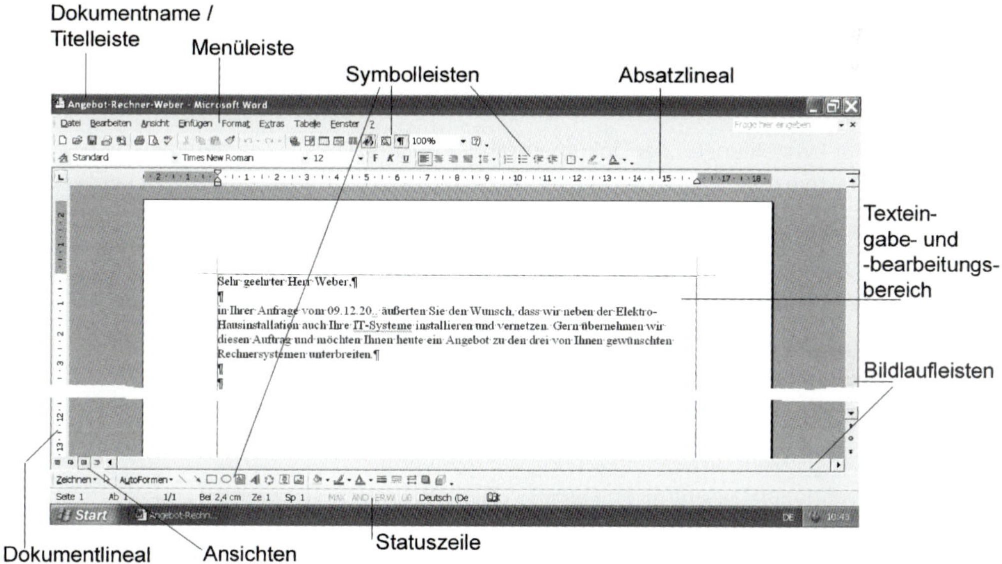

Menüs: Symbolleisten, Lineale, Bildlaufleiste, Statuszeile

Menüleiste: Zusammenstellung der Befehle und Funktionen (Ausführung oft durch Tastenkombination möglich)

Symbolleisten: Buttons mit bildhaften Darstellungen der häufig benutzten Befehle zum schnellen Aufruf

Absatzlineal: für Einstelllungen der Dokumentränder (rechts/links), Parametereinstellungen der Absatzeinzüge, Formatierung der Tabulatoren

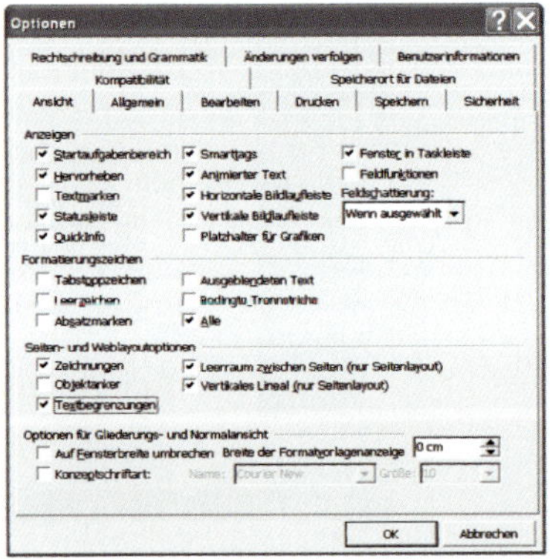

Dokumentlineal: Einstellen der Dokumentränder (oben/unten)

Ansichten: Darstellung des Textes in verschiedenen Weisen (z. B. Standard, Seitenlayout)

Bildlaufleiste: Textbereiche außerhalb des Bildschirms können erreicht werden

Statuszeile: bezieht sich auf das aktuelle Dokument

Optionen: Möglichkeit, Arbeitsumgebung des Textverarbeitungsprogramms an eigene Vorlieben anzupassen

Menü: Format

Zeichen, Absätze, Abschnitte und Dokumente können formatiert werden.

Formatierungsoptionen durch Menü **Format**:

- **Zeichen:** Schriftarten, -größe, -farbe, -schnitt, Effekte, Zeichenabstände
- **Absätze:** Ausrichtung (links, rechts, zentriert, Block), Zeilenabstand, Einzüge
- **Aufzählungen:** Arten (z. B. Nummerierung), Gliederung
- **Tabulatoren:** Tabstopppositionen eingeben, Füllzeichenwahl, Ausrichtung

Menüs: Tabelle, Datei, Ansicht

Menü Tabelle:

Einfügen: Anzahl der Spalten und Zeilen werden eingegeben.
Befehle zur **weiteren Bearbeitung**:

- Hinzufügen von Spalten/Zeilen
- Löschen von Spalten/Zeilen
- Sortieren der Tabelle
- Formatierung

Menü Datei:
Seite einrichten: Dokumentlayout wird formatiert (z. B. Seitenränder, Ausrichtung hoch/quer)

Menü Ansicht:
Kopf- und Fußzeile: Eingabe von Text für beide Felder
Feldfunktionen: Seitenzahl, Datum, AutoText etc.

Geschäftsbrief nach DIN 5008 – Form A

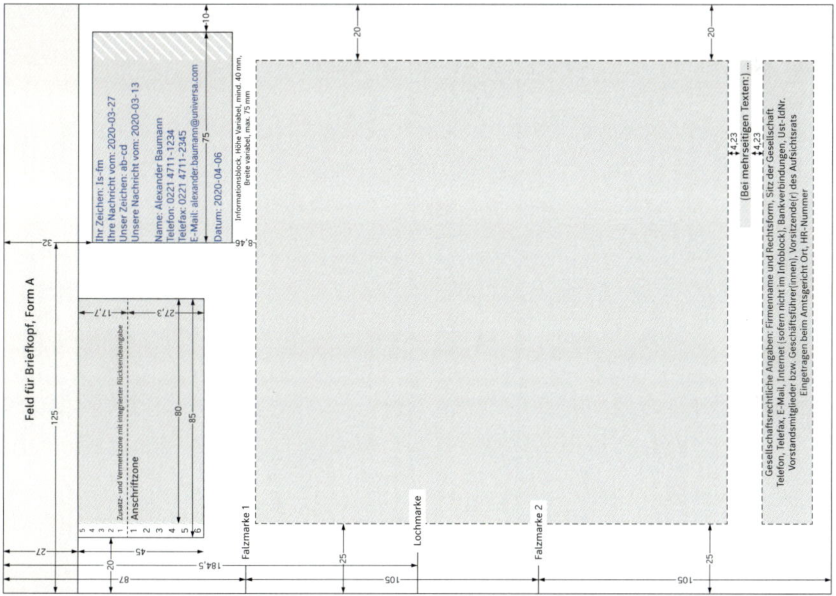

Geschäftsbrief nach DIN 5008 – Musterbrief Form A

REEDEREI VOẞWINKEL AG

Personen- und Frachtschifffahrt

STANDARD-Werke AG, Postfach 40 96 37, 93054 Regensburg
Vorab per Telefax +49 8821 6216
Sonnenhotels Garmisch GmbH
Frau Martina Schmidt
Sonnenstraße 1
82467 Garmisch-Partenkirchen

Mitarbeiterin:	Janine Rodriguez
Abteilung:	Verwaltung
Telefon:	+49 941 2031-15
Telefax:	+49 941 2031-17
E-Mail:	j.rodriguez@reederei.vosswinkel.com
Internet:	www.reederei-vosswinkel.com
Datum:	2020-08-03

Hotelbuchung

Guten Tag, Frau Schmidt,

vielen Dank für Ihr umfangreiches Prospektmaterial. In Ihrem Hotel „Sonnenblick“ möchten wir gerne eine Tagung

vom 5. bis 9. Juli 2021

durchführen. Bitte reservieren Sie 25 Einzelzimmer zum Preis von 80,00 € je Übernachtung und bestätigen Sie die Reservierung schriftlich. Senden Sie uns die Rechnung direkt zu.

Den Tagungsraum benötigen wir während der gesamten Zeit. Sind neben schnellen LAN- und WLAN-Anschlüssen auch Beamer und Flipchart bzw. ein interaktives Whiteboard vorhanden?

Sicher werden Sie dafür sorgen, dass sich unsere Mitarbeiterinnen und Mitarbeiter in Ihrem Hotel wohlfühlen.

Freundliche Grüße

REEDEREI VOẞWINKEL AG

i. V. *Rodriguez*

Janine Rodriguez

Geschäftsräume	E-Mail	Telefon	Sparkasse Regensburg
Donauallee 37 – 40	info@reederei-vosswinkel.com	+49 941 2031-0	IBAN: DE19 7505 0000 0005 4622 72
93055 Regensburg			BIC: BYLADEM1RBG

Vorsitzende des Aufsichtsrates: Dr. Helga Schulze
Vorsitzender des Vorstandes: Dr. Werner Kleinschmidt · Vorstand: Dr. Erika Schreiber · Heinz Lange
Sitz der Gesellschaft: Regensburg · Handelsregister HRB 1339 beim Amtsgericht Regensburg

Elektronischer Schriftverkehr nach DIN 5008

Allgemeines

Die folgenden Regelungen für den elektronischen Schriftverkehr beziehen sich vorrangig auf E-Mails und verwandte Dienste. Sie sind jedoch – soweit möglich und sinnvoll – auch auf andere schriftliche elektronische Kommunikationsformen, z. B. Messenger-Dienste, anzuwenden, sofern diese die Verwendung als Ersatz für „Geschäftsbriefe" an namentlich bestimmte Empfänger zum Ziel haben. Sie zielen weniger auf unternehmensinterne Mitteilungen und auf den privaten Bereich ab. Für die beiden letztgenannten Anwendungen sind sie als Empfehlungen anzusehen.

Elektronische Post ist in der Regel zur Übermittlung von kurzen, sachlichen und fachlichen Informationen geeignet. Sie sollte nur ein Thema enthalten. Beim Schreiben von Nachrichten ist Rücksicht zu nehmen auf die technischen Gegebenheiten des Empfängers – insbesondere beim Nachrichtenformat, bei der Codierung, bei der Verschlüsselung, bei den verwendeten Schriften und den Dateiformaten der Anlagen.

Sofern Absender und Empfänger vertrauliche und/oder rechtsverbindliche Nachrichten austauschen wollen, beide ihren Sitz in Deutschland haben und jeweils ein De-Mail-Konto bei einem der akkreditierten Diensteanbieter besitzen, ist der De-Mail-Dienst der normalen E-Mail ggf. vorzuziehen. Die Identitäten von Absender und Adressat können eindeutig nachgewiesen werden. Die Nachrichten werden ausschließlich über verschlüsselte Kanäle übertragen und verschlüsselt abgelegt. In rechtlichen Angelegenheiten ist die Übermittlungsart (Papierform oder digital) zu prüfen.

Nach De-Mail-Gesetz ist für De-Mail-Diensteanbieter eine Akkreditierung durch das Bundesamt für Sicherheit in der Informationstechnik erforderlich.

Feld „An" (Anschrift)

Zum Versenden von elektronischer Post ist eine Mail-Adresse zu verwenden, die sich nach den Vorgaben des jeweiligen Anbieters richtet. Mail-Adressen sind häufig in folgender Form aufgebaut:

empfaengerbezeichnung@anbieter.de empfaengerbezeichnung@anbieter.de-mail.de
empfaengerbezeichnung@eigenedomain.de empfaengerbezeichnung@eigenedomain.de-mail.de

Elektronischer Schriftverkehr nach DIN 5008

Beispiele für E-Mail-Adressen

service@webshop.com; info@euromanagement.eu; frank.baumann@gmx.de; vorname.name@anbieter.de

Beispiele für De-Mail-Adressen

vertrieb@euromanagement.de-mail.de; jens.obermaier@euromanagement.de-mail.de
vorname.name@anbieter.de-mail.de

Elektronische Postsendungen können im Adressfeld „An“ an einen oder mehrere gemeinsame, gleichberechtigte Empfänger adressiert sein, von denen in der Regel eine Handlung erwartet wird.

frank.baumann@t-online.de; eva.mueller@euromanagement.eu

E-Mail- und De-Mail-Adressen können nicht gemischt werden, da der Datenaustausch zwischen diesen Diensten technisch ausgeschlossen ist.

Felder „Cc“ und „Bcc“ (Verteiler)

Als Verteiler werden weitere Mail-Adressen in eines der elektronischen Verteilerfelder eingetragen – Empfänger, die nur informiert werden, sollten im Feld „Cc“ eingetragen werden.

Je nachdem, ob diese Adressen für die einzelnen Empfänger sichtbar sein sollen, sind diese in dem entsprechenden Verteilerfeld Cc (sichtbar) oder Bcc (unsichtbar) einzutragen.

Für die Adressierung an mehrere Empfänger können auch Verteilergruppen genutzt werden.

Feld „Betreff“

Der Betreff ist als stichwortartige Inhaltsangabe im Mail-Kopf wegen seiner zentralen Bedeutung im Schriftverkehr auszufüllen. Bei Sendungen in das Ausland sollte auf sprachliche Besonderheiten wie Akzente, Umlaute und ß, verzichtet werden.

Elektronischer Schriftverkehr nach DIN 5008

Abschluss – Signatur

Als Abschluss einer Mail wird in der Regel eine elektronischer Textbaustein (auch Signatur genannt) hinzugefügt. Er enthält den Gruß sowie Kommunikations- und Firmenangaben. Die Angabe der Mail- und/oder Internet-Adresse muss enthalten sein. Inhalt und Reihenfolge der Kommunikationsangaben richten sich nach den betrieblichen Erfordernissen.

Um nicht zwischen Geschäftsbriefen an bestimmte Empfänger und z. B. Werbesendungen unterscheiden zu müssen, sind die gesetzlich vorgeschriebenen Angaben nach HGB, GmbHG bzw. AktG grundsätzlich in den Abschluss aufzunehmen. Die Signatur darf auch um mehrsprachige Zusätze, wie Vertraulichkeits-, Druck- und Werbehinweise, ergänzt werden.

Freundliche Grüße aus Köln

Zendler GmbH

Otto Winter

Telefon: +49 221 166-7079
Fax: +49 221 166-7080
E-Mail: otto.winter@zendler.de-mail.de
Internet: http://www.zendler.de

Postanschrift: Postfach 354011, 50518 Köln
Sitz/Hausanschrift: Weißhausstraße 75, 50939 Köln
Geschäftsführer: Jan Zendler
Handelsregister HRB 4711 beim Amtsgericht Köln
Ust-IdNr. DE122593637

Mit freundlichen Grüßen

Frau Ay Akmar

E-Mail: ay.akmar@mailweb.de
Mobil: 0171 7542230
Skype: a.akmar
Anschrift: Hauptstr. 15, 21423 Winsen (Luhe)

Der Inhalt dieser E-Mail (einschließlich etwaiger beigefügter Dateien) ist vertraulich und nur für den Empfänger bestimmt. Sollten Sie nicht der bestimmungsgemäße Empfänger sein, informieren Sie bitte unverzüglich den Absender und löschen Sie die E-Mail (einschließlich etwaiger beigefügter Dateien) von Ihrem System. Vielen Dank!

The contents of this e-mail (including any attachments) are confidential and may be legally privileged. If you are not the intended recipient of this e-mail, please notify the sender immediately and then delete it (including any attachments) from your system. Thank you!

Sofern aus dem Namen nicht ersichtlich ist, welche Anrede in einem Antwortschreiben verwendet werden soll, kann die Signatur entsprechend ergänzt werden.

Bildschirmaufbau

Berechnungen mit Tabellenkalkulationen

Beispiele für Funktionen

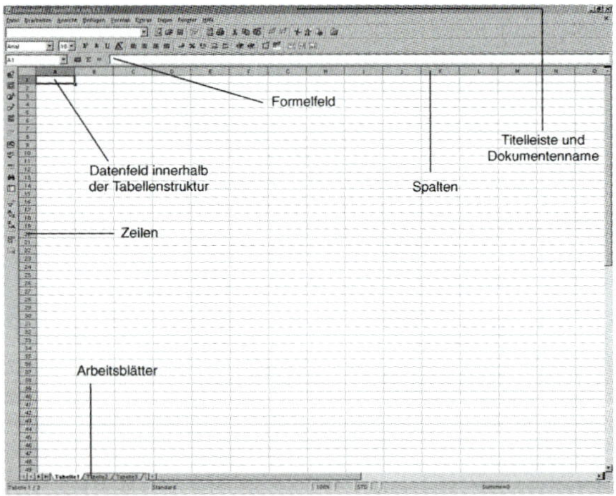

= SUMME(B1:B2)	addiert die Felder B1 bis B2
= WENN(B5>100;200;50)	vergleicht, ob die Zeile B5 einen größeren Wert als 100 beinhaltet. Wenn ja, wird die Zahl 200 ausgegeben, sonst die Zahl 50.
= MIN(C5:C10)	gibt den minimalsten Wert der Felder C5 bis C10 aus
= MAX(B5:B10)	gibt den größten Wert der Felder B5 bis B10 aus
= MITTELWERT(D5:D10)	gibt den Mittelwert der Felder D5 bis D10 aus
= HEUTE()	gibt das heutige Datum an
= RUNDEN(A1:1)	rundet den Inhalt von A1 auf eine Dezimalstelle
= DEZINBIN(100;8)	gibt die Binärzahl der Dezimalzahl 100 mit 8 Stellen aus. Die Dezimalzahl muss in den Grenzen von −512 und 511 liegen.
= LOG(8;10)	gibt den Logarithmus zur Basis 10 der Zahl 8 aus

Berechnungen, Wenn-Funktion

Berechnungen mit Tabellenkalkulationsprogramm

Mit einem Tabellenkalkulationsprogramm kann die Summe von zwei oder mehreren Datenfeldern gebildet werden, indem man im Formelfeld z. B. diesen Befehl eingibt:
= C5 + C6
Bei der Addition von mehreren Werten kann auch die Summe eines Bereiches gebildet werden, z. B. anhand folgender Formel
= SUMME(C1:C3).
In diesem Fall wird die Summe aus den Feldern C1, C2 und C3 gebildet.

Subtraktionen, Multiplikationen und Divisionen werden in gleicher Weise durchgeführt.

Wenn-Funktion

Das Programm ermöglicht es, Ergebnisse in Abhängigkeiten zu berechnen. In unserem Sprachgebrauch verwenden wir die Aussage „wenn ..., dann ...“ ebenfalls sehr oft, um Fallunterscheidungen zu kennzeichnen.
Beispiel für eine Wenn-dann-sonst-Formel:
= WENN(C1<C2;“richtig“;“falsch“)
In diesem Fall wird richtig ausgegeben, wenn der Inhalt von C1 kleiner als der von C2 ist. Ansonsten wird falsch ausgegeben.

Vergleichsoperatoren, Diagramme

Vergleichsoperatoren:

=	gleich	>=	größer gleich
<	kleiner	<=	kleiner gleich
>	größer	<>	ungleich

Diagramme

Die Inhalte von Tabellen können grafisch durch verschiedene Diagrammtypen dargestellt werden. Mithilfe eines integrierten Diagrammassistenten können die eingetragenen Werte in Diagrammform angezeigt werden. Beispiel:

Kundengruppe und der Anteil am Umsatz

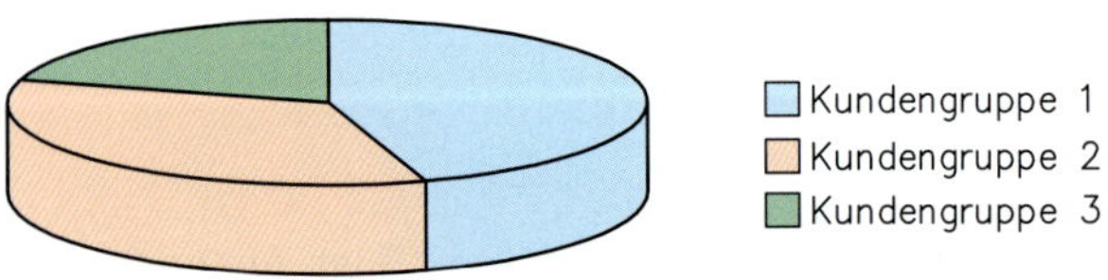

Kundengruppe	Umsatz
Kundengruppe 1	45 %
Kundengruppe 2	35 %
Kundengruppe 3	20 %

Bildschirmaufbau

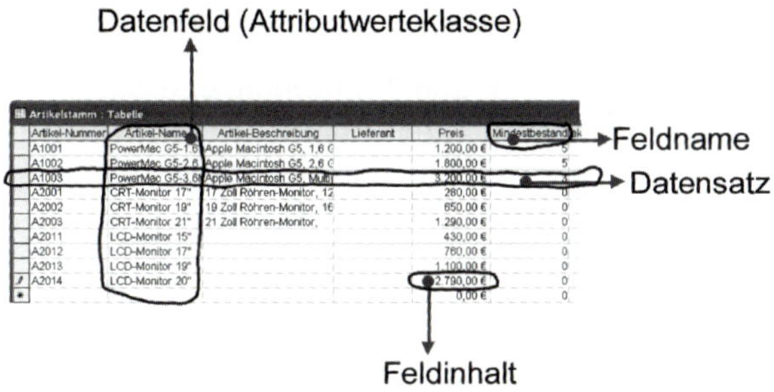

Datenfeld
Besteht aus Feldnamen und dem Felddatentyp.
Mehrere Datenfelder bilden einen Datensatz.

Datensatz
Besteht aus mehreren Datenfeldern.
Beinhaltet Feldwerte mit Informationen.

Tabellenname	Feldname	Felddatentyp	Kurzbeschreibung
Artikelstamm	Artikelnummer	Text	Datensatzbeschreibung (Primärschlüssel) stellt Beziehungen (Relationen) her zu anderen Daten
	Artikelname	Text	Kurzbescheibung des Artikels
	Artikelbeschreibung	Text	Beschreibung des Artikels
	Preis	Währung	Nettopreis des Artikels
	Mindestbestand	Zahl	Mindestbestand des Artikels im Lager

Einteilung von Netzwerken

Man teilt Netzwerke nach folgenden Kriterien ein:

Übertragungsstruktur (Komponenten von Kommunikationsnetzen)
- Übertragungswege (Kabel- und kabellose Verbindungen)
- Übertragungseinrichtungen (Rechner, ISDN-Karte, Netzwerkkarte, Telefon)
- Vermittlungseinrichtungen (Kopplungskomponenten, Verbindungsauf- und -abbau, Gebührenermittlung)

Ausdehnung der Netzwerke
- Weitverkehrsnetze (WAN/GAN)
- Regionale Netzwerke (MAN)
- Lokale Netzwerke (LAN)
- Terminalnetze

Netzwerkstruktur (Netztopologie)
- Busnetzwerke
- Sternnetzwerke
- Ringnetzwerke
- Baumnetzwerke

Zugriffsarten (Senden und Empfangen von Daten)
- Zentrale Zugriffsformen (zentraler Aufruf zum Senden der Daten)
- Dezentrale Zugriffsformen (Stationen senden von sich aus die Daten)

Übertragungsmedien
- Kabelnetze (Koaxialkabel, TP-Kabel)
- Kabelfreie Netze (Infrarot, Funk)

Kommunikationsrichtungen (Betriebsarten)
- Einwegkommunikation (Simplex)
- Alternative Zweiwegkommunikation (Halbduplex – Wechselbetrieb)
- Simultane Zweiwegkommunikation (Vollduplex – Gegenbetrieb)

Tabellen

Technische Werte wichtiger Werkstoffe bei 20 °C					
Werkstoffname	Temperaturbeiwert (α) in 1/K bei 20 °C	Ausdehnungszahl (α_L) in 1/K bei 20 °C	Dichte (ϱ) in $\frac{kg}{dm^3}$	spezifischer Widerstand (ϱ) in $\frac{\Omega \cdot mm^2}{m}$	Leitfähigkeit (γ) in $\frac{S \cdot m}{mm^2}$
Aluminium	0,0038	0,0000238	2,7	0,02857	35
Blei	0,004	0,000028	11,3	0,21	4,75
Chrom		0,000085	7,1	0,15	6,7
Eisen	0,005	0,0000125	7,25	0,0962	10,4
Gold	0,004	0,0000142	19,3	0,023	43,5
Konstantan (60 % Cu/40 % Ni)	−0,00003	0,000152	8,8	0,5	2
Kupfer	0,0039	0,0000165	8,9	0,01785	56
Manganin	0,00001	0,0000175	8,4	0,43	2,33
Magnesium	0,0039	0,000025	1,74	0,0465	21,5
Messing	0,0016	0,0000184	8,5	0,07	14,3
Neusilber	0,0003	0,0000184	8,5	0,4	2,5
Nickel	0,005	0,000013	8,9	0,07	14,3
Nickelin	0,00023	0,000018	8,8	0,3	3,3
Platin	0,004	0,0000089	21,45	0,11	9,1
Quecksilber	0,0009	0,000182	13,55	0,96	1,04
Silber	0,0036	0,0000195	10,5	0,0165	60,6
Stahl	0,006	0,0000145	7,85	0,17	5,9
Tantal	0,003	0,0000066	16,6	0,16	6,25
Wismut	0,004	0,0000135	9,8	1,2	0,83
Wolfram	0,0044	0,0000045	19,3	0,0550	18,18
Zink	0,0042	0,000029	7,1	0,0625	16
Zinn	0,0046	0,0000235	7,28	0,12	8,3
Kohle	−0,0005	−0,000006	2,1	100	0,01

Elektrochemisches Äquivalent c und Wertigkeit			
Grundstoff	c mg/As	Wertigkeit	Erläuterung
Cadmium	0,581	2	**elektrochemisches Äquivalent:** Masse des Grundstoffes, die von 1 As ausgeschieden wird **Wertigkeit:** Anzahl der Atome, mit denen sich ein Atom verbinden kann **Beispiel:** Sauerstoff 1 kann sich verbinden mit Wasserstoff 2 zu einem Wassermolekül H_2O.
Chrom	0,178	3	
Chrom	0,0899	6	
Eisen	0,289	2	
Gold	0,681	3	
Kupfer	0,328	2	
Mangan	0,285	2	
Nickel	0,304	2	
Nickel	0,203	3	
Platin	0,506	4	
Sauerstoff	0,0805	2	
Silber	1,118	1	
Wasserstoff	0,0103	1	
Wolfram	0,953	2	
Zink	0,333	2	
Zinn	0,309	4	

Kunststoffe	
nicht härtbare Kunststoffe	**härtbare Kunststoffe**
Polyvinylchlorid (Vinnol, Vinidur, Trovidur, Mipolam, Vistolit, Viniflex, Luvithermfolien, Vinifol) **Polystyrol** (Trolithul, Styroflex, Styropor) **Polyethylen** (Lupolen, Hostalen, Supralen, Trolen, Vestolen) **Acrylglas** (Plexiglas, Resartglas, Plexigum, Resarit) **Polyamide** (Perlon, Nylon, Ultramid) **Silikone** (Silikonöl, -harz, Kautschuk)	**Phenolharz** (Resopal) **Melaminharz** **Polyesterharz** (Resopal) **Athoxylinharz** (Araldit, Epoxin, Lekuterm, Metallon) **Klebeharz** **Pressmassen** (aus Phenol: Bakelit, Trolitan, Eshalit, Resiform, Tenacit; aus Harnstoff: Corbalit, Pollapas, Uresin; aus Melamin: Resipas, Ultrapas) **Schichtpressstoff** (aus Hartpapier: Formica, Getalit, Pertinax, Resopal, Torlitax; aus Hartgewebe: Durcoton, Ferrozell, Linax, Novotext, Resitex)

Isolierstoffe		
natürliche	**organische**	**anorganische**
Asbest Glimmer Holz Luft Marmor Schiefer Naturharze Naturgummi Faserstoffe	Isolierfette Isolierlacke Isolieröle Kunstgummi Kunstwachse Tränkmasse Vergussmassen	Glas synthetischer Glimmer rutilhaltige Isolierstoffe Keramik (Porzellan, Steatit) Korund Mikanit Steinzeug

Isolierstoffe Durchschlagsfestigkeit E_d, Dielektrizitätszahl ε_r, Temperaturgrenze δ_g, dielektr. Verlustfaktor tan δ

Isolierstoff	E_d kV/mm	Dielektrizitätszahl ε_r			δ_g °C	Verlustfaktor tan δ		
		50 Hz	1 kHz	1 MHz		50 Hz	1 kHz	1 MHz
Bakelit	12,00	5,00	6,00	8,00	150	0,005	0,010	0,020
Bernstein	70,00	2,80	2,80	2,80	250	0,001	0,002	0,005
Glas	50,00	8,00	10,00	16,00	150	0,005	0,005	0,008
Glimmer	150,00	6,00	8,00	8,00	800	0,0005	0,0003	0,0002
Gummi	50,00	2,60	2,60	2,60	60	0,005	0,010	0,070
Hartpapier	30,00	5,00	5,00	5,00	120	0,080	0,080	0,080
trockene Luft	2,40	1,00	1,00	1,00				
feuchte Luft	1,50	1,00	1,00	1,00				
Marmor	1,40	8,50	8,50	8,50	300			
Papier	60,00	5,40	5,40	2,90	100	0,004	0,004	0,004
Pertinax	20,00	5,00	5,00	5,00	100	0,060	0,080	0,090
Plexiglas	30,00	3,70	3,20	2,60	130	0,060	0,040	0,020
Polyethylen	50,00	2,30	2,30	2,30	80	0,0002	0,0002	0,0002
Polystyrol	55,00	2,50	2,50	2,50	40	0,0002	0.0002	0,0003
Polyvinylchlorid	100,00	3,30	3,10	2,90	70	0,013	0,020	0,018
Porzellan	30,00	5,50	5,50	6,00	75	0,015	0,015	0,013
Pressspan	11,00	4,00	4,00	4,00	80	0,030	0,030	0,055
Quarz	180,00	2,00	2,00	3,00	1 000	0,0001	0,0001	0,0001
Quarzglas	40,00	4,20	4,20	4,00	1 000	0,0005	0,0005	0,0005
Stealit	30,00	6,50	6,00	6,00	500	0,003	0,0025	0,002
Transformatoröl	20,00	2,50	2,50	2,50	80	0,0001	0,0001	0,0002
Trolitul	55,00	2,30	2,30	2,30	70	0,0001	0,0001	0,0002
Zellophan	40,00	4,00	4,00	4,00	80	0,300	0,300	0,300
Zelluloid	40,00	3,00	3,00	3,00	40	0,040	0,040	0,050

Farbcode der Widerstände

Farbe	1. und 2. Ring	3. Ring	4. Ring
Bedeutung	1. und 2. Ziffer	Zahl der Nullen	Toleranz in %
Schwarz	0	0	
Braun	1	1	±1%
Rot	2	2	±2%
Orange	3	3	
Gelb	4	4	
Grün	5	5	±0,5 %
Blau	6	6	±0,25 %
Lila	7	7	±0,1 %
Grau	8	8	
Weiß	9	9	
Gold			±5%
Silber			±10 %
Ohne Farbe			±20 %

Beispiel:
Farbringe Rot – Grün – Rot – Silber bedeuten 2 500 Ohm Widerstand mit 10 % Toleranz. Der Widerstand kann einen Wert zwischen 2 250 ... 2 750 Ohm aufweisen.

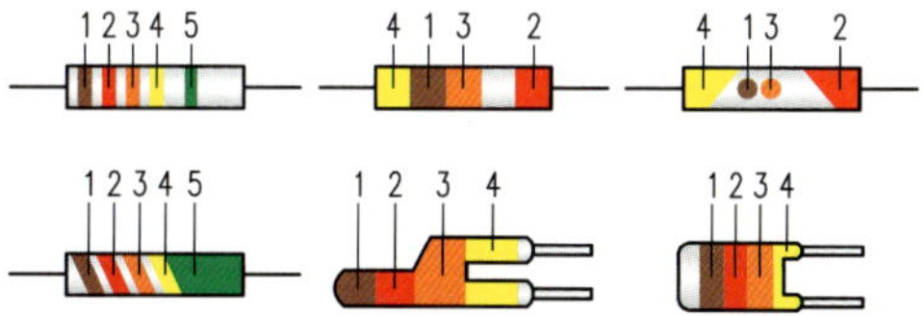

Bezeichnung für Keramikkondensatoren

Code	Toleranz bei Kondensatoren: unter 10 pF in pF	Toleranz bei Kondensatoren: über 10 pF in %	Code	Nennspannung in Volt (V)
B	±0,1		a	50 V–
C	±0,25		b	125 V–
D	±0,5		c	160 V–
F	±1	±1	d	250 V-
G	±2	±2	e	350 V–
H		±2,5	f	500 V-
I		±5	g	700 V–
K		±10	h	1 000 V–
M		±30	u	250 V~
P		+100 0	v	350 V~
R		+30 −20	w	500 V~
S		+50 −20	keine	500 V~
Z		+100 −20		

Kapazitätsangabe in Zahlen aufgedruckt. Folgt nach der Zifferngruppe keine Maßeinheit, dann Kapazität in Picofarad, folgt der Buchstabe n, dann Kapazität in Nanofarad. Großbuchstabe gibt bei Werten unter 10 pF die Toleranz in pF und bei Werten über 10 pF in % an. Der Kleinbuchstabe gibt die Nennspannung in Volt an.

Farbcode für Kondensatoren (ohne Keramikkondensatoren)				
Farbe	1. und 2. Ring	3. Ring	4. Ring	5. Ring
Bedeutung	1. und 2. Ziffer	Zahl der Nullen	Toleranz in %	Betriebsspannung in V
Schwarz	0	0		
Braun	1	1	1 %	100 V
Rot	2	2	2 %	200 V
Orange	3	3	3 %	300 V
Gelb	4	4	4 %	400 V
Grün	5	5	5 %	500 V
Blau	6	6	6 %	600 V
Violett	7	7	7 %	700 V
Grau	8	8	8 %	800 V
Weiß	9	9	9 %	900 V
Gold			5 %	1000 V
Silber			10 %	2000 V
Ohne Farbe			20 %	500 V

Beispiel: Farbringfolge Gelb – Grün – Rot – Braun – Braun bedeutet 4500 pF Kapazität mit 1 % Toleranz und 100 V Betriebsspannung.

Die Kapazität kann einen Wert zwischen 4455 pF ... 4545 pF aufweisen.

Farbringfolge Rot – Grün – Orange bedeutet 25000 pF Kapazität mit 20 % Toleranz und 500 V Betriebsspannung.

Die Kapazität kann einen Wert zwischen 20000 pF ... 30000 pF aufweisen.

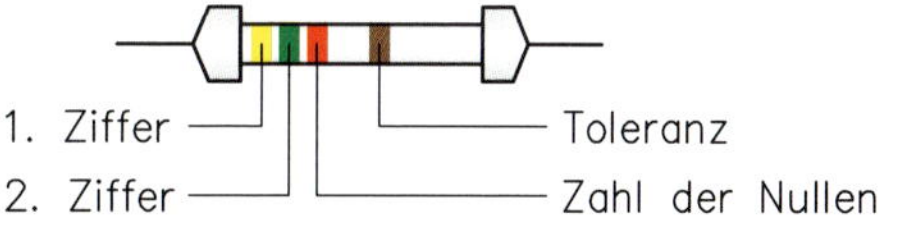

Spannungsreihe der Elemente			
Grundstoffe	φ in V	Beispiele	
Chlor	+1,40	**Spannung** zwischen Chlor und Wasserstoff **1,40 V**	**Spannung** Zwischen Chlor und Aluminium **3,07 V**
Gold	+1,38		
Braunstein	+0,90		
Platin	+0,86		
Quecksilber	+0,80		
Kohle	+0,74		
Sauerstoff	+0,40		
Kupfer	+0,34		
Wismut	+0,23		
Wasserstoff	0	**Spannung** Zwischen Wasserstoff und Aluminium **1,67 V**	
Blei	−0,13		
Zinn	−0,14		
Nickel	−0,23		
Kobalt	−0,29		
Kadmium	−0,40		
Eisen	−0,44		
Chrom	−0,56		
Zink	−0,76		
Aluminium	−1,67		

Thermoelemente

Thermopaar	mittl. Spannungsabgabe mV/°C	Spannungsabgabe bei							Farbe
		100°C mV	500°C mV	1000°C mV	Dauerbelastung		Höchstbelastung		
					δ_{max} °C	U_{0th} mV	δ_{max} °C	U_{0th} mV	
Fe-Konst.	0,056	5,37	27,40		600	33,86	900	53,15	Blau
Cu-Konst.	0,050	4,25	27,84		400	20,99	600	34,30	Braun
NiCr-Ni	0,041	4,04	20,64	41,32	900	37,32	1200	49,02	Grün
PtRh-Pt	0,008	0,64	4,22	9,60	1300	13,17	1600	16,76	Weiß

Erstgenannter Schenkel:
Pluspol, zusätzlich rote Kennzeichnung

Thermoelektrische Spannungsreihe					
Metall	U_{0th} p Potenzial in mV	Metall	U_{0th} p Potenzial in mV	Metall	U_{0th} p Potenzial in mV
Tellur	+50,00	Wolfram	+ 0,80	Zinn	+ 0,40
Silizium	+45,00	Kupfer	+ 0,75	Kohle	+ 0,30
Antimon	+ 4,70	Gold	+ 0,70	Graphit	+ 0,20
Chromnickel	+ 2,20	Silber	+ 0,70	Platin	0
Eisen	+ 1,80	Zink	+ 0,70	Palladium	− 0,30
Messing	+ 1,10	Manganin	+ 0,60	Nickel	− 1,60
Kadmium	+ 0,90	Tantal	+ 0,50	Kobalt	− 1,70
Stahl	+ 0,80	Blei	+ 0,45	Konstantan	− 3,50
		Aluminium	+ 0,40	Wismut	− 7,70
		Magnesium	+ 0,40		

Die Thermo-Quellenspannung U_{0th} gibt den Spannungswert für 100 °C Temperaturunterschied gegen die kalte Lötstelle von 0 °C bei Platin als Gegenpol an.

Einheit: mV

Beispiel: Plusschenkel: Fe, Minusschenkel: Pt
$\Delta\delta = 100\,°C$ $U_{0th} = +1{,}8$ mV

Abmessungen isolierter Kupferrunddrähte					
Durchmesser mm	Querschnitt mm^2	Gewicht je 100 mg	Außendurchmesser mm	Windungen je cm^2 Wickelfläche	Füllfaktor v. H.
0,10	0,0079	7,0	0,115	6 000	47
0,12	0,0113	10,1	0,135	3 250	50
0,14	0,0154	13,7	0,16	4 400	50
0,15	0,0177	15,7	0,17	2 900	50
0,16	0,0201	17,9	0,18	2 500	50
0,18	0,0255	22,6	0,20	2 000	51
0,20	0,0314	27,9	0,22	1 650	52
0,22	0,038	33,8	0,245	1 400	53
0,25	0,0491	43,6	0,275	1 100	54
0,28	0,0616	54,8	0,305	870	54
0,30	0,0707	62,9	0,325	770	54
0,35	0,0962	85,6	0,38	580	56
0,40	0,1257	112	0,43	450	57
0,45	0,159	142	0,485	370	59
0,50	0,1964	175	0,535	300	59
0,55	0,2376	211	0,59	250	59
0,60	0,2827	252	0,64	210	59
0,65	0,3318	295	0,69	180	60
0,70	0,3849	343	0,74	160	62
0,75	0,4418	393	0,80	140	62
0,80	0,5026	446	0,84	120	62
0,90	0,6361	567	0,94	95	64
1,00	0,785	710	1,04	75	65

Übertragerabmessungen

Benennung	Breite a mm	Höhe b mm	Kern c mm	Wickelfläche			mittlerer Windungs-umfang U_m (m)	S = Schein-leistung in VA
				b_w mm	h_w mm	A_w cm^2		
M 20	20	20	5	10,0	2,5	0,25	0,036	
M 30	30	30	7	16,5	4,5	0,745	0,05	
M 42	42	42	12	26,0	7,0	1,82	0,089	4
M 55	55	55	17	33,5	8,5	2,50	0,116	12
M 65	65	65	20	38,0	10,0	3,80	0,138	25
M 74	74	74	23	44,0	12,0	5,28	0,162	50
M 85	85	85	29	49,0	12,5	6,12	0,171	70
M 102	102	102	34	61,0	13,5	8,15	0,198	120

Verlegearten von Kabeln und Leitungen* (Beispiele)	
A 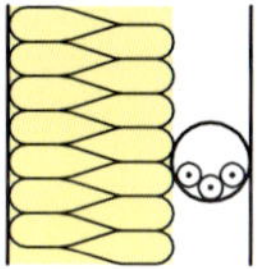	**Verlegung in wärmedämmenden Wänden** • **Aderleitungen** im Elektroinstallationsrohr
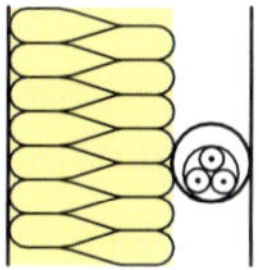	• **mehradrige Mantelleitungen** im Elektroinstallationsrohr
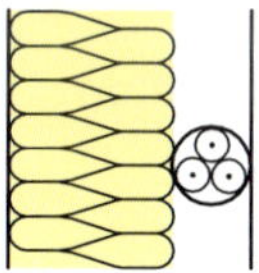	• **mehradrige Mantelleitungen** in der Wand

* Die Verlegearten entsprechen auszugsweise DIN VDE 0100 Teil 430.

Verlegearten von Kabeln und Leitungen (Beispiele)		
B1	 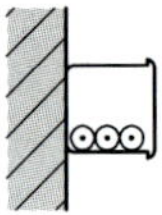 	**Verlegung auf oder in der Wand oder unter Putz in Elektroinstallationsrohren oder -kanälen** • **Aderleitungen** — im Elektroinstallationsrohr auf der Wand — im Elektroinstallationskanal auf der Wand • **einadrige Mantelleitungen, Aderleitungen** und mehradrige Leitungen im Elektroinstallationsrohr im Mauerwerk
B2	 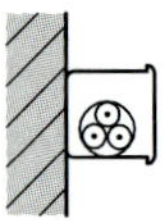	**Verlegung auf der Wand in Elektroinstallationsrohren oder -kanälen** • **mehradrige Mantelleitungen** — im Elektroinstallationsrohr auf der Wand — im Elektroinstallationskanal auf der Wand

Verlegearten von Kabeln und Leitungen (Beispiele)	
C 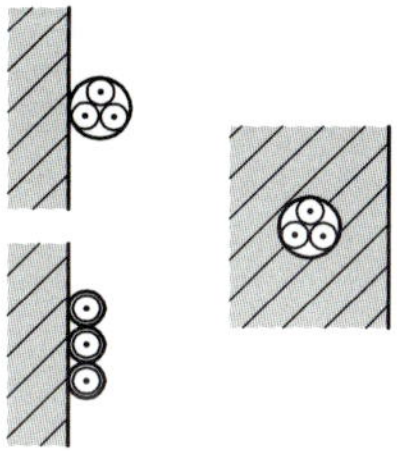	**direkt verlegt** • **mehradrige Leitungen** auf der Wand oder auf dem Fußboden • **einadrige Mantelleitungen** auf der Wand oder auf dem Fußboden • **mehradrige Leitungen, Stegleitungen** in der Wand oder unter Putz
E 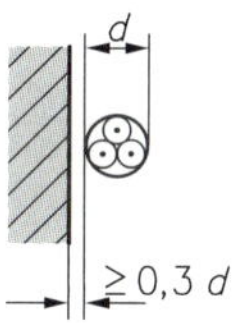	**Verlegung frei in der Luft**, d. h. die ungehinderte Wärmeabgabe wird gewährleistet • **mehradrige Leitungen** bei einem Abstand von der Wand ≥ 0,3 *d*

Strombelastbarkeit von Kabeln und Leitungen mit Kupferleiter und PVC-Isolierung (Betriebstemperatur 70 °C) bei fester Verlegung und Dauerbetrieb[1], Umgebungstemperatur 30 °C										
Referenz-Verlegeart	**A1**		**A2**		**B1**		**B2**		**C**	
Verlegung	in wärmegedämmten Wänden				in Elektroinstallationsrohren				direkt	
Anzahl der gleichzeitig belasteten Adern	2	3	2	3	2	3	2	3	2	3
Nennquerschnitt in mm²	Strombelastbarkeit I_Z in A[2]									
1,5	15,5	13,5	15,5	13,0	17,5	15,5	16,5	15,0	19,5	17,5
2,5	19,5	18,0	18,5	17,5	24	21	23	20	27	24
4	26	24	25	23	32	28	30	27	36	32
6	34	31	32	29	41	36	38	34	46	41
10	46	42	43	39	57	50	52	46	63	57
16	61	56	57	52	76	68	69	62	85	76
25	80	73	75	68	101	89	90	80	112	96
35	99	89	92	83	125	110	111	99	138	119
50	119	108	110	99	151	134	133	118	168	144
70	151	136	139	125	192	171	168	149	213	184
95	182	164	167	150	232	207	201	179	258	223
120	210	188	192	172	269	239	232	206	299	259

[1] I_Z für Nicht-Dauerbetrieb

[2] Die betriebsmäßige Belastung I_b der Kabel und Leitungen darf nicht größer als die zulässige Belastbarkeit I_Z sein ($I_b \leq I_Z$).

- Bei Installationen mit unterschiedlichen Verlegearten ist die Strombelastbarkeit des Kabels oder der Leitung nach der ungünstigsten Verlegeart zu bestimmen.
- Für das Errichten von Starkstromanlagen mit Nennspannungen bis 1 000 V ist als höchste Betriebstemperatur für Kabel und Leitungen 70 °C zugrunde zu legen, weil Installations-Einbaugeräte, Steckvorrichtungen, Klemmen u. dgl. gewöhnlich für diese Anschlussstellentemperatur bestimmt sind. Kabel und Leitungen für höhere Betriebstemperaturen, z. B. 80 oder 90 °C, sind deshalb in der Gebäudeinstallation nur so hoch zu belasten, dass die Betriebstemperatur am Leiter 70 °C nicht überschreitet.

Umrechnungsfaktoren für abweichende Umgebungstemperaturen ($\vartheta_u \lesseqgtr 30\,°C$)				
Zulässige Betriebstemperatur am Leiter	60 °C	70 °C	80 °C	90 °C
Umgebungstemperatur °C	Umrechnungsfaktoren			
10	1,29	1,22	1,18	1,15
15	1,22	1,17	1,14	1,12
20	1,15	1,12	1,10	1,08
25	1,08	1,06	1,05	1,04
30	1,00	1,00	1,00	1,00
35	0,91	0,94	0,95	0,96
40	0,82	0,87	0,89	0,91
45	0,71	0,79	0,84	0,87
50	0,58	0,71	0,77	0,82
55	0,41	0,61	0,71	0,76
60	–	0,50	0,63	0,71
65	–	0,35	0,55	0,65
70	–	–	0,45	0,58
75	–	–	0,32	0,50
80	–	–	–	0,41
85	–	–	–	0,29

NR/SR = Natur- oder synthetischer Kautschuk, PVC = Polyvinylchlorid, EPR = Ethylen-Propylen-Kautschuk, VPE = vernetztes Polyethylen

Umrechnungsfaktoren für Häufung von Kabeln und Leitungen mit Nennlast im Dauerbetrieb

Verlegeanordnung	Anzahl der mehradrigen Kabel oder Leitungen oder Anzahl der Wechsel- oder Drehstromkreise aus einadrigen Kabeln oder Leitungen (2 bzw. 3 Strom führende Leiter)														
	1	2	3	4	5	6	7	8	9	10	12	14	16	18	20
Gebündelt direkt auf der Wand, auf dem Fußboden, im Elektroinstallationsrohr oder -kanal, auf oder in der Wand 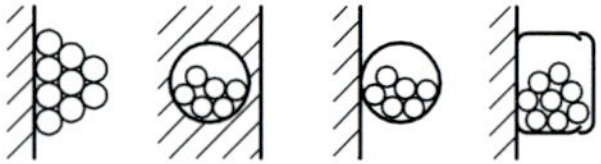	1,00	0,80	0,70	0,65	0,60	0,57	0,54	0,52	0,50	0,48	0,45	0,43	0,41	0,39	0,38
Einlagig auf der Wand oder auf dem Fußboden, mit Berührung 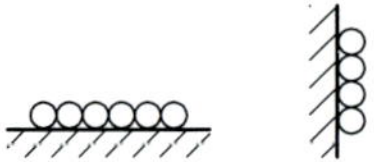	1,00	0,85	0,79	0,75	0,73	0,72	0,72	0,71	0,70	0,70	0,70	0,70	0,70	0,70	0,70
Einlagig auf der Wand oder auf dem Fußboden, mit Zwischenraum gleich dem Außendurchmesser d 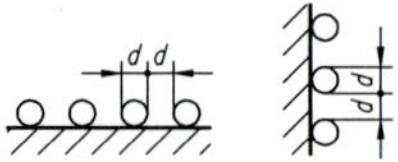	1,00	0,94	0,90	0,90	0,90	0,90	0,90	0,90	0,90	0,90	0,90	0,90	0,90	0,90	0,90

Verlegeanordnung	Anzahl der mehradrigen Kabel oder Leitungen oder Anzahl der Wechsel- oder Drehstromkreise aus einadrigen Kabeln oder Leitungen (2 bzw. 3 Strom führende Leiter)														
	1	2	3	4	5	6	7	8	9	10	12	14	16	18	20
Einlagig unter der Decke, mit Berührung 	0,95	0,81	0,72	0,68	0,66	0,64	0,63	0,62	0,61	0,61	0,61	0,61	0,61	0,61	0,61
Einlagig unter der Decke, mit Zwischenraum gleich dem Außendurchmesser *d* 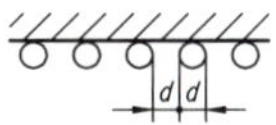	0,95	0,85	0,85	0,85	0,85	0,85	0,85	0,85	0,85	0,85	0,85	0,85	0,85	0,85	0,85

○ Symbol für ein einadriges oder ein mehradriges Kabel oder eine einadrige oder eine mehradrige Leitung

Anmerkung: Die Umrechnungsfaktoren sind anzuwenden für die Ermittlung der Strombelastbarkeit gleichartiger und gleich hoch belasteter Kabel und Leitungen bei Häufung in derselben Verlegeart. Die Leiternennquerschnitte dürfen sich dabei höchstens um eine Querschnittstufe unterscheiden.

Die Umrechnungsfaktoren beziehen sich auf den Dauerbetrieb mit einem Belastungsgrad von 100 % für alle aktiven Leiter (Nennlast). Ist die Belastung kleiner als 100 %, können die Umrechnungsfaktoren höher sein.

Falls ein Leiter mit einem Strom nicht größer als 30 % seiner Belastbarkeit bei Häufung belastet wird, ist es zulässig, ihn bei der Bestimmung des Umrechnungsfaktors für die restlichen Kabel oder Leitungen dieser Gruppe zu vernachlässigen.

Wenn der horizontale lichte Abstand zwischen benachbarten Kabeln und Leitungen das Zweifache ihres Außendurchmessers überschreitet, brauchen die Umrechnungsfaktoren nicht angewendet zu werden.

Potenzialausgleichs- und Erdungsleiter in Antennenanlagen

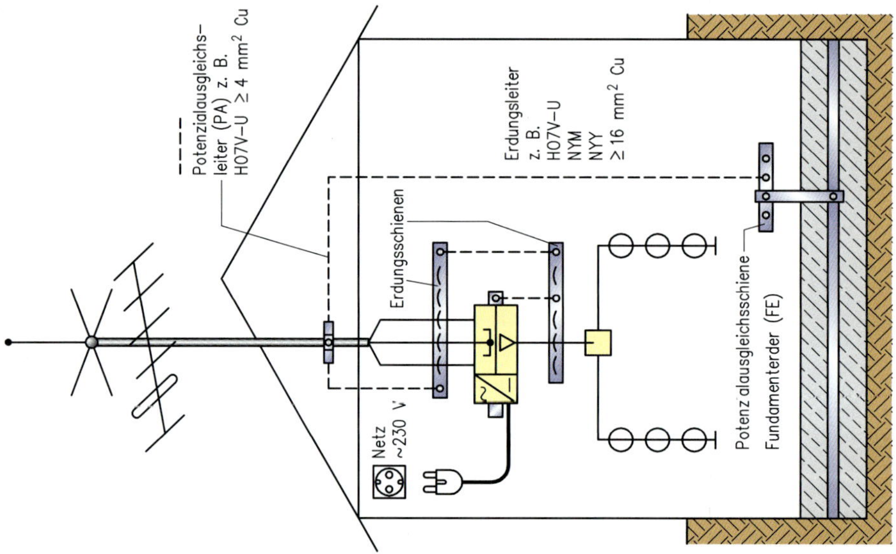

Querschnitte für Potenzialausgleichsleiter

	Hauptpotenzialausgleich	Zusätzlicher Potenzialausgleich	
normal	0,5 × Querschnitt des Hauptschutzleiters*)	zwischen zwei Körpern	1 × Querschnitt des kleineren Schutzleiters
		zwischen einem Körper und einem fremden leitfähigen Teil	0,5 × Querschnitt des Schutzleiters
	6 mm^2 Cu oder gleichwertiger Leiterwert**)	bei mechanischem Schutz	2,5 mm^2 Al oder 4 mm^2 Cu
		ohne mechanischen Schutz	4 mm^2 Cu
mögliche Begrenzung	25 mm^2 Cu oder gleichwertiger Leiterwert**)	-	-

*) Hauptschutzleiter im Sinne dieser Festlegung ist der
- von der Stromquelle kommende oder
- vom Hausanschlusskasten oder dem Hauptverteiler abgehende Schutzleiter.

**) Ungeschützte Verlegung von Leitern aus Aluminium ist nicht zulässig.

Zuordnung der Mindestquerschnitte von Schutzleitern zum Querschnitt der Außenleiter

Außenleiter mm²	Nennquerschnitte				
	Schutzleiter oder PEN-Leiter*)		Schutzleiter***) getrennt verlegt		
	Isolierte Starkstromleitungen mm²	0,6/1-kV-Kabel mit 4 Leitern mm²	geschützt mm² Cu	geschützt mm² Al	ungeschützt**) mm² Cu
bis 0,5	0,5	–	2,5	4	4
0,75	0,75	–	2,5	4	4
1	1	–	2,5	4	4
1,5	1,5	1,5	2,5	4	4
2,5	2,5	2,5	2,5	4	4
4	4	4	4	4	4
6	6	6	6	6	6
10	10	10	10	10	10
16	16	16	16	16	16
25	16	16	16	16	16
35	16	16	16	16	16
50	25	25	25	25	25
70	35	35	35	35	35
95	50	50	50	50	50
120	70	70	50	50	50
150	70	70	50	50	50
185	95	95	50	50	50
240	–	120	50	50	50
300	–	150	50	50	50
400	–	180	50	50	50

*) PEN-Leiter > 10 mm² Cu oder ≧16 mm² Al
**) Ungeschütztes Verlegen von Leitern aus Aluminium ist nicht zulässig.
***) Ab einem Querschnitt des Außenleiters von ≧95 mm² vorzugsweise blanke Leitungen anwenden.

Verteilungssysteme und Schutzeinrichtungen nach der Art der Erdverbindungen

Bedeutung der Kennbuchstaben

Beispiel: **T** – **N** – **C**-System

Erdungsverhältnisse der Stromquelle	Erdungsverhältnisse der Körper der elektrischen Anlage	Anordnung des Neutral- und Schutzleiters
T: direkte Erdung eines Punktes	**N**: Körper direkt mit dem Betriebserder verbunden	**C**: Neutral- und Schutzleiterfunktion kombiniert in einem PEN-Leiter
I: Isolierung aller aktiven Teile von Erde oder Verbindung eines Punktes über Impedanz	**T**: Körper direkt geerdet	**S**: Neutral- und Schutzleiterfunktion durch getrennte Leiter

T vom franz. **T**erre (Erde): Direkte Verbindung eines aktiven Teiles bzw. eines Körpers über einen Schutzleiter mit der Erde.
N vom engl. **N**eutral: Die Körper sind über einen Schutzleiter mit dem geerdeten Punkt des speisenden Netzes verbunden.
I vom engl. **I**solation: Alle aktiven Teile sind gegenüber der Erde isoliert.
C vom engl. **C**ombined: Neutral- und Schutzleiterfunktion sind in einem Leiter kombiniert.
S vom engl. **S**eparated: Neutral- und Schutzleiterfunktion werden von separaten Leitern übernommen.

Verteilungssysteme und Schutzeinrichtungen nach der Art der Erdverbindungen

	TN	TT	IT
Art der Erdverbindung	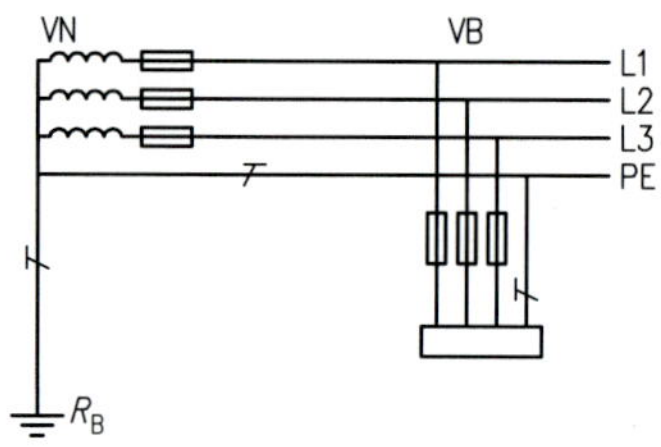	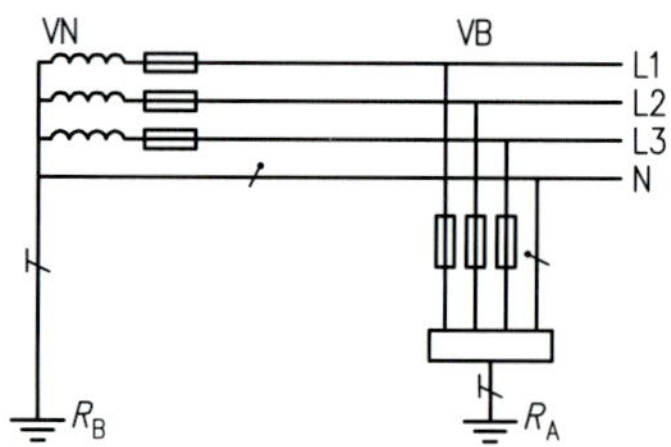	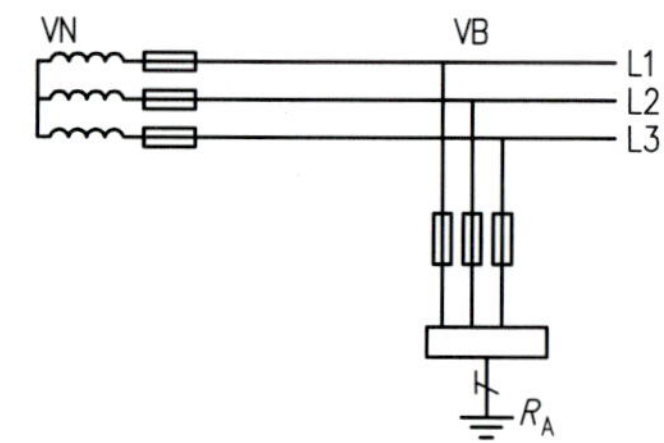
Schutzeinrichtung: Überstromschutz	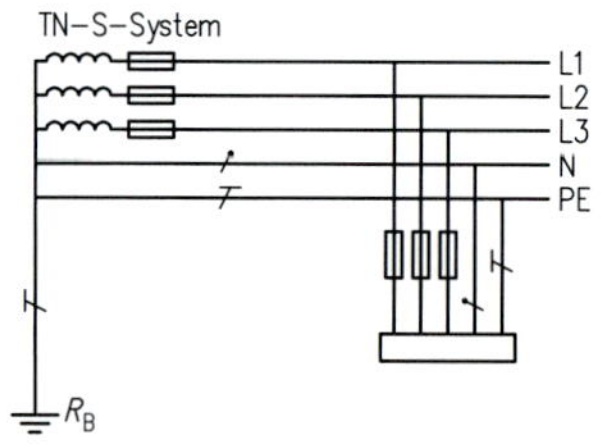	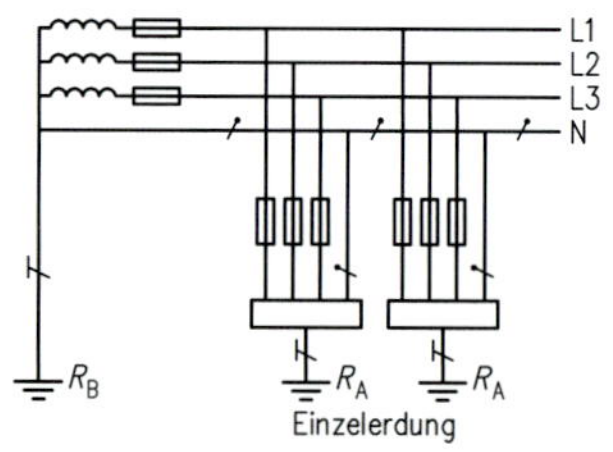	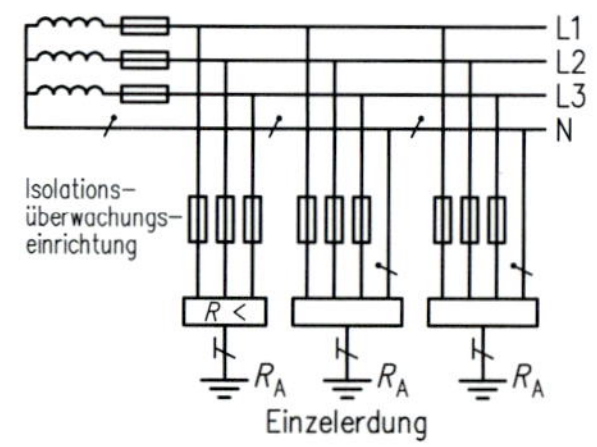

VN: Verteilungsnetz VB: Verbrauchernetz R_B: Betriebserder R_A: Anlagenerder

Verteilungssysteme und Schutzeinrichtungen nach der Art der Erdverbindungen

<table>
<tr><th></th><th>TN</th><th>TT</th><th>IT</th></tr>
<tr><td rowspan="2">Schutzeinrichtung: Überstromschutz</td><td>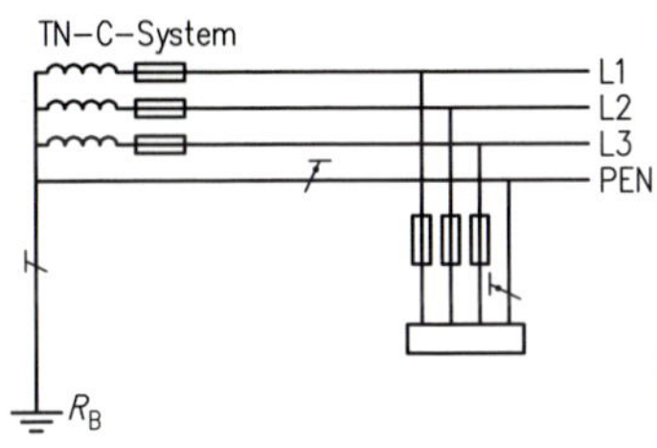
</td><td rowspan="2">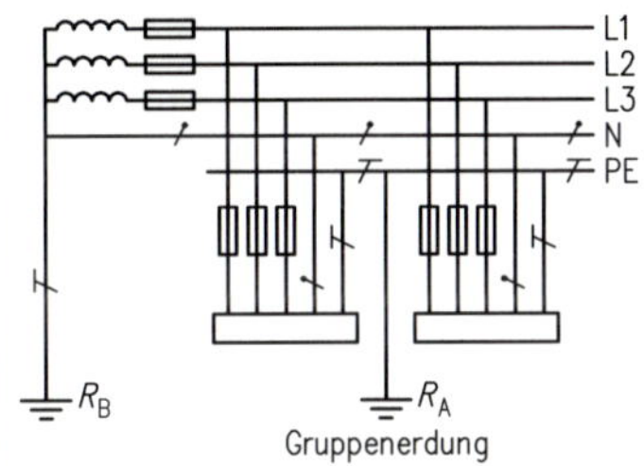
</td><td rowspan="2">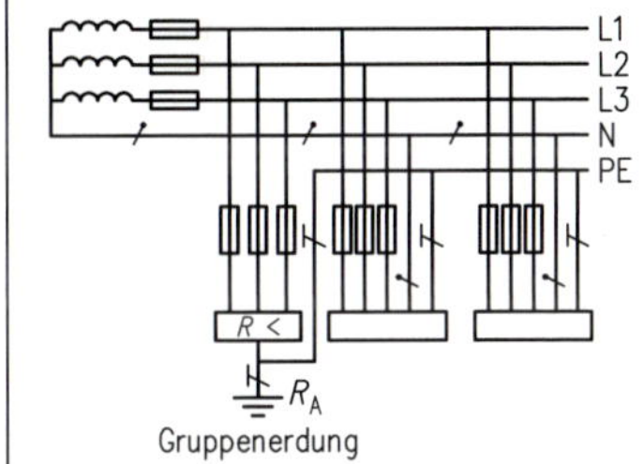
</td></tr>
<tr><td>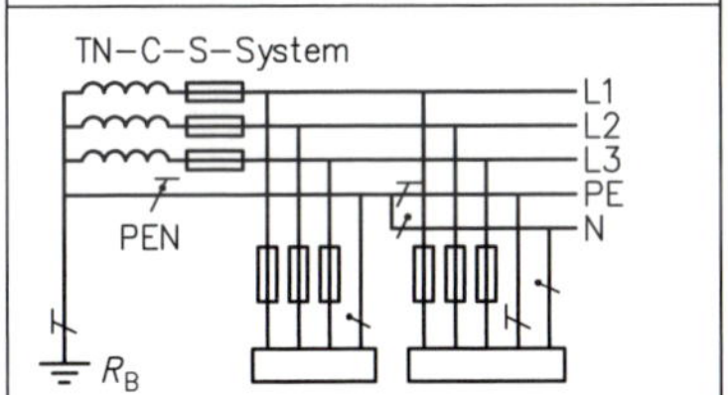
</td></tr>
<tr><td></td><td colspan="3">R_B: Betriebserder R_A: Anlagenerder</td></tr>
</table>

Verteilungssysteme und Schutzeinrichtungen nach der Art der Erdverbindungen

Schutzeinrichtung: Fehlerstromschutz

TN-C-S-System

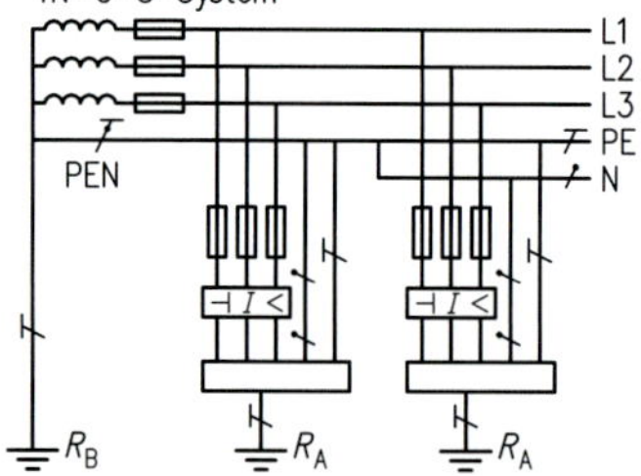

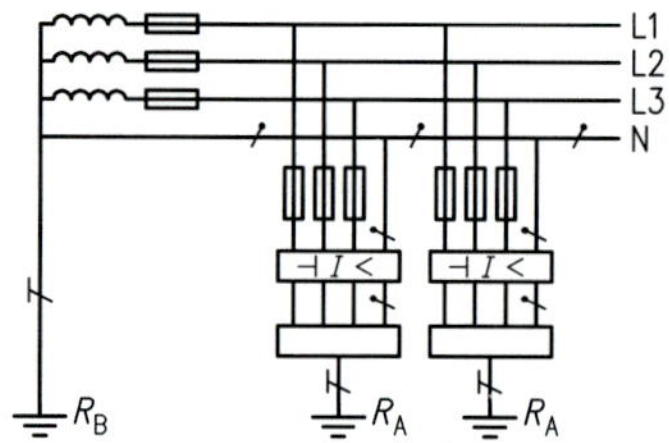

Einzelerdung

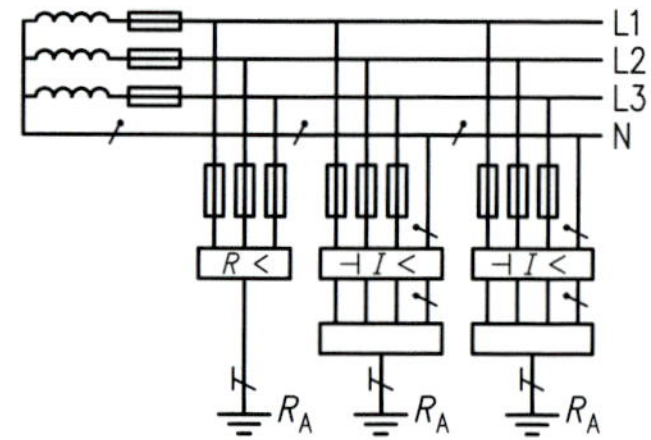

Einzelerdung

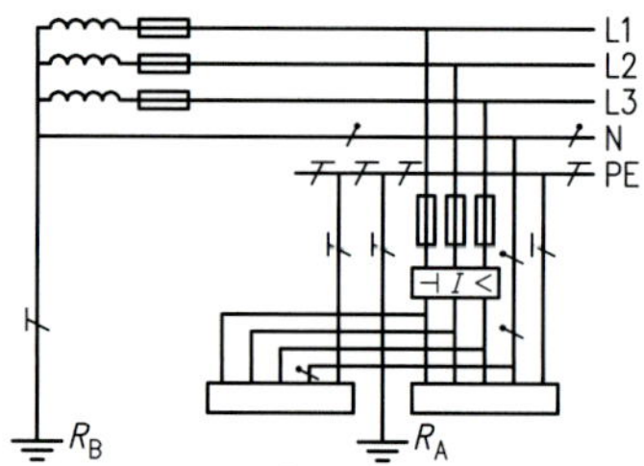

Gruppenerdung

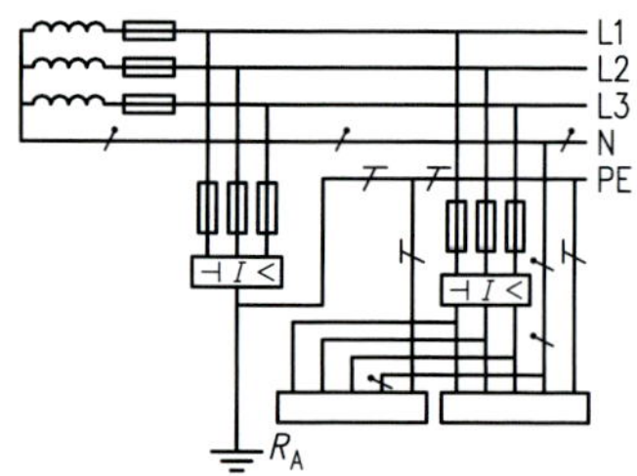

Gruppenerdung

R_B: Betriebserder R_A: Anlagenerder

Wirk-, Blind- und Scheinleistung					
$\cos\varphi$	Scheinleistung in % der Wirkleistung	Blindleistung in % der Wirkleistung	Wirkleistung in % der Scheinleistung	Blindleistung in % der Scheinleistung	$\sin\varphi$
1,0	100	0	100	0	0
0,99	101	14,5	99	14	0,14
0,98	102	20,5	98	20	0,20
0,97	103	25	97	24	0,24
0,96	104	29,3	96	28	0,28
0,95	105,5	33	95	31	0,31
0,94	106,5	36,5	94	34	0,34
0,93	108	39,5	93	37	0,37
0,92	109	42,5	92	39	0,39
0,91	110	45,5	91	41,5	0,415
0,90	111	48,5	90	43,5	0,435
0,89	112,5	51,5	89	45,5	0,455
0,88	114	54	88	47,5	0,475
0,86	116,5	59,5	86	51	0,51
0,85	118	62	85	53	0,53
0,84	119	64,5	84	54	0,54
0,83	120,5	67	83	55,5	0,555
0,82	122	69,5	82	57	0,57
0,81	123,5	72	81	58,5	0,585
0,80	125	75	80	60	0,60

Wirk-, Blind- und Scheinleistung

cos φ	Scheinleistung in % der Wirkleistung	Blindleistung in % der Wirkleistung	Wirkleistung in % der Scheinleistung	Blindleistung in % der Scheinleistung	sin φ
0,78	128,5	80	78	62,5	0,625
0,76	132	85,5	76	65	0,65
0,75	133,5	88	75	66	0,66
0,74	135	91	74	67,5	0,675
0,72	139	96,5	72	69,5	0,695
0,70	143	102	70	71,5	0,715
0,68	147	108	68	73,5	0,735
0,66	152	114	66	75	0,75
0,65	154	117	65	76	0,76
0,64	156,5	120	64	77	0,77
0,62	161,5	126	62	78,5	0,785
0,60	167	133,5	60	80	0,80
0,58	172,5	140	58	81,5	0,815
0,56	179	148	56	83	0,83
0,55	182	152	55	83,5	0,835
0,54	185	156	54	84	0,84
0,52	192,5	164	52	85,5	0,855
0,50	200	173	50	86,5	0,865

Rundfunkfrequenzen und Wellenbereiche

Bezeichnung	Abkürzung	Frequenzbereich von	Frequenzbereich bis	Wellenlänge von	Wellenlänge bis	
Langwellen	LW	150 kHz	285 kHz	2000 m	1050 m	Rundfunk
Mittelwellen	MW	535 kHz	1,605 MHz	560 m	189 m	
Kurzwellen	KW	5,95 MHz	26,1 MHz	50,0 m	11,5 m	
Ultrakurzwellen (Bereich II)	UKW	87,5 MHz	104 MHz	3,43 m	2,88 m	
Bereich I	VHF	47,0 MHz	68,0 MHz	6,38 m	4,41 m	analoges Fernsehen (nur noch über Kabel)
Bereich III	VHF	174 MHz	230 MHz	1,725 m	1,305 m	analoges Fernsehen (nur noch über Kabel), DVB-T, DAB
Bereich IV/V	UHF	470 MHz	862 MHz	63,8 cm	34,8 cm	analoges Fernsehen (nur noch über Kabel), DVB-T

Griechisches Alphabet

Α α Alpha	Β β Beta	Γ γ Gamma	Δ δ Delta	Ε ε Epsilon
Ζ ζ Zeta	Η η Eta	Θ θ Theta	Ι ι Iota	Κ κ Kappa
Λ λ Lambda	Μ μ My	Ν ν Ny	Ξ ζ Xi	Ο ο Omikron
Π π Pi	Ρ V Rho	Σ σ Sigma	Τ τ Tau	Υ υ Ypsilon
Φ ϕ Phi	Χ χ Chi	Ψ ψ Psi	Ω ω Omega	

Schaltzeichen; Kennzeichnung elektrischer Betriebsmittel

Schaltzeichen aus der Elektrotechnik

Schaltzeichen	Benennung	Schaltzeichen	Benennung
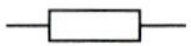	Widerstand (allgemein)	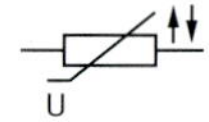	Spannungsabhängiger Widerstand mit nicht-linearer Kennlinie; Widerstandsänderung gegensinnig der Spannungsänderung, z. B. VDR
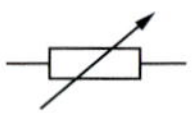	Widerstand veränderbar (durch mechanische Verstellung bei Benutzung des Gerätes)		Induktivität, Spule (allgemein)
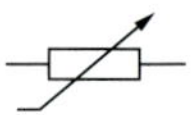	Widerstand stetig veränderbar, nicht lineare Kennlinie	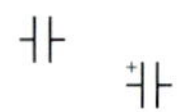	Kondensator, ungepolt, Kondensator, gepolt
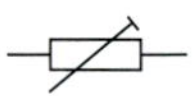	Widerstand einstellbar (z. B. zum Ausgleich von Toleranzen bei Fertigung und Wartung)	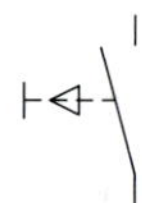	Tastschalter mit Schließer, handbetätigt, mit selbsttätigem Rückgang in Pfeilrichtung
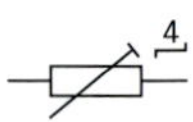	Widerstand stufig einstellbar, z. B. in 4 Stufen		

Schaltzeichen aus der Elektrotechnik

Schaltzeichen	Benennung	Schaltzeichen	Benennung
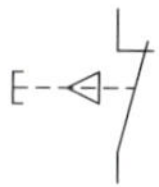	Tastschalter mit Öffner, handbetätigt durch Drücken, mit selbsttätigem Rückgang in Pfeilrichtung		Mit Angabe einer wirksamen Wicklung
	Wechsler	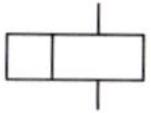	Gepoltes Relais mit Dauermagnet
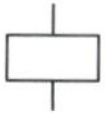	Elektromechanischer Antrieb allgemein, z. B. Relais, Schütz	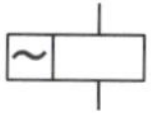	Wechselstromrelais
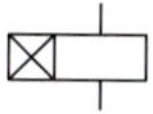	Elektromechanischer Antrieb mit selbsttätigem Rückgang und mit Ansprechverzögerung	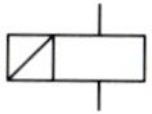	Remanenzrelais
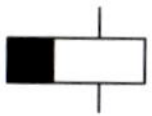	Elektromechanischer Antrieb mit selbsttätigem Rückgang und mit Rückfallverzögerung	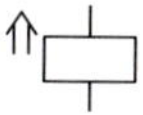	Elektromechanischer Antrieb mit selbsttätigem Rückgang, erregt dargestellt

Schaltzeichen aus der Elektrotechnik

Schaltzeichen	Benennung	Schaltzeichen	Benennung
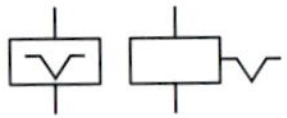	Elektromechanischer Antrieb mit zwei Schaltstellungen (wahlweise Darstellungen)	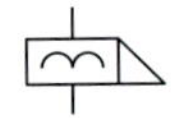	Türöffner mehrpolige Darstellung
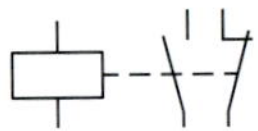	Schütz bzw. Relais mit einem Schließer und einem Öffner		Wecker, allgemei
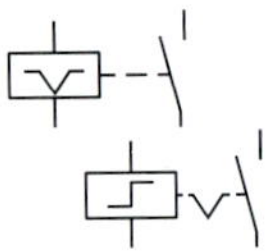	Stromstoßrelais (wahlweise Darstellungen)	 	Gleichstromwecker Wechselstromwecker
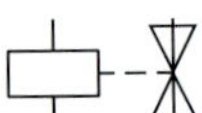	Elektromagnetisch betätigtes Ventil (Magnetventil geöffnet dargestellt)	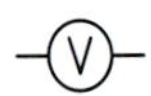 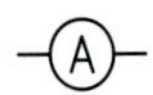 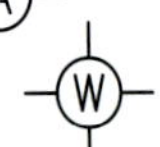	Spannungsmesser Strommesser Leistungsmesser

Schaltzeichen aus der Elektrotechnik

Schaltzeichen	Benennung	Schaltzeichen	Benennung
	Antenne	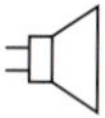	Lautsprecher
	Element, Batterie	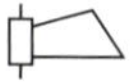	Hupe, Horn
	Erde, allgemein		
	Masse, allgemein		
	Leuchte, allgemein		
	Meldeleuchte, Signallampe		

Schaltzeichen aus der Elektrotechnik

Schaltzeichen	Benennung	Schaltzeichen	Benennung
	Schaltglieder mit selbsttätigem Rückgang:		Mechanische Wirkverbindung
			Wirkverbindung bei zu kleinem Abstand
	Schließer	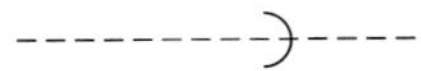	Verzögerung bei Bewegung nach links
		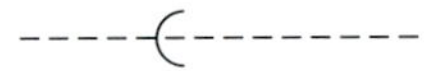	Verzögerung bei Bewegung nach rechts
	Öffner		selbsttätiger Rückgang in Pfeilrichtung
			Raste, nicht selbsttätiger Rückgang
	Wechsler		**Handantrieb:** allgemein
		a) 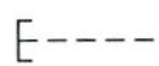 b)  c) 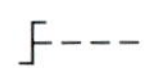 d) 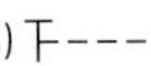	• Betätigung durch Drücken • Betätigung durch Ziehen • Betätigung durch Drehen • Betätigung durch Kippen
 a) b)	Schaltglieder mit nicht selbsttätigem Rückgang (Raste): a) Schließer b) Öffner	 	Abnehmbarer Handantrieb z.B. Steckschlüssel Betätigung durch Pedal (Fußantrieb)

Schaltzeichen aus der Elektrotechnik

Schaltzeichen	Benennung	Schaltzeichen	Benennung
	Kennzeichnung für Betätigung bzw. Erregung		**Kraftantrieb:**
		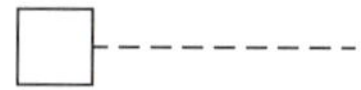	– allgemein
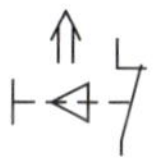	Tastschalter mit Schließer, betätigt dargestellt	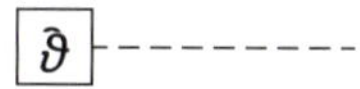	– durch Temperatur
			– durch Druck
	Stellschalter mit Öffner, betätigt dargestellt		– durch Fliehkraft (Drehzahl)
			Pneumatischer oder hydraulischer Antrieb
		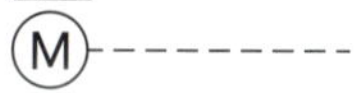	Motorantrieb
	Fühler allgemein zur mechanischen Betätigung	a)  b) 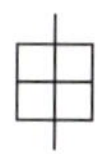	**Schaltschloss:** a) mit mechanischer Freigabe b) mit elektromechanischer Freigabe
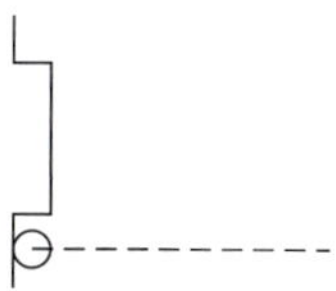	Fühler allgemein zur mechanischen Betätigung		

Schaltzeichen aus der Elektrotechnik

Schaltzeichen	Benennung	Schaltzeichen	Benennung
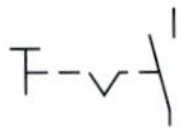	Stellschalter mit Schließer, handbetätigt durch Kippen	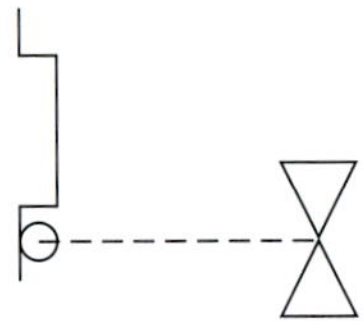	Ventil mit Fühler und Antrieb durch Nocken (Ventil geschlossen dargestellt)
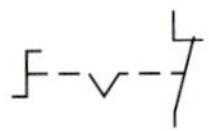	Stellschalter mit Öffner, handbetätigt durch Drehen		
	Schaltglieder mit verzögerter Kontaktgabe oder verzögerter Kontaktunterbrechung:	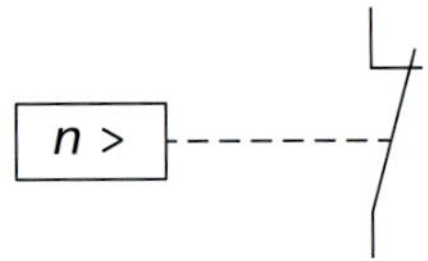	Fliehkraftschalter mit Öffner, bei Überschreibung einer bestimmten Drehzahl schaltend
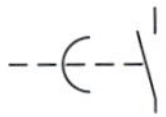	Schließer, schließt verzögert		
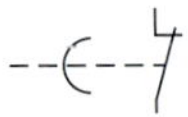	Öffner, öffnet verzögert	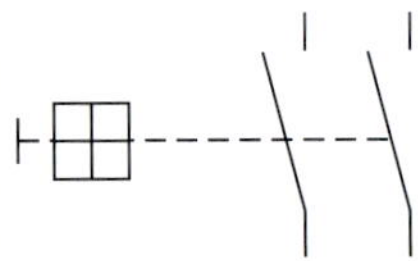	zweipoliger Schlossschalter, handbetätigt, mit elektromechanischer Freigabe
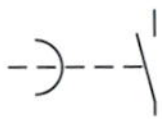	Schließer, öffnet verzögert		
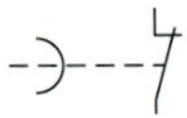	Öffner, schließt verzögert		

Schaltzeichen aus der Elektrotechnik

Schaltzeichen	Benennung	Schaltzeichen	Benennung
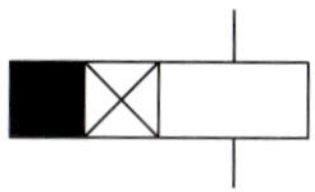	mit Ansprech- und Rückfallverzögerung	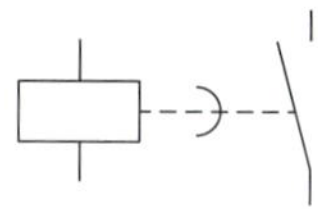	**Zeitrelais,** funktionsgleich: Relais mit verzögerter Kontaktunterbrechung des Schließers
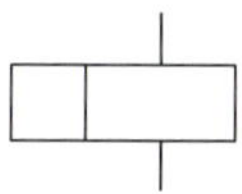	gepoltes Relais mit Dauermagnet	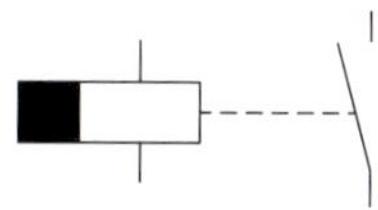	Relais mit Rückfallverzögerung
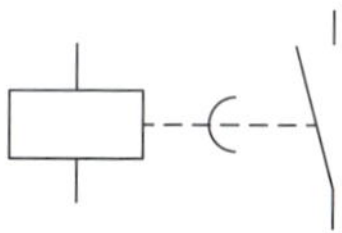	**Zeitrelais,** funktionsgleich: Relais mit verzögerter Kontaktgabe des Schließers	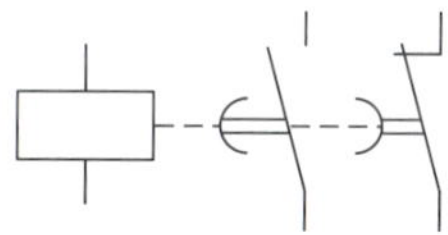	Zeitrelais, Schließer und Öffner mit verzögerter Kontaktgabe, Kontaktunterbrechung jeweils unverzögert
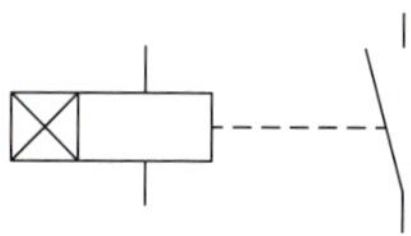	Relais mit Ansprechverzögerung	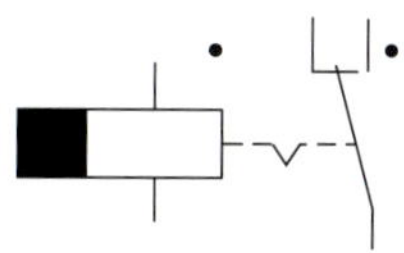	gepoltes Relais mit zwei Schaltstellungen und Kennzeichnung der Schaltstellen in Abhängigkeit von der Polarität

Schaltzeichen aus der Elektronik

Schaltzeichen	Benennung	Schaltzeichen	Benennung
	Halbleiterdiode, allgemein (Gleichrichter)		Zweirichtungsdiode (DIAC)
	Z-Diode		Zweirichtungsthyristortriode (TRIAC)
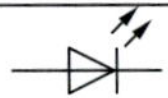	Leuchtdiode		**Bipolare Transistoren:**
	Zweirichtungs-Thyristordiode	 1)	PNP-Transistor
	Thyristoren:		
	Thyristor, allgemein		NPN-Transistor 1) Umrahmung nur dann verwenden, wenn der Kollektor mit dem Gehäuse verbunden ist
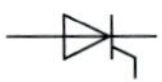	rückwärtssperrende Thyristordiode, kathodenseitig steuerbar	a)  b) 	**Sperrschichtfeldeffekt-transistor (JFET):** a) mit N-Kanal b) mit P-Kanal
	rückwärtssperrende Thyristordiode, anodenseitig steuerbar		

Schaltzeichen aus der Digitaltechnik

Schaltzeichen	Benennung	Schaltzeichen	Benennung
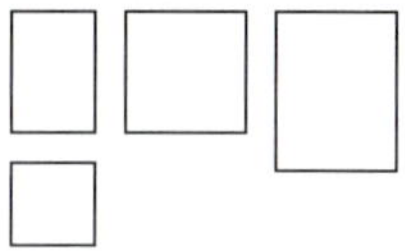	Konturen für binäre Elemente (Digitalschaltungen) Anmerkung: Das Seitenverhältnis der Konturen ist nach Norm beliebig.	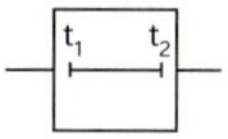 	Verzögerungselement mit Angabe der Verzögerungszeiten Dynamischer Eingang mit Negation
a) 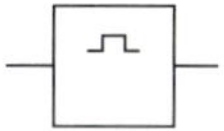 c) 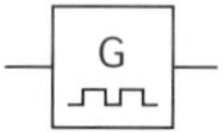 e) 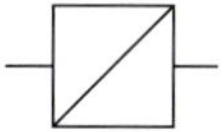	a) Monostabiles Kippglied, nachtriggerbar während des Ausgangsimpulses c) Astabiles Kippglied (Taktgenerator) e) Signalumformer allgemein	b) 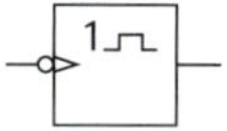 d) 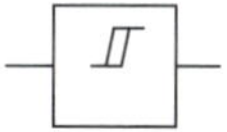 f)  	b) Monostabiles Kippglied, nicht nachtriggerbar; invertierter dynam. Eingang d) Schmitt-Trigger f) Analog-/Digitalumformer

Schaltzeichen aus der Digitaltechnik

Schaltzeichen	Benennung	Schaltzeichen	Benennung
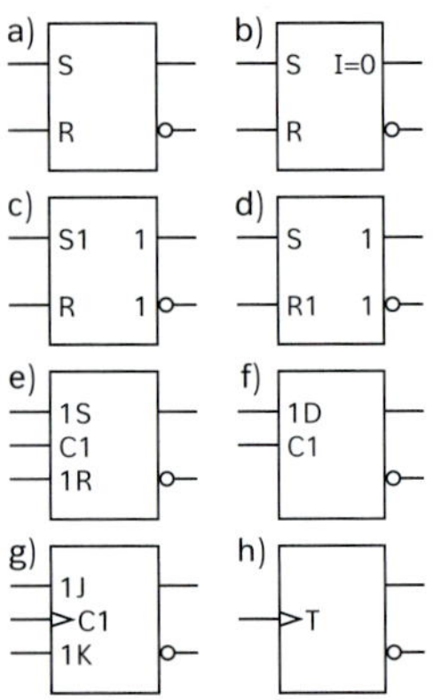	Bistabile Kippglieder a) RS-Kippglied b) Desgleichen mit Ausgangszustand 0 beim Einschalten der Versorgungsspannung c) RS-Kippglied mit dominierendem S-Eingang d) RS-Kippglied mit dominierendem R-Eingang e) RS-Kippglied, taktzustandsgesteuert f) D-Kippglied, taktzustandsgesteuert g) JK-Kippglied einflankengesteuert h) T-Kippglied, Binärteiler	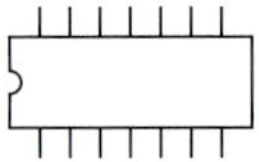	Integrierte Schaltung (IC)
		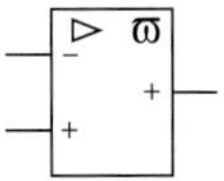	Differenzverstärker mit sehr hoher Verstärkung, Operationsverstärker
		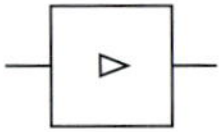	Verstärker, allgemein Anmerkung: Die Dreiecksspitze zeigt in Richtung der Übertragung (Verstärkungsrichtung).
		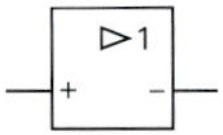	Invertierender Verstärker, Verstärker mit einem Verstärkerfaktor von 1
		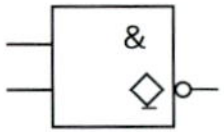	NAND mit offenem Kollektorausgang (z.B. SN 7403)

Schaltzeichen aus der Digitaltechnik

Schaltzeichen	Benennung	Schaltzeichen	Benennung
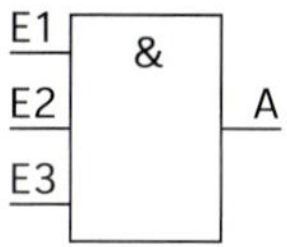	UND-Glied mit drei Eingängen und einem Ausgang (Seitenverhältnis beliebig) $A = E1 \wedge E2 \wedge E3$	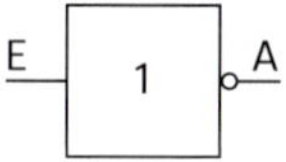	NICHT-Glied $A = \overline{E}$
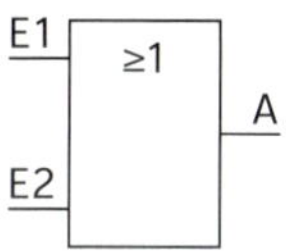	ODER-Glied mit zwei Eingängen $A = E1 \vee E2$	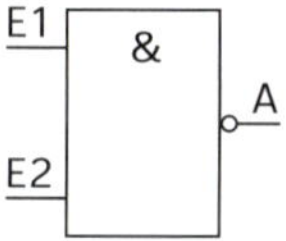	NAND-Glied $A = \overline{E1 \wedge E2}$
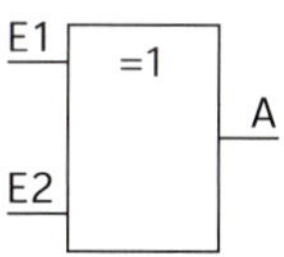	Exklusiv-ODER-Glied $A = (E1 \wedge E2) \vee (\overline{E1} \wedge \overline{E2})$	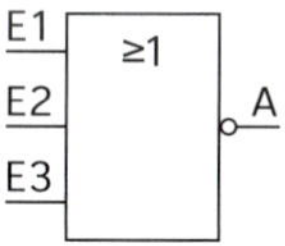	NOR-Glied $A = \overline{E1 \vee E2 \vee E3}$

Symbole aus der SPS-Technik			
Schaltzeichen	Benennung	Schaltzeichen	Benennung
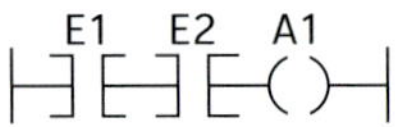	UND	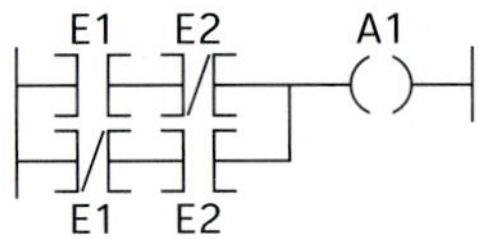	Exklusiv-ODER
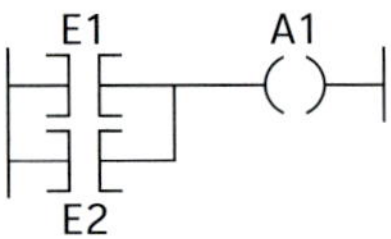	ODER	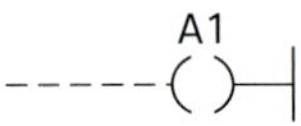	Zuweisung
	NEGATION am Eingang	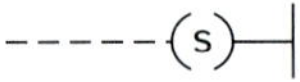	Setzen
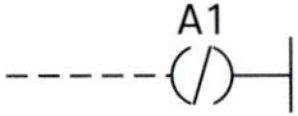	NEGATION am Ausgang	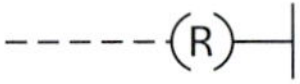	Rücksetzen

Schaltzeichen aus der SPS-Technik

Schaltzeichen	Benennung	Schaltzeichen	Benennung
Hinweis zu den Symbolen für den Funktionsplan (FUP) in der „SPS-Technik“: Häufig reicht der Platz für die Darstellung umfangreicher Funktionspläne dann nicht aus, wenn normgemäße Schaltzeichen nach DIN verwendet werden. Aus diesem Grunde werden Beispiele für Schaltzeichen vorgestellt, die im Funktionsplan bei Platzmangel verwendet werden können.			
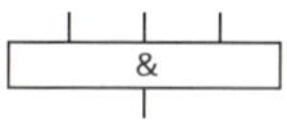	UND mit drei Eingängen und einem Ausgang	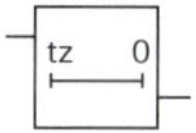	Einschaltverzögerung
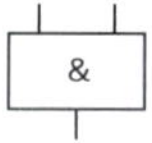	UND mit zwei Eingängen und einem Ausgang	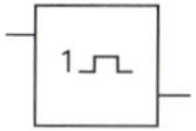	Impulsglied
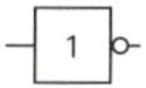	NICHT		Codeumsetzer BIN/DEC (Binär/Dezimal)
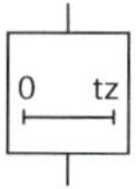	Zeitglied	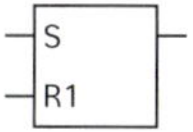	RS-Speicherglied mit dominierendem Rücksetzen

Schaltzeichen aus der Installations- und Energietechnik

Schaltzeichen	Benennung	Schaltzeichen	Benennung
	Installationsschalter, Schalter 1/1, Ausschalter, einpolig		Installationsschalter, Schalter 7/1, Kreuzschalter, einpolig
	Installationsschalter, Schalter 1/1, Ausschalter, einpolig, mit Kontrolllampe		Tastschalter, Taster
	Installationsschalter, Schalter 1/2, Ausschalter, zweipolig		Tastschalter mit Leuchte
	Installationsschalter, Schalter 5/1, Serienschalter, einpolig		Dose, allgemein
	Installationsschalter, Schalter 6/1, Wechselschalter, einpolig		Mehrfachschutzkontakt-steckdose, dargestellt als Dreifachsteckdose

Schaltzeichen aus der Installations- und Energietechnik

Schaltzeichen	Benennung	Schaltzeichen	Benennung
	Schutzkontaktsteckdose		Leiter im Elektroinstallationsrohr
	Fernmeldesteckdose, allgemein	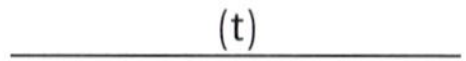	Isolierter Leiter für trockene Räume
	Leiter, allgemein		Neutralleiter (N)
	Unterirdische Leiter, z. B. Erdkabel		Schutzleiter (PE)
	Leiter auf Putz		Neutralleiter mit Schutzfunktion (PEN)
	Leiter im Putz	 oder 	Leitungsverbindung Leitungsverzweigung
	Leiter unter Putz		

Schaltzeichen aus der Installations- und Energietechnik

Schaltzeichen	Benennung	Schaltzeichen	Benennung
 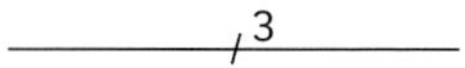	**Leiteranzahl:** Leitung mit 3 Leitern Desgleichen, vereinfachte Darstellung	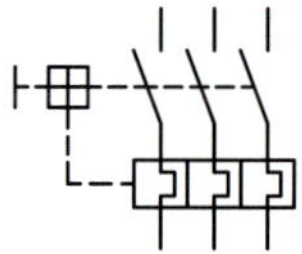	Dreipoliger Schlossschalter mit elektrothermischem und elektromagnetischem Überstromauslöser (z. B. Motorschutzschalter)
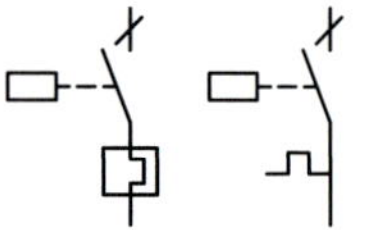 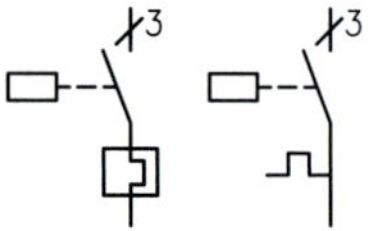 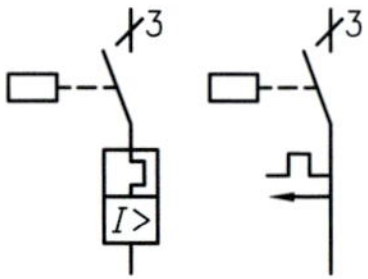	Überstromschutz: einpolige Darstellung Dreipoliges Überlastrelais mit elektrothermischem Überstromauslöser Dreipoliges Überlastrelais mit elektrothermischem und elektromagnetischem Überstromauslöser	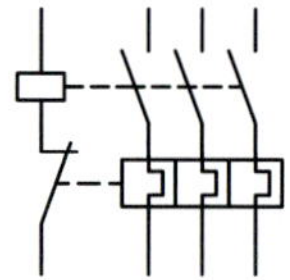 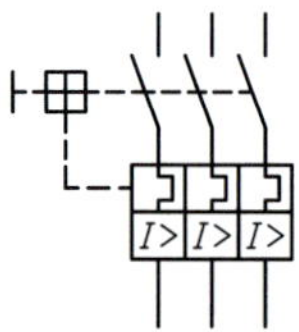	Überstromschutz: mehrpolige Darstellung dreipoliges Überlastrelais mit elektrothermischem Überstromauslöser Dreipoliger Schütz mit elektrothermischem Überstromrelais Dreipoliger Schlossschalter mit elektrothermischem und elektromagnetischem Überstromauslöser (z. B. Motorschutzschalter)

Schaltzeichen aus der Installations- und Energietechnik

Schaltzeichen	Benennung	Schaltzeichen	Benennung
	Reihenklemmen:	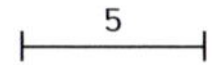	Leuchte mit z. B. 5 Leuchtstofflampen
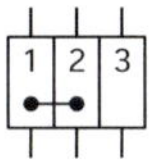	mit fester Verbindung	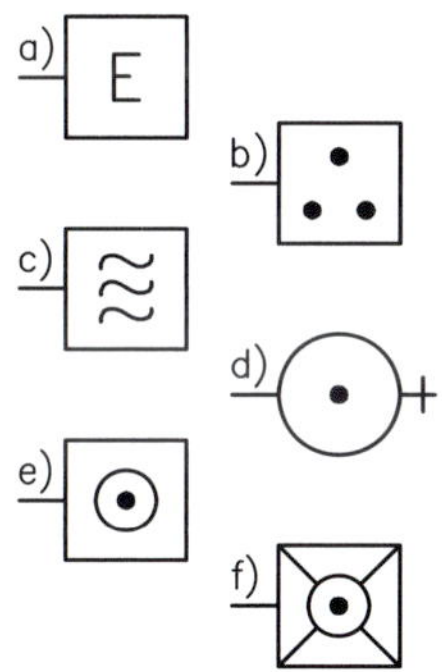	**Elektrohausgeräte:** a) Elektrogerät, allgemein b) Elektroherd c) Mikrowellenherd d) Heißwasserspeicher e) Waschmaschine f) Geschirrspülmaschine
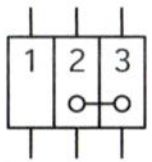	mit lösbarer Verbindung		
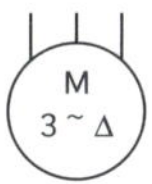	Drehstrommotor mit Käfigläufer, Ständerwicklung in Dreieckschaltung		
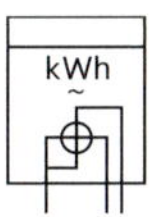	Einphasenwechselstromzähler		
	Einphasentransformator, 2 getrennte Wicklungen		

Schaltzeichen aus der Installations- und Energietechnik

Schaltzeichen	Benennung	Schaltzeichen	Benennung
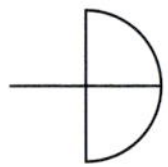	Gong		Leiter, Leitung
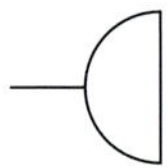	Summer, Schnarre		Desgleichen, bewegbar
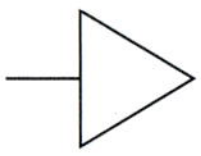	Sirene	 NYM – J 2,5	**Leitungskennzeichnung:** Mantelleitung, NYM-J mit fünf Kupferleitern 2,5 mm², auf Putz verlegt
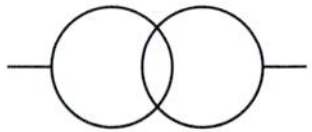	Einphasentransformator, allgemein		Trennlinie, Begrenzungslinie, z. B. Gehäuse
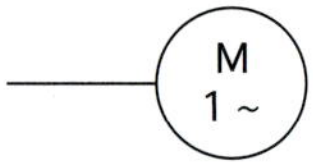	Einphasenwechselstrommotor, allgemein	a) ● b) ○	a) Verbindung von Leitern b) Anschluss (z. B. Klemme), der Kreis darf ausgefüllt werden.

Schaltzeichen aus der Installations- und Energietechnik

Schaltzeichen	Benennung	Schaltzeichen	Benennung
	Installationsschalter	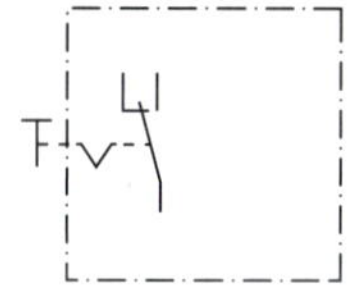	Schalter 6/1 Wechselschalter, einpolig
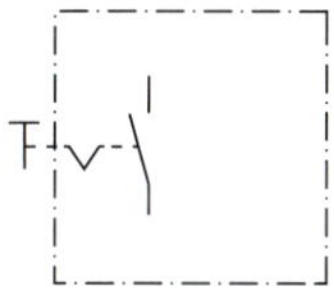	Schalter 1/1 Ausschalter, einpolig	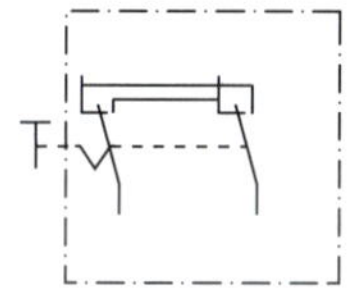	Schalter 7/1 Kreuzschalter, einpolig
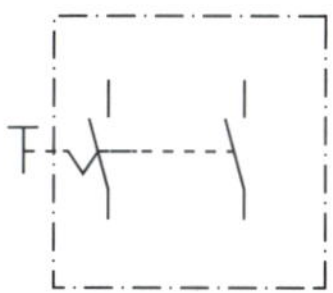	Schalter 1/2 Ausschalter, zweipolig	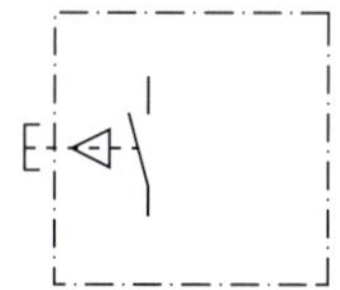	Tastschalter, Taster mit selbsttätigem Rückgang in Pfeilrichtung
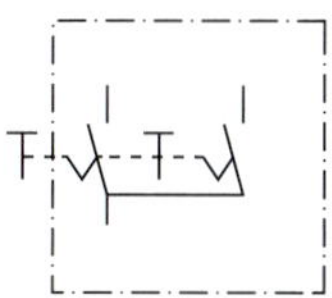	Schalter 5/1 Serienschalter, einpolig		

Schaltzeichen aus der Installations- und Energietechnik

Schaltzeichen	Benennung	Schaltzeichen	Benennung
	Dose Verteilerkasten	a) 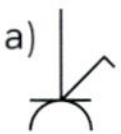 b) 	a) Schutzkontaktsteckdose, abschaltbar b) Leuchte mit Schalter
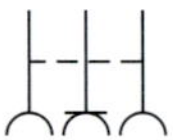	Einfachschutzkontaktsteckdose	 a)  5 x 60 W b)	a) Leuchte mit zwei Strompfaden b) Mehrfachleuchte, z. B. mit 5 Lampen zu je 60 W
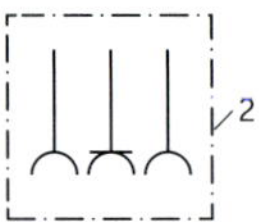	Zweifachschutzkontaktsteckdose	 a) 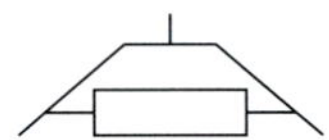 b)	**Heizgeräte:** a) Raumheizung, allgemein b) Infrarotstrahler
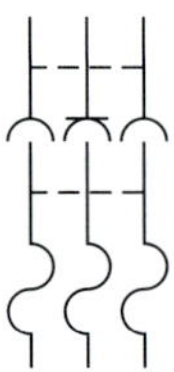	Steckvorrichtung (Steckdose und Stecker) mit Schutzkontakt	a) 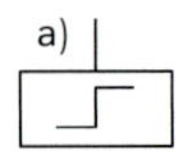 b) 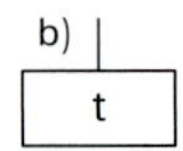	a) Stromstoßschalter b) Zeitrelais, z. B. für Treppenhausbeleuchtung

Sinnbilder für Programmablaufpläne

Schaltzeichen	Benennung	Schaltzeichen	Benennung
	Verarbeitung, Verarbeitungseinheit		Unterbrechung einer anderen Verarbeitung
			Sprung ohne Rückkehr
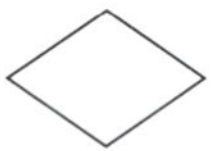	Verzweigung, Auswahleinheit		Steuerung der Verarbeitungsfolge von außen
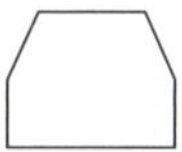	Schleifenbegrenzung, Anfang		Verbindung zur Darstellung der Datenübertragung
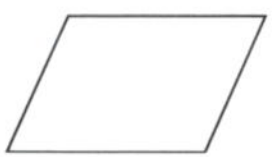	Daten, allgemein Datenträgereinheit, allgemein (in 2 Größen)	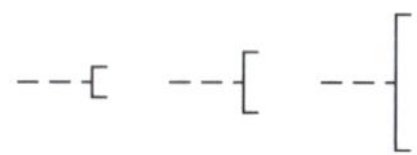	Bemerkung (erläuternder Text zu den Sinnbildern für Programmablaufpläne) in 3 Größen
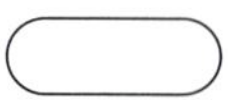 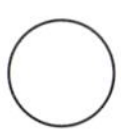	Grenzstelle, Beginn, Ende Verbindungsstelle	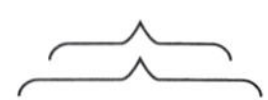	Klammern zur Kennzeichnung von zusammengehörenden Programmabschnitten (in 2 Größen)

Referenzkennzeichen — DIN EN IEC 81346-1

Referenzkennzeichen dienen der unverwechselbaren Identifizierung von Objekten (z. B. elektrische Betriebsmittel) mit dem Ziel, Objektinformationen in unterschiedlichen Dokumentenarten in Beziehung zu setzen und diese nach bestimmten Strukturen zu ordnen und/oder zu untergliedern. Sie werden gebildet als Einzelebenen-Referenzkennzeichen und Mehrebenen-Referenzkennzeichen. Die Darstellung erfolgt als Verkettung (Aneinanderreihung) von Einzelebenen-Referenzkennzeichen unter Beachtung genormter Gliederungsprinzipien (Strukturbaum).

Strukturen der Referenzkennzeichen

Funktionsbezogen	Produktbezogen	Ortsbezogen
Erläutert den Zweck von Objekten als Teilfunktion im System (z. B. in einem Antriebssystem). Vorzeichen: =	Basiert auf der Art und Weise, wie ein System aus Teilobjekten zusammengesetzt ist. Vorzeichen: –	Basiert auf einer Lagebeschreibung von Objekten. Vorzeichen: +

Format der Referenzkennzeichen

Vorzeichen und wahlweise
- ein Buchstabencode
- ein Buchstabencode und eine Zahl
- eine Zahl

Beispiele für Einzelebenen-Referenzkennzeichen

Funktionsbezogen	Produktbezogen	Ortsbezogen
= B 1 = E B = 1 2 3	– E 1 – RELAY – 5 6 1	+ G 1 + R U + 1 0 1

Beziehungen zwischen Mehrebenen- und Einzelebenen-Referenzkennzeichen

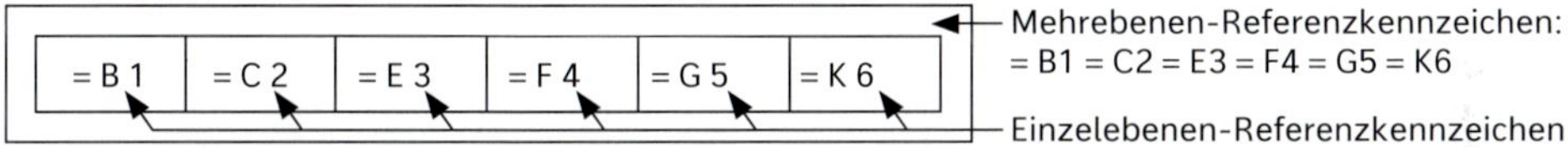

Klassifizierung von Objekten — DIN EN IEC 81346-2

Prinzip der Klassifizierung

Jedes Objekt (z. B. elektrisches Betriebsmittel) wird als Teil eines Prozesses mit einem Eingang und einem Ausgang angesehen und durch seinen Zweck oder seine Aufgabe charakterisiert. Den Objekten sind Kennbuchstaben, unterteilt in Klassen, zugeordnet.

Eingang (z. B. elektr. Energie) → **Objekt** (z. B. Heizung) → **Ausgang** (Wärmeenergie)

Wichtige Grundregeln

- Kennzeichnung des Objektes nach seiner Hauptaufgabe (Eingangsklasse)
  Beispiel: Elektr. Heizkörper mit „E“ (Wärmeenergie), nicht mit „R“ (Widerstand)
- Kennzeichnung des Objektes nach seinem Hauptzweck
  Beispiel: Leistungstransistor als Schaltelement mit „Q“ (Schalten eines Energieflusses), nicht mit „K“ (Verarbeitung von Signalen)

Unterklassen

Zur detaillierteren Objektbeschreibung wird ein dreistufiges Klassifizierungsschema mit bis zu drei Stufen eingesetzt.

Beispiel:

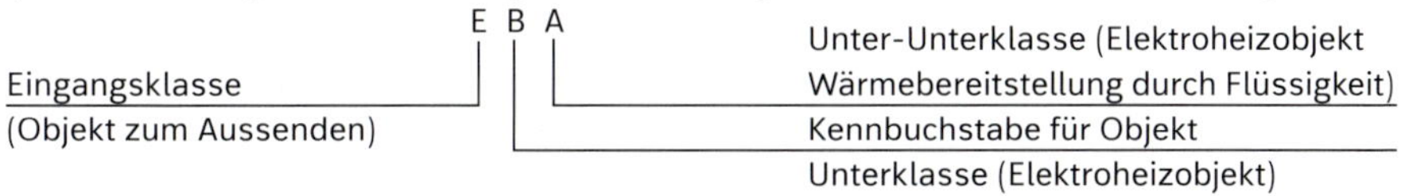

Kennzeichnungsgrundsätze DIN 60445

Anschlüsse an elektrischen Betriebsmitteln: Zulässig sind nur lateinische Großbuchstaben und arabische Ziffern.
Die Buchstaben I und O dürfen nicht angewendet werden; die Symbole “+” und “–” sind zulässig.

Beispiele

Schaltelement mit 2 Endanschlüssen und 2 Anzapfungen	Betriebsmittel mit 6 Anschlüssen	Betriebsmittel mit 2 Gruppen von Elementen
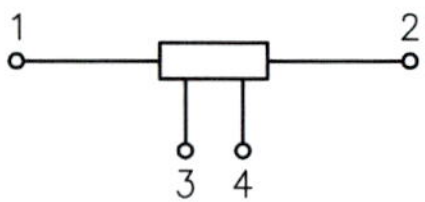	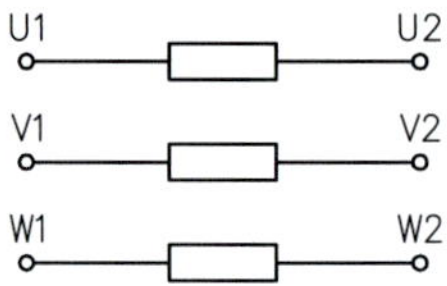	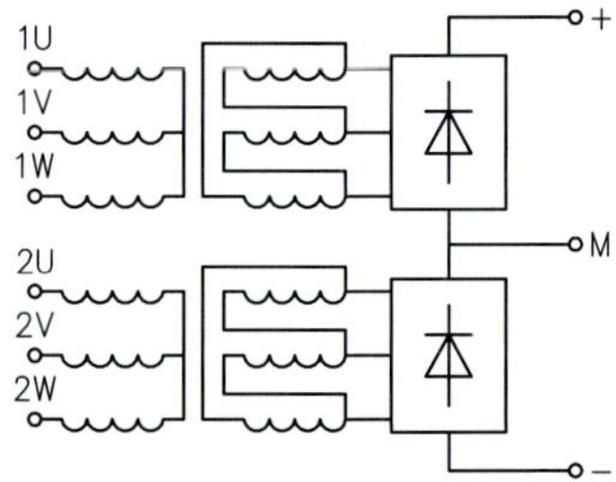

Kennzeichnung von Betriebsmittelanschlüssen und Leiterenden DIN EN 60445

Bestimmte Leiter	Kennzeichnung Leiter	Kennzeichnung Anschlüsse	Kennzeichnung Farben	Kennzeichnung Schaltzeichen
Wechselstromleiter	AC	AC	–	~
Außenleiter 1	L1	U	sw, br, gr[1]	
Außenleiter 2	L2	V		
Außenleiter 3	L3	W		
Mittelleiter	M	M	bl[2]	4
Neutralleiter	N	N		
Gleichstromleiter	DC	DC	–	⎓
Positiv	L+	+	rt	+
Negativ	L–	–	ws	–

Bestimmte Leiter	Kennzeichnung Leiter	Kennzeichnung Anschlüsse	Kennzeichnung Farben	Kennzeichnung Schaltzeichen
Schutzleiter	PE	PE	gnge	
PEN-Leiter	PEN	PEN	gnge, bl[3]	4
PEL-Leiter	PEL	PEL		
PEM-Leiter	PEM	PEM		
Schutzpotenzial-Ausgleichsleiter	PB	PB	gnge	
– geerdet	PBE	PBE		4
– ungeerdet	PBU	PBU		
Funktionserdungsleiter	FE	FE	rosa	
Funktionspotenzial-Ausgleichsleiter	FB	FB	4	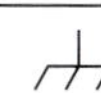

[1] Bevorzugte Farben, wahlweise zugelassen.
[2] Häufig hellblau.
[3] Die Farbwahl (gnge oder bl) wird national festgelegt.
[4] Nicht festgelegt.

Objektklassifizierung mit Kennbuchstaben der Eingangsklassen DIN EN IEC 81346-2

Kennbuchstabe	Zweck oder Aufgabe des Objektes (Eingangsklasse)	Beispiele
A	Übergeordnete Aufgabe, gilt für Objekte, die auf mehrere Objekte verschiedener Klassen einwirken	Zentraler Leitstand
B	Objekt zur Erfassung und Darstellung von Informationen/Erkennungsobjekt	Buchholzrelais, Fühler, Fotozelle, Mikrofon, Messwandler, Schutzrelais, Brandwächter
C	Objekt zum Speichern für späteres Abrufen/Speicherobjekt	Kondensator, Festplatte, Arbeitsspeicher, Pufferbatterie, CD-ROM-Laufwerk, Drosselspule
E	Objekt zum Aussenden/Aussendeobjekt	Glühlampe, Heizung, Laser, Kühlschrank, Boiler, Leuchtstofflampe
F	Objekt zum Schutz vor den Auswirkungen gefährlicher oder unerwünschter Bedingungen/Schutzobjekt	Sicherung, Leitungsschutzschalter, RCD, Überspannungsableiter, thermisches Überlastrelais
G	Objekt zum Bereitstellen eines steuerbaren Durchflusses/Erzeugungsobjekt	Batterie, Generator, Solarzelle, Ventilator, Brennstoffzelle, Pumpe
H	Objekt zur Behandlung von Stoffen/Stoffbearbeitungsobjekt	Zentrifuge, Abscheider, Reaktor, Sintereinrichtungen, Mischer, Presse
K	Objekt zur Verarbeitung von Eingangssignalen und Bereitstellung eines geeigneten Ausgangs/Informationsverarbeitungsobjekt	Schaltrelais, Hilfsschütz, Transistor, Regler, Filter, Steuerventil, CPU, Mikroprozessor
M	Objekt zur Ausübung mechanischer Bewegung oder Kraft/Antriebsobjekt	Elektromotor, Betätigungsspule, Stellantrieb, Linearmotor, Turbine
N	Objekt zum teilweisen oder vollständigen Einschließen eines anderen Objektes/Schnittstellenobjekt	Dichtung, Abdeckgitter, Türe, Muffe, Abdeckung

Objektklassifizierung mit Kennbuchstaben der Eingangsklassen — DIN EN IEC 81346-2

Kennbuchstabe	Zweck oder Aufgabe des Objektes (Eingangsklasse)	Beispiele
P	Objekt zur Bereitstellung wahrnehmbarer Informationen/Präsentationsobjekt	Klingel, Lautsprecher, Messinstrumente, Uhr, LED, Drucker, Synchronoskop, Signallampe, Textdisplay
Q	Objekt zur Steuerung von Zugang oder Durchfluss/Steuerobjekt	Leistungsschalter, Leistungsschütz, Anlasser, Leistungstransistor, Thyristor, Trennschalter
R	Objekt zum Begrenzen oder Stabilisieren/Begrenzungsobjekt	Diode, Widerstand, Regelventil, Begrenzer, Rückschlagventil
S	Objekt zum Erkennen einer menschlichen Handlung und Bereitstellung einer entsprechenden Reaktion/Objekt zur menschlichen Interaktion	Steuerschalter, Quittierschalter, Tastatur, Maus, Lichtgriffel, Sollwerteinsteller, Wahlschalter
T	Objekt zum Transformieren/Transformierobjekt	Transformator, Verstärker, Antenne, AC/DC-Umformer, Gleichrichter, Signalwandler, Frequenzwandler, Modulator, Getriebe
U	Objekt zur Verortung anderer Objekte/Halteobjekt	Isolator, Montageplatte, Kabelpritsche, Gehäuse, Kanal, Lager
W	Objekt zum Leiten von einem Ort zum anderen/Leitobjekt	Kabel, Sammelschiene, Lichtwellenleiter, Datenbus, Welle
X	Objekt zur Bereitstellung einer Schnittstelle zu einem anderen Ort/Schnittstellenobjekt	Steckdose, Klemme, Verbinder, Klemmleiste

Die Kennbuchstaben D, J, L, V, Y und Z sind für spätere Normungen vorgesehen.
Die Kennbuchstaben I und O werden aus Verwechslungsgründen nicht angewendet.

Orientierung grafischer Symbole für Kontakte

Die gedachte Bewegungsrichtung im Betätigungsfall soll z. B.

a) bei horizontalen Anschlusslinien eine Aufwärtsrichtung darstellen oder	b) bei vertikalen Anschlusslinien eine Rechtsrichtung aufweisen.
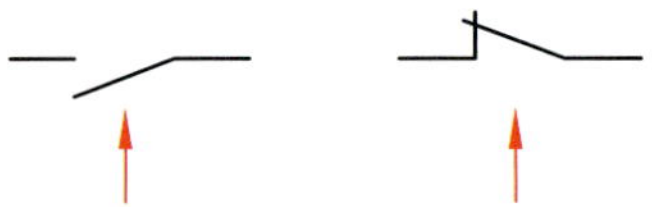	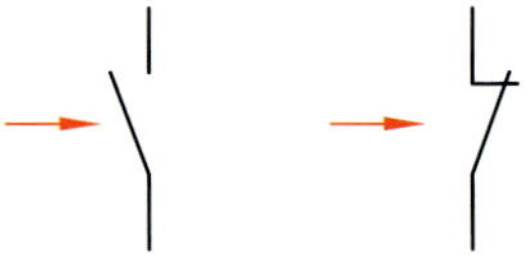

Hinweis: Die Pfeile kennzeichnen die gedachte Bewegungsrichtung und sind keine Bestandteile der Symbole.

Referenzkennzeichen (Betriebsmittelkennzeichnung)

Referenzkennzeichen zu einem grafischem Symbol müssen

a) links von dem Symbol angeordnet sein, wenn überwiegend vertikale Anschlusslinien vorhanden sind oder
b) oberhalb des Symbols angeordnet sein, wenn hauptsächlich horizontale Anschlusslinien vorhanden sind.

mit vertikalen Anschlusslinien	mit horizontalen Anschlusslinien
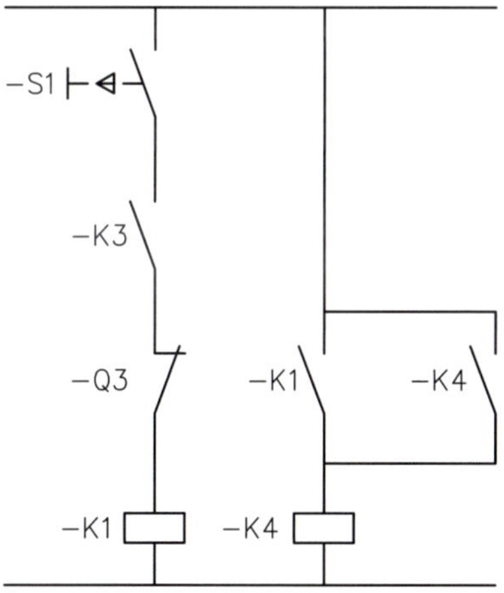	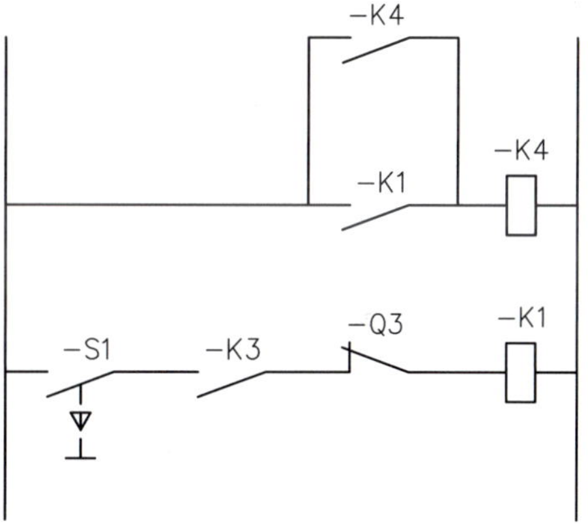

Darstellung von Versorgungskreisen

Verbindungslinien, die Energieversorgungskreise darstellen, sollten eine bestimmte Reihenfolge einhalten:

a) für Wechselstromkreise von oben nach unten: L1, L2, L3, N, PE

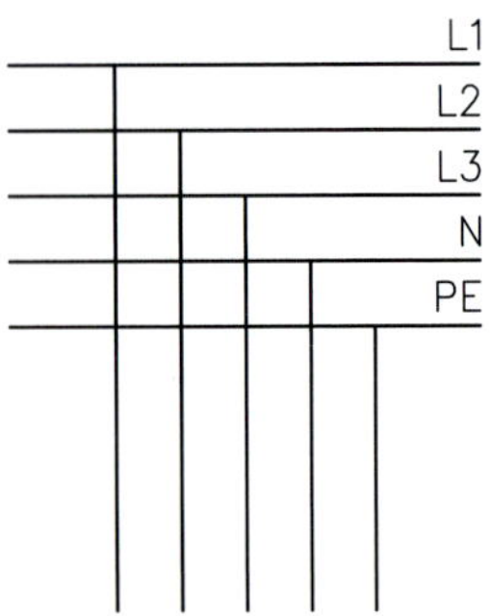

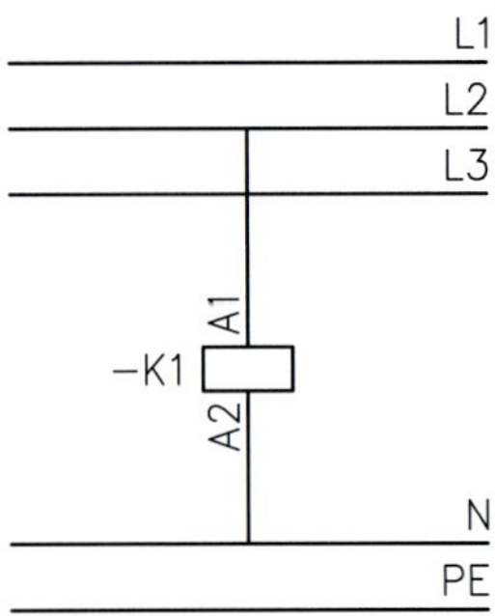

b) für Gleichstromkreise von positiver zu negativer Polung: L+, M, L−.

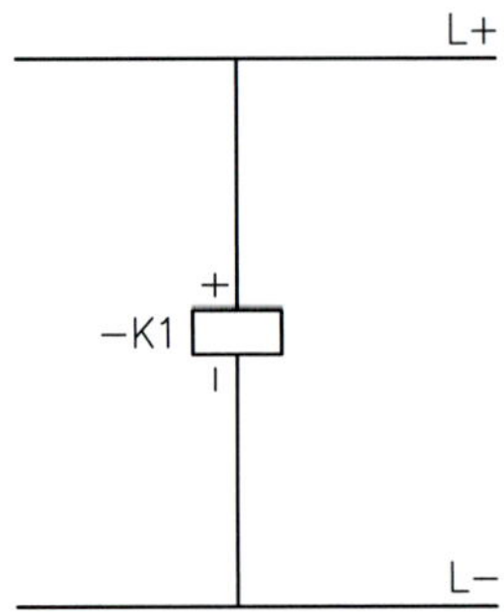

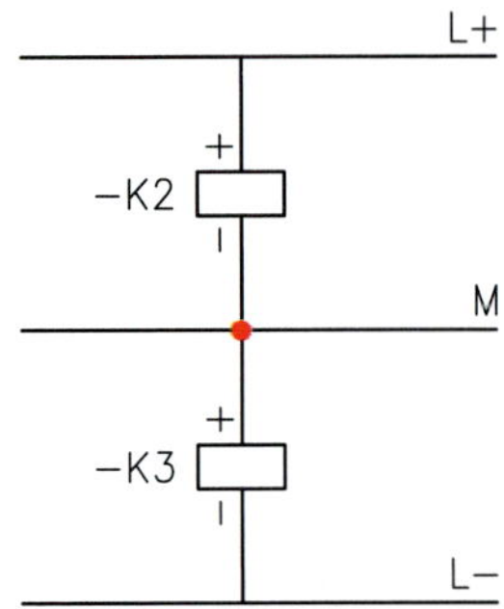

Hinweis: Beachten Sie den Verbindungspunkt: Wenn sich kreuzende Linien miteinander verbunden sind, muss auch bei der Darstellung ohne Verbindungspunkte ein Punkt zur Kennzeichnung der leitenden Verbindung gezeichnet werden!

Verzeichnisse

Abkürzung	Erklärung	Seite
BIOS	Basic Input/Output System	222, 223
Cache	Zwischenspeicher, statisches RAM	222
CD	Compact Disc	221
COM	serielle Schnittstelle	228
CPU	Central Processing Unit	225, 227
DDR-DIMM	schnelles Dual Inline Memory Module	226
DMA	Direct Memory Access	228
Downstream	Datenstrom „abwärts", z.B. zum User	230, 231
DVD	Digital Versatile Disc	225
EEPROM	Electrically Erasable PROM	227
EIDE	Enhanced Integrated Device Electronics	225–228
EPROM	Erasable PROM	227
FDD	Floppy Disc Drive, Diskettenlaufwerk	222
FireWire	schnelle Datenschnittstelle	225, 237, 238, 240
Flash ROM	sehr schnelles ROM	226
FSB	Front Side Bus	225
GAN	Global Area Network	254
HDD	Hard Disc Drive, Festplatte	221
Hostcontroller	Controller als „Wurzel" des USB-Baumes	231
Hot plug	Geräte während des Betriebes entfernen bzw. hinzufügen	230, 231

Abkürzung	Erklärung	Seite
I/O-Port	In/Out-Port	228
IDE	Integrated Device Electronics	225, 228
IRQ	Interrupt Request	228
ISA-Bus	Industrial Standard Architecture Bus	229
LAN	Local Area Network	219
LPT	Line Printer, Parallelschnittstelle Drucker	228
Mainboard	Hauptplatine	224
MAN	Metropolitan Area Network	254
Motherboard	Hauptplatine	225, 226
Northbridge	Nord-Brücke	225
PCI	Peripheral-Component-Interface	225
PROM	Programmable Read Only Memory	227
RAM	Random Access Memory	223, 225, 227
ROM	Read Only Memory	227
Scanner	Peripheriegerät zum Abtasten und Einlesen opt. Informationen	221
SCSI	Small Computer System Interface	228
Southbridge	Süd-Brücke	225
TP	Twisted Pair, verdrillte Zweierleitung	254
Upstream	Datenstrom “aufwärts”, z.B. zum Server	230, 231
USB	Universal Serial Bus	225, 229–236, 240
WAN	Wide Area Network	254
WLAN	Wireless Local Area Network	219

Englisch	Deutsch
acceleration	Beschleunigung 42, 52
access methods	Zugriffsarten 254
accumulator	Sammler oder Akkumulator 81
acrylic glass	Acrylglas 258
active power factor	Wirkleistungsfaktor 168
active power	Wirkleistung 170, 171, 176
adaptation of power	Leistungsanpassung 99
addition of fractions	Addition von Brüchen 20
addition	Addition 18
address line	Adressleitung 218
adhesive resin	Klebeharz 258
adjacent side	Ankathete 44
adress bus	Adressbus 223
allocation of networks	Einteilung von Netzwerken 254
alternating current values	Wechselstromgrößen 199
ammeter, amperemeter	Strommesser 75, 290
amount	Betrag 46
amount of heat	Wärmemenge 54
amount of electricity	Elektrizitätsmenge 57
ampacity	Strombelastbarkeit 272, 275

Englisch	Deutsch
amperehour efficiency	Amperestunden-wirkungsgrad 81
amplification	Verstärkung 203, 206
angle	Ebener Winkel 51
angular frequency	Kreisfrequenz 132
angular rate	Winkelgeschwindigkeit 39, 52
annulus	Kreisring 31
antiresonance	Parallelresonanz 135
area	Fläche 50
arithmetic logic unit	Rechenwerk 218, 227
arithmetic unit	arithmetische Einheit 227
array	Datenfeld 253
artificial intelligence	Artifizielle/künstliche Intelligenz KI 220
assets	Kapital 28
associative law	Assoziativgesetz 25
basics of communication networks	Grundlagen Kommunikationsnetze 254
basics of spreadsheet	Grundlagen Tabellenkalkulation 254
basics of text processing	Grundlagen Textverarbeitung 241

Englisch	Deutsch
basic value	Grundwert 27
bias point	Arbeitspunkt 200, 201
binominal formulas	Binomische Formeln 25
bipolar transistors	Bipolare Transistoren 198–207, 296
block diagram of computer system	Blockschaltbild eines Computersystems 222
Bluetooth	Bluetooth 219
bridge circuit	Brückenschaltung 87, 88
business letter	Geschäftsbrief 245–249
calculation of area	Flächenberechnung 29–31
calculation of interest	Zinsrechnung 28
calculation, IF function	Berechnung, Wenn-Funktion 251
capacitance of a capacitor	Kapazität eines Kondensators 121, 122
capacitive resistance	Kapazitiver Blindwiderstand 133
capacitor	Kondensator 119–127
capacity	Fassungsvermögen 81
cathetus	Kathete 44
Celsius	Celsius 57
central processing unit	CPU (Systemeinheit) 225
ceramic capacitor	Keramikkondensator 262

Englisch	Deutsch
change of formulas	Umstellen von Formeln 22, 23
charging condenser	Ladekondensator 192
charging of a capacitor	Laden eines Kondensators 122, 124
chart, diagram	Diagramm 252
choke	Drossel 191
circle	Kreis 31
circuit breaker	Leitungsschutzschalter 269–273
circumferential speed	Umfangsgeschwindigkeit 39, 41
classification of objects	Klassifizierung von Objekten 311
clock generator	Taktgeber 228
cloud	Cloud 220
coefficient	Faktor 18
colour code of resistances	Farbcode der Widerstände 261
common emitter circuit	Emitterschaltung 204–206
communication network	Kommunikationsnetz 254
commutative law	Kommutativgesetz 25
complex conjugate number	konjugiert komplexe Zahl 46

Englisch	Deutsch
complex numbers	Komplexe Zahlen 46–49
– addition	– Addition
– subtraction	– Subtraktion
– multiplication	– Multiplikation
– division	– Division
– exponentiate	– Potenzieren
– root extraction	– Radizieren (Wurzelziehen)
– logarithm	– Logarithmieren
complex power	Scheinleistung 168–176, 268, 283, 284
component form	Komponentenform 46
computer	Computer 222–227
concatenation coefficient for rotary current	Verkettungsfaktor für Drehstrom 175–177
conductance	Elektrischer Leitwert 56
conductivity	Leitfähigkeit 256
conductor cross-section	Leiterquerschnitt 65
conductor in a conduit	Aderleitungen im Elektroinstallationsrohr 269, 270
conductor resistance	Leiterwiderstand 66
cone	Kegel 35, 36
construction of a mainboard	Aufbau einer Hauptplatine 224

Englisch	Deutsch
consumer electronics	Unterhaltungselektronik 239
consumer network	Verbrauchernetz 280
control bus	Steuerbus 222, 223
control line	Steuerleitung 218
control unit	Leitwerk 218
control unit	Steuerwerk 227
conversion factors	Umrechnungsfaktoren 273–275
cosine	Kosinus 44
cotangent	Kotangens 44
cross section for equipotential bondingconductor	Querschnitte für Potenzialausgleichsleiter 277
cross section	Querschnitt 50
cube	Würfel 35
current density	Stromdichte 63, 101
current ratio	Stromübersetzung 183
cylinder	Zylinder 33
DAB – Digital Audio Broadcasting	Digitalradio, terrestrisch 285
data bus	Datenbus 223, 225
Data Distribution Service DDS	Data Distribution Service DDS 220
data line	Datenleitung 218

Englisch	Deutsch
data record	Datensatz 253
date	Datum 246
deflecting force	Ablenkkraft 114
degeneration	Gegenkopplung 207
degrees (old degrees)	Grad (Altgrad) 43
delta-star-transformation	Dreieck-Stern-Umwandlung 102
demand measurement	Leistungsmessung 79
density	Dichte 53, 256
density thickness	Flächenbezogene Masse 53
difference	Differenz 18
difference in temperature, mean temperature difference	Temperaturunterschied 91
differential internal resistance	Differenzieller Innenwiderstand 197
dimension size of isolated copper wire	Abmessungen isolierter Kupferrunddrähte 267
direct current value	Gleichstromgröße 198
direct memory access (DMA)	Direkter Speicherzugriff (DMA) 228
direction of communication	Kommunikationsrichtung 254
discharge of a capacitor	Entladen eines Kondensators 122
discharging capacity	Entladekapazität 81
displacement density	Verschiebungsdichte 58
dissipation of heat, heat conduction	Wärmeableitung 214
distribution network	Verteilungsnetz 280
distribution systems	Verteilungssysteme 279–282
distributive law	Distributivgesetz 25
dividend	Dividend 18
division of fractions	Division von Brüchen 21
division	Division 18
divisor	Divisor 18
document ruler	Dokumentlineal 242
DVB-T – Digital Video Broadcasting – Terrestrial	Digitales terrestrisches Fernsehen 285
efficiency	Wirkungsgrad 80
efficiency of a luminous source	Lichtausbeute 188
electric capacity	Elektrische Kapazität 57
electric charge	Elektrische Ladung 57

Englisch	Deutsch
electric current	Elektrischer Strom 55
electric displacement density, electric flux density	Elektrische Verschiebungsdichte 120
electric field strength	Elektrische Feldstärke 58, 119
electric flux density	Elektrische Flussdichte 58
electric resistance	Elektrischer Widerstand 55
electric tension, voltage	Elektrische Spannung 55
electrical conduction	Elektrische Leitfähigkeit 56
electrical energy	elektrische Leistung 57, 79, 80
electrical power, wattage	Elektrische Leistung 79, 80
electrical linkage	Elektrische Durchflutung 59, 104
electrical work	Elektrische Arbeit 56, 78
electrically erasable programmable read only memory	EEPROM 227
electrochemical equivalent	elektrochemisches Äquivalent 257
ectrolysis	Elektrolyse 100
electromagnetic wave	elektromagnetische Wellen 128

Englisch	Deutsch
electromotive force	Urspannung 96
electromotive series	Spannungsreihe der Elemente 264
Energy Harvesting	Energy Harvesting 220
energy	Energie 54
of a magnetic field	Energie eines magnetischen Feldes 113
energy of capacitor	Energie des Kondensators 127
energy of choke	Energie der Spule 126
enhanced IDE equipment	EIDE-Geräte 225–228
enumeration	Aufzählung 243
equal meaning of delivery	Gleicher Bezugssinn 62
equipment identification	Betriebsmittelkennzeichnung 310–318
equipotential bonding	Potenzialausgleich 274, 275, 277
equipotential bonding-conductor	Potenzialausgleichsschiene 276
erasable programmable read only memory	EPROM 227
Ethernet	Ethernet 219
exponential function	Exponentialform 46
execution unit	CPU-Rechenwerk 227
expansion number	Ausdehnungszahl 256

Englisch	Deutsch
expansion of networks	Ausdehnung der Netzwerke 254
external conductor	Außenleiter 278, 313
fault current	Fehlerstrom 189
field-effect-transistor FET	Feldeffekttransistor 208–210
filter factor	Siebfaktor 193
filtering	Siebung 193
FireWire	FireWire 225, 232, 237, 240
FireWire networking	FireWire-Vernetzung 237
FireWire port	FireWire-Anschluss 225, 238
first Kirchhoff law, Kirchhoff's current law	Erste kirchhoffsche Regel, Knotenregel 64
first-line indent guide	Absatzlineal 242
form of address	Anrede 246, 247
foundation earth electrode	Fundamenterder (FE) 276
fraction with the same denominator	Gleichnamiger Bruch 19
fractions with different denominator	Ungleichnamige Brüche 19
free fall	Freier Fall 40

Englisch	Deutsch
frequency and terminal-pairs	Frequenz und Polpaare 129
frequency and time of oscillation	Frequenz und Periodendauer 127
functional bonding conductor	Funktionspotenzial-Ausgleichsleiter 313
fuses	Sicherungen 269–273
galvanic voltage source	Galvanische Spannungsquellen 96
general arithmetic	Allgemeines Rechnen 18–21
generator arrow system	Erzeuger-Pfeilsystem 62
gon (new degrees)	Gon (Neugrad) 43
graphical symbols	Schaltzeichen 288–309, 313
gravitational acceleration	Erdbeschleunigung 40
greatest common divisor	größter gemeinsamer Teiler (ggT) 27
Greek alphabet	Griechisches Alphabet 286
grounding bar/strip	Erdungsschiene 276
grounding conductor	Erdungsleiter 276
hard disc	Festplatte 221

Englisch	Deutsch
high-pass	Hochpass 185, 186
hypotenuse	Hypotenuse 44
identification of electrical equipment	Kennzeichnung elektrischer Betriebsmittel 310–318
IEEE-1394	IEEE-1394 237, 238
imaginary part	Imaginärteil 46
imaginary unit i	imaginäre Einheit i 46
improper fractions	Scheinbrüche 19
improper fractions	Unechte Brüche 19
inductance	Induktivität 59, 116
induction of motion	Induktion der Bewegung 114
induction voltage	Induktionsspannung 115
inductive resistance	Induktiver Blindwiderstand 133
inductors and transformer	Spulen und Übertrager 267
Industrial Internet of Things IIoT	Industrielles Internet der Dinge 219
industry 4.0	Industrie 4.0 219, 220
inorganic insulating material	anorganische Isolierstoffe 259
input-output interface	Ein-/Ausgabewerk 218

Englisch	Deutsch
instruction decoder	Befehlsdecoder 227
instruction register	Befehlsregister 227
insulating material	Isolierstoffe 258–260
intensity of illumination	Beleuchtungsstärke 61, 187, 188
interest rate	Zinsfuß 28
interest	Zinsen 28
interface	Schnittstelle 225, 239
interface overview	Schnittstellenübersicht 229
Internet of Things IoT	Internet der Dinge 219
interior illumination	Innenbeleuchtung 187
internal resistance at loads	Innenwiderstand bei Belastung 98
ionic migration	Ionenwanderung 100
IRQ – Interrupt Request	IRQ Unterbrechungsanforderung 228
items of computer systems	Elemente eines Rechnersystems 218
John von Neumann	John von Neumann 218
Joule heat, Joulean heat	Stromwärme 94
laminated material	Schichtpressstoff 258

Englisch	Deutsch
least common multiple	kleinstes gemeinsames Vielfaches (kgV) 27
length	Länge 50
letter symbols	Kennbuchstaben 314, 315
lever	Hebel 38
light current	Lichtstrom 61
light intensity	Lichtstärke 188
light plastic-sheathed cable	Mantelleitung 269
line conductor current of star circuit	Leiterstrom bei Sternschaltung 175
line conductor current of delta connection	Leiterstrom bei Dreieckschaltung 174
line number	Leiterzahl 114
line voltage drop	Spannungsfall auf Leitungen 89, 90
line voltage of delta connection	Leiterspannung bei Dreieckschaltung 174
line voltage of star circuit	Leiterspannung bei Sternschaltung 175
linear extension of thermistor by heating	Heißleiter-Längenausdehnung durch Erwärmung 93

Englisch	Deutsch
load bearing capacity of electromagnets	Tragkraft von Elektromagneten 113
load heat	Nutzwärme 94
logic unit	Logische Einheit 227
loss factor	Verlustfaktor 260
low-pass	Tiefpass 184
luminance	Leuchtdichte 60, 188
magnetic field strength	Magnetische Feldstärke 60, 104
magnetic flux density	Magnetische Flussdichte 59, 106–108
magnetic flux, magnetic current	Magnetischer Fluss 59, 109–112
magnetic induction	Magnetische Induktion 69, 106–108
magnetic permeance	Magnetischer Leitwert 104
magnetic reluctance	Magnetischer Widerstand 103
main equipotential bonding	Hauptpotenzialausgleich 277
main memory	Zentralspeicher 218
marking principles	Kennzeichnungsgrundsätze 312

Englisch	Deutsch
number of windings	Windungszahl 182
object	Objekt 311
Ohm's law	Ohmsches Gesetz 63
operation amplifier	Operationsverstärker 211–213
opposite leg	Gegenkathete 44
organic insulating material	organische Isolierstoffe 259
output resistance of alternating current	Wechselstrom-ausgangswiderstand 199, 204, 205
output voltage	Ausgangsspannung 212, 213
overall efficiency	Gesamtwirkungsgrad 81
paragraph	Absatz 243
parallel connection	Parallelschaltung 126
parallel connection of capacity reactances	Parallelschaltung von kapazitiven Blindwiderständen 152–155
parallel connection of effective resistance and capacity reactance	Parallelschaltung von Wirkwiderstand und kapazitivem Blindwiderstand 161–164

Englisch	Deutsch
parallel connection of effective resistance and inductive reactance	Parallelschaltung von Wirkwiderstand und induktivem Blindwiderstand 157–160
parallel connection of inductive and capacity reactance	Parallelschaltung von induktivem und kapazitivem Blindwiderstand 156
parallel connection of inductive reactances	Parallelschaltung von induktiven Blindwiderständen 145–151
parallel connection of conductances	Parallelschaltung von Leitwerten 74
parallel connection of inductances	Parallelschaltung von Induktivitäten 117–118
parallel connection of resistors	Parallelschaltung von Widerständen 71–73
parallel connection of same elements	Parallelschaltung von gleichen Elementen 83, 84
peak value	Höchst- oder Scheitelwert 130
peak-to-peak value	Spitze-Spitze-Wert 131
PE conductor	PE-Leiter 303, 313 ,318
PEN conductor	PEN-Leiter 278, 279, 303, 313

Englisch	Deutsch
percentage calculation	Prozentrechnung 27, 28
percentage value	Prozentwert 27, 28
percentage	Prozentsatz 28
Peripheral-Component-Interface	PCI-Slot 225
peripheral device	Peripheriegerät 227
permeability of vacuum	Magnetische Feldkonstante 109
permeability	Permeabilität 116
permittivity	Dielektrizitätskonstante 120, 121
phase conductor	Außenleiter 278, 313
phase voltage	Strangspannung 174, 175
phenolic resin	Phenolharz 258
plastic, synthetic	Kunststoff 258
polyamides	Polyamide 258
polyester resin	Polyesterharz 258
polyethylene	Polyethylen 258, 260
polystyrene	Polystyrol 258, 260
polyvinyl chloride	Polyvinylchlorid 258, 260
port	Port-Bereich (I/O-Port) 228
positive temperature coefficient/PTC thermistor	PTC-Kaltleiter 91

Englisch	Deutsch
power loss of z-diode	Verlustleistung der Z-Diode 195, 196
power loss	Verlustleistung 202
power, force	Kraft 37, 53
power	Leistung 54, 99
power	Potenzen 25, 26
pressure	Druck 54
principle of EVA	EVA-Prinzip 221
principle of generating	Generatorprinzip 114
prism	Prisma 34
product	Produkt 18
proper fraction	Echter Bruch 19
protective bonding conductor	Schutzpotenzial-Ausgleichsleiter 313
PTC thermistor	Kaltleiter (PTC) 91
pyramid	Pyramide 32
Pythagorean theorem	Satz des Pythagoras 132
quadratic equation	Quadratische Gleichung 26
quantity of light	Lichtmenge 188
quotient	Quotient 18
radiant (Radian measure)	Radiant (Bogenmaß) 43
radicals	Wurzeln 25

Englisch	Deutsch
radio frequency	Rundfunkfrequenz 285
Radio-Frequency Identification RFID	Radio-Frequency Identification RFID 220
RAM – random access-memory	RAM 223, 225, 227
rate of rise of current	Stromsteilheit 210
rate of rise of voltage	Spannungssteilheit 210
reactive power factor	Blindleistungsfaktor 168
reactive power	Blindleistung 168, 172, 173, 177, 283, 284
real part	Realteil 46
rectangle	Rechteck 29
rectilinear motion	Geradlinige Bewegung 41
reference mark	Referenzkennzeichen 310, 311, 317
relational operators	Vergleichsoperatoren 252
relative permeability	Permeabilitätszahl 103, 107, 111, 112, 116
relative permittivity	Dielektrizitätszahl 120, 121, 260
resistance and conductance	Widerstand und Leitwert 63
resistance conversion	Widerstandsübersetzung 183
resource	Betriebsmittel 310–318

Englisch	Deutsch
resultant voltage amplification	Resultierende Spannungsverstärkung 207
resultant current amplification	Resultierende Stromverstärkung 207
return adress	Absenderangaben 246
rhombus, rhomboid	Rhombus, Raute, Parallelogramm 30
ROM read only memory	ROM-Speicher 227
root mean square value	Effektivwert 130
rotational speed	Drehzahl 51
round movement	Kreisförmige Bewegung 41
screen layout	Bildschirmaufbau 241, 250, 253
scroll bar	Bildlaufleiste 242
second Kirchhoff law, Kirchhoff's voltage law	Zweite kirchhoffsche Regel, Maschenregel 64
sense of rotation	Umlaufsinn 64
series connection of capacitors	Reihenschaltung von Kondensatoren 123–125
series connection of capacity reactances	Reihenschaltung von kapazitiven Blindwiderständen 137

Englisch	Deutsch
series connection of conductances	Reihenschaltung von Leitwerten 70
series connection of effective resistance and capacity reactance	Reihenschaltung von Wirkwiderstand und kapazitivem Blindwiderstand 141, 142
series connection of effective resistance and inductive reactance	Reihenschaltung von Wirkwiderstand und induktivem Blindwiderstand 139, 140
series connection of effective resistance, inductive and capacity reactance	Reihenschaltung von Wirkwiderstand, induktivem und kapazitivem Blindwiderstand 143, 144
series connection of inductances	Reihenschaltung von Induktivitäten 117
series connection of inductive and capacity reactance	Reihenschaltung von induktivem und kapazitivem Blindwiderstand 138
series connection of inductive reactances	Reihenschaltung von induktiven Blindwiderständen 136

Englisch	Deutsch
series connection of resistances	Reihenschaltung von Widerständen 67–69
series connection of same elements	Reihenschaltung von gleichen Elementen 82
series connection, series circuit, connection in series	Reihenschaltung 67
series resistor, series resistance, series impedance	Vorwiderstand 63
series resonance	Reihenresonanz 134
short-circuit current	Kurzschlussstrom 97
short-circuit energy	Kurzschlussleistung 97
short-circuit voltage	Kurzschlussspannung 178
shortening and amplify fractions	Kürzen und Erweitern von Brüchen 21
shunt resistance	Nebenwiderstand 75
sign rules	Vorzeichenregeln 23
silicone	Silikon 258
sine	Sinus 44
single conductor, single wire	Einzelleiter 89
sliding friction	Gleitende Reibung 38
smoothing choke	Glättungsdrossel 191
smoothing factor	Glättungsfaktor 197

Englisch	Deutsch
thermo-electric electromotive series	Thermoelektrische Spannungsreihe 266
thermosetting plastics	härtbare Kunststoffe 258
thickness of coat	Schichtdicke 101
Thunderbolt	Thunderbolt 239, 240
time	Zeit 51
time constant of inductor	Zeitkonstante einer Spule 118
time constant	Zeitkonstante 122
TN-C-S system	TN-C-S-System 279, 281
tool bars	Symbolleisten 242
torque	Drehmoment 38, 53
transformation ratio	Übersetzungsverhältnis 182
transformer	Transformator 178–183
transformer dimensions	Übertragerabmessungen 254
transmission media	Übertragungsmedien 254
transmission structure	Übertragungsstruktur 254
trapeze	Trapez 30
triangle	Dreieck 29
trigonometric form	trigonometrische Form 46

Englisch	Deutsch
twin conductor, twin wire	Doppelleiter 90
two-channel oscilloscope	Zweikanal-Oszilloskop 216
unequally meaning of delivery	Ungleicher Bezugssinn 62
uniform acceleration	Gleichmäßige Beschleunigung 42
unit of equation	Einheitsgleichung 24
USB port	USB-Port 225
USB	USB 231
valence, validity	Wertigkeit 257
video camera	Videokamera 239
voltage divider, potential-divider, potentiometer	Spannungsteiler 86
voltage amplification	Spannungsverstärkung 211
voltage ratio	Spannungsübersetzung 182
voltages and currents	Spannungen und Ströme 181
voltmeter	Spannungsmesser 76, 290

Deutsch	Englisch
Ablenkkraft	deflecting force 114
Abmessungen isolierter Kupferrunddrähte	dimension size of isolated copper wire 267
Absatz	paragraph 243
Absatzlineal	first-line indent guide 242
Absenderangaben	return adress 246
Acrylglas	acrylic glass 258
Addition von Brüchen	addition of fractions 20
Addition	addition 18
Aderleitungen im Elektro-installationsrohr	conductor in a conduit 269, 270
Adressbus	adress bus 223
Adressleitung	address line 218
Allgemeines Rechnen	general arithmetic 18–21
Amperestundenwirkungsgrad	amperehour efficiency 81
Ankathete	adjacent side 44
anorganische Isolierstoffe	inorganic insulating material 259
Anrede	form of address 246, 247
Arbeit	work, energy 54
Arbeitspunkt	bias point 200, 201
arithmetische Einheit	arithmetic unit 227
Artifizielle Intelligenz AI	artificial intelligence 220

Deutsch	Englisch
Assoziativgesetz	associative law 25
Aufbau einer Hauptplatine	construction of a mainboard 224
Aufzählung	enumeration 243
Ausdehnung der Netzwerke	expansion of networks 254
Ausdehnungszahl	expansion number 256
Außenleiter	external conductor/phase conductor 278, 313
Ausgangsspannung	output voltage 212, 213
Befehlsdecoder	instruction decoder 227
Befehlsregister	instruction register 227
Beleuchtungsstärke	intensity of illumination 61, 187, 188
Berechnung, Wenn-Funktion	calculation, IF function 251
Beschleunigung	acceleration 42, 52
Betrag	amount 46
Betriebsmittel	resource 310–318
Betriebsmittelkennzeichnung	equipment identification 310–318
Bildlaufleiste	scroll bar 242
Bildschirmaufbau	screen layout 241, 250, 253

Deutsch	Englisch
Binomische Formeln	binominal formulas 25
Bipolare Transistoren	bipolar transistors 198–207, 296
Blindleistung	reactive power 168, 172, 173, 177, 283, 284
Blindleistungsfaktor	reactive power factor 168
Blockschaltbild eines Computersystems	block diagram of computer system 222
Bluetooth	Bluetooth 219
Brückenschaltung	bridge circuit 87, 88
Celsius	Celsius 57
Cloud	cloud 220
Computer	computer 222–227
CPU (Systemeinheit)	central processing unit 225
CPU-Rechenwerk	execution unit 227
DAB – Digitalradio, terrestrisch	Digital Audio Broadcasting 285
Data Distribution Service DDS	Data Distribution Service DDS 220
Datenbus	data bus 223, 225
Datenfeld	array 253
Datenleitung	data line 218
Datensatz	data record 253

Deutsch	Englisch
Datum	date 246
Dauerkurzschlussstrom	sustained short-circuit-current 179
Diagramm	chart, diagram 252
Dichte	density 53, 256
Dielektrizitätskonstante	permittivity 120, 121
Dielektrizitätszahl	relative permittivity 120, 121, 260
Differenz	difference 18
Differenzieller Innenwiderstand	differential internal resistance 197
Direkter Speicherzugriff (DMA)	direct memory access (DMA) 228
Distributivgesetz	distributive law 25
Dividend	dividend 18
Division von Brüchen	division of fractions 21
Division	division 18
Divisor	divisor 18
Dokumentlineal	document ruler 242
Doppelleiter	twin conductor, twin wire 90
Drehmoment	torque 38, 53
Drehzahl	rotational speed 51
Dreieck	triangle 29

Deutsch	Englisch
Energie der Spule	energy of choke 126
Energie des Kondensators	energy of capacitor 127
Energie eines magnetischen Feldes	energy of a magnetic field 113
Energie	energy 54
Energy Harvesting	Energy Harvesting 220
Entladekapazität	discharging capacity 81
Entladen eines Kondensators	discharge of acapacitor 122
EPROM	erasable programmable read only memory 227
Erdbeschleunigung	gravitational acceleration 40
Erdungsleiter	grounding conductor 276
Erdungsschiene	grounding bar/strip 276
Erste kirchhoffsche Regel	first Kirchhoff law, Kirchhoff's current law 64
Erzeuger-Pfeilsystem	generator arrow system 62
Ethernet	Ethernet 219
EVA-Prinzip	principle of EVA 221
Exponentialform	exponential function 46
Faktor	coefficient 18

Deutsch	Englisch
Farbcode der Widerstände	colour code of resistances 261
Fassungsvermögen	capacity 81
Fehlerstrom	fault current 189
Feldeffekttransistor	field-effect-transistor FET 208–210
Festplatte	hard disc 221
FireWire	FireWire 225, 232, 237, 240
FireWire-Anschluss	FireWire port 225, 238
FireWire-Vernetzung	FireWire networking 237
Fläche	area 50
Flächenberechnung	calculation of area 29–31
Flächenbezogene Mass	density thickness 53
Freier Fall	free fall 40
Frequenz und Periodendauer	frequency and time of oscillation 127
Frequenz und Polpaare	frequency and terminal-pairs 129
Fundamenterder (FE)	foundation earth electrode 276
Funkenlöschung	spark extinguishing 122
Funktionspotenzial-Ausgleichsleiter	Functional bonding conductor 313

Deutsch	Englisch
Kommunikationsrichtung	direction of communication 254
Kommutativgesetz	commutative law 25
Komplexe Zahlen	complex numbers 46–49
– Addition	– addition
– Subtraktion	– subtraction
– Multiplikation	– multiplication
– Division	– division
– Potenzieren	– exponentiate
– Radizieren (Wurzelziehen)	– root extraction
– Logarithmieren	– logarithm
Komponentenform	component form 46
Kondensator	capacitor 119 –127
konjugiert komplexe Zahl	complex conjugate number 46
Kosinus	cosine 44
Kotangens	cotangent 44
Kraft	power, force 37, 53
Kreis	circle 31
Kreisförmige Bewegung	round movement 41
Kreisfrequenz	angular frequency 125
Kreisring	annulus 31
Kugel	sphere 34

Deutsch	Englisch
Kunststoff	plastic, synthetic 258
Künstliche Intelligenz KI	artificial intelligence 220
Kürzen und Erweitern von Brüchen	shortening and amplify fractions 21
Kurzschlussleistung	short-circuit energy 97
Kurzschlussspannung	short-circuit voltage 178
Kurzschlussstrom	short-circuit current 97
Ladekondensator	charging condenser 192
Laden eines Kondensators	charging of a capacitor 122, 124
Länge	length 50
Längenbezogene Masse	mass per unit length 46
Leerlauf	no-load operation, idling, power-off 86
Leerlaufspannung	no-load voltage 178
Leistung	power 54, 99
Leistungsanpassung	adaptation of power 99
Leistungsmessung	demand measurement 79
Leiterquerschnitt	conductor cross-section 65
Leiterspannung bei Dreieckschaltung	line voltage of delta connection 167
Leiterspannung bei Sternschaltung	line voltage of star circuit 174

Deutsch	Englisch
Leiterstrom bei Dreieckschaltung	line conductor current of delta connection 174
Leiterstrom bei Sternschaltung	line conductor current of star circuit 175
Leiterwiderstand	conductor resistance 66
Leiterzahl	line number 114
Leitfähigkeit	conductivity 256
Leitungsschutzschalter	circuit breaker 269–273
Leitwerk	control unit 218
Leuchtdichte	luminance 60, 188
Lichtausbeute	efficiency of a luminous source 188
Lichtmenge	quantity of light 188
Lichtstärke	light intensity 188
Lichtstrom	light current 61
Logische Einheit	logic unit 227
Magnetische Feldkonstante	permeability of vacuum 109
Magnetische Feldstärke	magnetic field strength 60, 104
Magnetische Flussdichte	magnetic flux density 106–108

Deutsch	Englisch
Magnetische Induktion	magnetic induction 69, 106–108
Magnetischer Fluss	magnetic flux, magnetic-current 52, 102
Magnetischer Leitwert	magnetic permeance 104
Magnetischer Widerstand	magnetic reluctance 103
Mantelleitung	light plastic-sheated cable 269
Maschenregel	mesh rule 64
Masse	mass 52
Maximalwert	maximum value 130
Mechanik	mechanics 37, 38
Mechanische Arbeit	mechanical work 77
Mechanische Leistung	mechanical power 77
Mechanische Spannung	mechanical stress 54
Melaminharz	melamine resin 258
Menü: Format	menu: format 243
Menüs: Tabelle, Datei, Ansicht	menus: chart, file, view 244
Menüleiste	menu bar 242
Metall	metal 101, 266
Micro-USB	micro-USB 230
Mini-USB	mini-USB 230
Minuend	minuend 18

Deutsch	Englisch
Mittelleiter	mid-point conductor 313
Monitor	monitor 233, 239
Multiplikation von Brüchen	multiplication of fractions 20
Multiplikation	multiplication 18
natürliche Isolierstoffe	natural insulating material 259
Nebenwiderstand	shunt resistance 75
Netztopologie	network topology 254
Netzwerkstruktur	structural network 254
Neutralleiter	neutral conductor 303, 313
nicht härtbare Kunststoffe	non-thermosetting plastics 258
Northbridge	northbridge 225
Nutzwärme	load heat 94
Objekt	object 311
Ohmsches Gesetz	Ohm's law 63
Operationsverstärker	operation amplifier 204–206
organische Isolierstoffe	organic insulating material 259

Deutsch	Englisch
Parallelresonanz	antiresonance 135
Parallelschaltung	parallel connection 126
Parallelschaltung von gleichen Elementen	parallel connection of same elements 83, 84
Parallelschaltung von induktivem und kapazitivem Blindwiderstand	parallel connection of inductive and capacity reactances 156
Parallelschaltung von Leitwerten	parallel connection of conductances 74
Parallelschaltung von induktiven Blindwiderständen	parallel connection of inductive reactances 145–151
Parallelschaltung von kapazitiven Blindwiderständen	parallel connection of capacity reactances 152–155
Parallelschaltung von Widerständen	parallel connection of resistors 71–73
Parallelschaltung von Induktivitäten	parallel connection of inductances 117–118
Parallelschaltung von Wirkwiderstand und induktivem Blindwiderstand	parallel connection of effective resistance and inductive reactance 157–160

Deutsch	Englisch
Radiant (Bogenmaß)	radiant (Radian measure) 43
RAM	RAM – random access memory 223, 225, 227
Radio-Frequency Identification RFID	Radio-Frequency Identification RFID 220
Realteil	real part 46
Rechenwerk	arithmetic logic unit 218
Rechteck	rectangle 29
Referenzkennzeichen	reference mark 310, 311, 317
Reihenresonanz	series resonance 134
Reihenschaltung von gleichen Elementen	series connection of same elements 82
Reihenschaltung von induktivem und kapazitivem Blindwiderstand	series connection of inductive and capacity reactance 138
Reihenschaltung von induktiven Blindwiderständen	series connection of inductive reactances 136
Reihenschaltung von Induktivitäten	series connection of inductances 110
Reihenschaltung von kapazitiven Blindwiderständen	series connection of capacity reactances 137
Reihenschaltung von Wirkwiderstand und induktivem Blindwiderstand	series connection of effective resistance and inductive reactance 139, 140
Reihenschaltung von Wirkwiderstand und kapazitivem Blindwiderstand	series connection of effective resistance and capacity reactance 141, 142
Reihenschaltung von Wirkwiderstand, induktivem und kapazitivem Blindwiderstand	series connection of effective resistance, inductive and capacity reactance 143, 144
Reihenschaltung von Kondensatoren	series connection of capacitors 123–125
Reihenschaltung von Leitwerten	series connection of conductances 70
Reihenschaltung von Widerständen	series connection of resistances 67–69
Reihenschaltung	series connection, series circuit, connection in series 67

Deutsch	Englisch
Spezifischer Widerstand und Leitfähigkeit	specific resistance and conductance 65
Spitze-Spitze-Wert	peak-to-peak value 131
Spulen und Übertrager	inductors and transformer 267
Stabilisierung mit Z-Diode	stabilisation with z-diode 195
Standard-USB	standard USB 229–232
Statusleitung	status line 218
Statuszeile	status indicator line 242
Steilheit	steepness, rate of rise 210
Stern-Dreieck-Umwandlung	star-della-transformation 102
Steuerbus	control bus 222, 223
Steuerleitung	control line 218
Steuerwerk	control unit 227
Stoßkurzschlussstrom	maximum short-circuit current 179
Strangspannung	phase voltage 174, 175
Strombelastbarkeit	ampacity 272, 275
Stromdichte	current density 63, 101
Strommesser	ammeter, amperemeter 75, 290
Stromsteilheit	rate of rise of current 210
Stromübersetzung	current ratio 183
Stromwärme	Joule heat, Joulean heat 94
Struktur eines Motherboards	structure of a motherboard 225, 226
Subtrahend	subtrahend 18
Subtraktion von Brüchen	subtraction of fractions 20
Subtraktion	subtraction 18
Summand	summand 18, 22
Summe	sum 18
Symbole aus der SPS-Technik	symbols of SPS-technique 300
Symbolleisten	tool bars 242
Tabulator	tab 235
Taktgeber	clock generator 228
Tangens	tangent 44
TCP/IP	TCP/IP 219
Temperatur	temperature 57
Temperaturbeiwert	temperature coefficient 256
Temperaturunterschied	difference in temperature, mean temperature difference 91
thermodynamisch	thermo-dynamic 50

Deutsch	Englisch
thermoelektrische Spannungsreihe	thermo-electric electromotive series 266
Thermoelemente	thermocouples 265
Thunderbolt	Thunderbolt 239, 240
Tiefpass	low-pass 184
TN-C-S-System	TN-C-S system 279, 281
Tragkraft von Elektromagneten	load bearing capacity of electromagnets 113
Transformator	transformer 178–183
Trapez	trapeze 30
trigonometrische Form	trigonometric form 46
Übersetzungsverhältnis	transformation ratio 182
Übertragerabmessungen	transformer dimensions 268
Übertragungsmedien	transmission media 254
Übertragungsstruktur	transmission structure 254
Umfangsgeschwindigkeit	circumferential speed 39, 41
Umlaufsinn	sense of rotation 64
Umrechnungsfaktoren	conversion factors 273–275
Umstellen von Formeln	change of formulas 22, 23
Ungleicher Bezugssinn	unequally meaning of delivery 55

Deutsch	Englisch
Unechte Brüche	improper fractions 19
Ungleichnamige Brüche	fractions with different denominator 19
Unterhaltungselektronik	consumer electronics 239
Urspannung	electromotive force 96
USB	USB 231
USB-Port	USB port 225
Verbrauchernetz	consumer network 280
Vergleichsoperator	relational operator 252
Verkettungsfaktor für Drehstrom	concatenation coefficient for rotary current 175–177
Verlegearten	ways of passing/running 269
Verlustfaktor	loss factor 260
Verlustleistung der Z-Diode	power loss of z-diode 195, 196
Verlustleistung	power loss 195
Verschiebungsdichte	displacement density 51
Verstärkung	amplification 196, 199
Verteilungssysteme	distribution systems 279–282

Deutsch	Englisch
Zeitkonstante	time constant 122
Zentralspeicher	main memory 218
ZigBee	ZigBee 220
ZigBee IP	ZigBee IP 220
Zinsen	interest 28
Zinsfuß	interest rate 28
Zinsrechnung	calculation of interest 28
Zugriffsarten	access methods 254
Zweikanal-Oszilloskop	two-channel oscilloscope 216
Zweite kirchhoffsche Regel, Maschenregel	second Kirchhoff law, Kirchhoff's voltage law 64
Zylinder	cylinder 33

|Di Gaspare, Michele (Bild und Technik Agentur für technische Grafik und Visualisierung), Bergheim: 17.1, 29.1, 29.2, 29.3, 30.1, 30.2, 31.1, 31.2, 32.1, 33.1, 34.1, 34.2, 35.1, 35.2, 36.1, 37.1, 37.2, 37.3, 38.1, 38.2, 38.3, 39.1, 39.2, 40.1, 41.1, 41.2, 42.1, 42.2, 44.1, 44.2, 44.3, 44.4, 44.5, 44.6, 44.7, 44.8, 44.9, 47.1, 62.1, 62.2, 62.3, 62.4, 63.1, 63.2, 63.3, 64.1, 64.2, 65.1, 66.1, 66.2, 67.1, 68.1, 69.1, 69.2, 71.1, 72.1, 73.1, 75.1, 76.1, 77.1, 77.2, 78.1, 79.1, 80.1, 82.1, 83.1, 84.1, 85.1, 86.1, 86.2, 87.1, 87.2, 88.1, 89.1, 90.1, 91.1, 92.1, 93.1, 94.1, 94.2, 95.1, 96.1, 97.1, 98.1, 99.1, 100.1, 101.1, 101.2, 102.1, 102.2, 103.1, 103.2, 104.1, 105.1, 106.1, 107.1, 108.1, 109.1, 110.1, 111.1, 112.1, 113.1, 114.1, 114.2, 115.1, 116.1, 116.2, 117.1, 117.2, 118.1, 119.1, 120.1, 121.1, 122.1, 122.2, 123.1, 124.1, 124.2, 125.1, 126.1, 126.2, 127.1, 127.2, 128.1, 129.1, 130.1, 130.2, 131.1, 132.1, 133.1, 133.2, 134.1, 134.2, 135.1, 135.2, 136.1, 137.1, 138.1, 138.2, 139.1, 139.2, 140.1, 140.2, 141.1, 142.1, 143.1, 143.2, 144.1, 145.1, 146.1, 147.1, 148.1, 149.1, 150.1, 151.1, 152.1, 153.1, 154.1, 155.1, 156.1, 157.1, 158.1, 159.1, 160.1, 161.1, 162.1, 163.1, 164.1, 165.1, 166.1, 167.1, 168.1, 169.1, 170.1, 171.1, 172.1, 173.1, 174.1, 174.2, 175.1, 175.2, 178.1, 180.1, 180.2, 181.1, 181.2, 182.1, 182.2, 182.3, 183.1, 183.2, 184.1, 184.2, 185.1, 185.2, 186.1, 186.2, 187.1, 189.1, 190.1, 191.1, 192.1, 193.1, 194.1, 195.1, 196.1, 198.1, 199.1, 200.1, 201.1, 202.1, 203.1, 204.1, 206.1, 207.1, 208.1, 209.1, 210.1, 210.2, 211.1, 211.2, 212.1, 212.2, 213.1, 214.1, 215.1, 216.1, 218.1, 219.1, 221.1, 222.1, 223.1, 224.1, 225.1, 226.1, 227.1, 229.1, 230.5, 230.6, 230.7, 230.8, 230.9, 230.10, 230.11, 230.12, 233.1, 235.1, 237.1, 237.2, 237.3, 237.4, 237.5, 237.6, 240.1, 241.1, 242.1, 250.1, 252.1, 253.1, 255.1, 261.1, 263.1, 264.1, 264.2, 269.1, 270.1, 270.2, 271.1, 271.2, 274.1, 274.2, 274.3, 275.1, 275.2, 276.1, 280.1, 280.2, 280.3, 280.4, 280.5, 280.6, 281.1, 281.2, 281.3, 281.4, 282.1, 282.2, 282.3, 282.4, 282.5, 287.1, 312.1, 312.2, 312.3, 313.1, 313.2, 313.3, 313.4, 313.5, 313.6, 316.1, 316.2, 317.1, 317.2, 318.1, 318.2, 319.1. |Lithos, Wolfenbüttel: 245.1, 246.1. |stock.adobe.com, Dublin: ekostsov 230.1, 230.2, 230.3; hanahal 230.4; monsitj Titel; NaMaKuKi 239.1, 239.3; Stillfx Titel; TheVectorminator 238.1, 238.2; Zajda, Tomasz 239.2.